携程集团执行副总裁、技术负责人 张晨 倾情力荐

基于业务形态和互联网行业的快速发展变化,携程的架构也在不断地演化。本书浓缩了携程的整体技术架构,帮助读者了解支撑一家大型企业所需要的核心技术产品、架构和面临的挑战。没有一劳永逸的架构,也没有最好的架构,希望通过本书,你能找到最适合自己的架构。

《携程架构实践》编委会简介

携程公共技术团队,负责携程移动框架、呼叫中心、框架中间件、数据库、云平台、运维保障等多项公共技术,为携程各业务研发团队提供可靠的研发平台。经历了携程从.NET转向Java技术栈、私有云平台建设、同城多活、海外部署等多项技术挑战,积累了丰富的实战经验。

顾庆	宋通	郑勇	储诚栋	周中华	赵辛贵	魏晓军	潘斐斐
毛科杰	刘海峰	陈浩然	卞奕龙	吴心翔	储贻锋	薛端阳	陈劼
丁林	王兴朝	蒋荣辉	张乐意	蒲成	邓明明	朱忠元	董艺荃
曹东	陈呈	梁锦华	吴骋成	鄞劭涵	祝辰	俞榕刚	张延俊
刘科	赵亚楠	蔡峰	乐鸿辉	周光明	吴晓刚	陈汉	俞炯
徐新龙	潘国庆	孟文超	李淑均	胡志军	雍浩淼	樊琪琦	康猛
胡俊雅	方菊						

携程
架构实践

携程技术团队 ◎ 著

内容简介

一个好的架构就像一个好的制度，我们不会时时刻刻感受到它的存在，但在关键时刻，它决定了系统能够到达的高度。

本书浓缩了携程公司的整个技术架构，可以帮助读者了解支撑一家大型企业所需要的核心技术产品，以及它们的架构和面临的挑战。本书由携程的一线研发工程师们精心编写，他们对携程各个领域的技术实践了如指掌，本书所提到的各种系统离不开他们的耕耘。在给读者呈现携程架构实践的同时，也希望本书能给读者带来一些警示和启发，共同推动技术的进步。

不同领域的架构关注点各有侧重，但是方法论是相通的。希望读者通过本书了解携程的架构实践，拓宽视野，丰富自己的架构工具箱，在遇到难题时，看看其他领域的解决思路，就可能碰撞出意想不到的"火花"。

未经许可，不得以任何方式复制或抄袭本书之部分或全部内容。
版权所有，侵权必究。

图书在版编目（CIP）数据

携程架构实践 / 携程技术团队著 . —北京：电子工业出版社，2020.3
ISBN 978-7-121-38439-4

Ⅰ．①携… Ⅱ．①携… Ⅲ．①网络公司 – 架构 – 研究 Ⅳ．① TP393.4

中国版本图书馆 CIP 数据核字（2020）第 024335 号

责任编辑：张慧敏　　特约编辑：田学清
印　　刷：天津千鹤文化传播有限公司
装　　订：天津千鹤文化传播有限公司
出版发行：电子工业出版社
　　　　　北京市海淀区万寿路 173 信箱　邮编：100036
开　　本：720×1000　1/16　印张：21　字数：387 千字　彩插：1
版　　次：2020 年 3 月第 1 版
印　　次：2020 年 4 月第 2 次印刷
定　　价：109.00 元

凡所购买电子工业出版社图书有缺损问题，请向购买书店调换。若书店售缺，请与本社发行部联系，联系及邮购电话：（010）88254888，88258888。
质量投诉请发邮件至 zlts@phei.com.cn，盗版侵权举报请发邮件至 dbqq@phei.com.cn。
本书咨询联系方式：010-51260888-819，faq@phei.com.cn。

Ctrip
Architecture
Distilled
携程架构
实践

大咖荐语

（按姓氏拼音排序）

《携程架构实践》一书来自携程复杂的业务实践，有着非常实用的技术方法论，适用于互联网研发工程师、QA 工程师、DevOps 工程师。本书以携程在 3 个阶段中所产出的技术模块为脉络，介绍了大前端、中间件、存储、PaaS、IaaS、监控等多方面的技术，均为架构领域的实用技术实践。在云时代日新月异的演进过程中，携程的架构实践非常有利于夯实技术的底蕴，厘清技术演进的主线，在更广阔的未来让自身技术立于不败之地。

百度前主任架构师、京东基础架构部架构师　韩超

我在《从零开始学架构》一书中用一章提炼了互联网公司的总体架构，但受限于篇幅和相关的保密要求，只能点到为止，无法详细介绍某个公司的架构。而本书提供了完美的架构案例，详细地阐述了携程的架构详情、演进过程、实践经验，其中大量的经验总结和思考非常具有指导意义。

互联网资深技术专家、《从零开始学架构》作者　李运华

关于架构，需要具有两个重要的属性：一是需要具有全局性，二是需要具有实践性。缺乏全局视角的架构，有些支离破碎；缺乏实践验证的架构，不能让人踏实。《携程架构实践》全面展现了一个被携程实践和验证过的大型互联网系统的完整架构，无论是用来学习研究还是参考借鉴，都非常有价值和意义。

《大型网站技术架构：核心原理与案例分析》作者　李智慧

架构一直在演进，现实世界的需求也越来越多样化，所以我们设计的架构需要解决现实生产环境的问题，并且需要适应各种各样的变化。本书结合携程技术实践的过程，涵盖从开发到运维，从组件到治理的多种维度，让读者可以借鉴并学会如何设计自己的应用架构，透析架构背后的原理，不仅知其然，还知其所以然。

《架构修炼之道》作者、京东技术专家　王新栋

本书系统性地介绍了大型互联网业务为面向全国甚至全球海量用户，提供 7×24 小时的不间断稳定服务所需的技术架构，其选材得当，结构清晰，颇具大局观。同时，每个模块都较好地汇集了当前行业的技术前沿。对于所有互联网业务的技术负责人及前后端各个方向的技术人员来说，本书都具有很高的参考价值。此外，基于携程的业务特色，本书对呼叫中心技术也进行了充分介绍。

网易副总裁、杭州研究院执行院长　汪源

系统架构的演进并没有捷径，需要不断地进行系统全景图的演进，并将复杂的事情简单化，使系统架构可持续发展。如果我们不进行系统化的思考，以及持续迭代、演进重构，则系统迟早会崩溃。这就需要我们持续地学习新的技术和领域知识，借鉴别人踩过的"坑"和遇到的技术难题，并将其转化为自己的武器库。本书系统性地总结了携程十几年的发展过程，给我们带来了不一样的"武器库"，强烈推荐大家品读学习。

《亿级流量网站架构核心技术》作者　张开涛

在云时代，IT 架构比以往任何时候都更加重要。好的架构不仅是设计出来的，更是在实践中演进成型的。本书难能可贵地为读者全方位展示了携程的整体技术架构和管理实践，对 IT 从业者而言，具有很高的学习和参考价值。

AWS 首席云计算企业战略顾问　张侠

Ctrip
Architecture
Distilled
携程架构
实践
序言

当今 IT 技术的发展越来越快，更新换代可谓日新月异，让从业者们应接不暇。然而，无论技术如何变化和发展，有些恒久而弥新的知识和能力，依然可以稳定地沉淀下来，它们跨越了不同的开发语言、不同的运行平台，始终是我们关注的焦点。

架构，在每年的技术大会上都是热门的话题。架构的关键设计在很大程度上决定了一个系统的非功能属性，如可用性、可扩展性和可维护性等。这也是我们如此重视架构的原因，一个好的架构就像一个好的制度，我们虽然不会时时刻刻感受到它的存在，但在关键时刻，它决定了系统能够到达的高度。

现实的系统往往很复杂，很难表述，它包含了太多的细枝末节，以及未来的不断变化。但优雅而简洁的架构设计能在很大程度上将系统的精髓剥离和抽象出来，化繁为简，以不变应万变。无论什么时候，衡量一个系统的架构设计是否优秀的标准都是高可用、高性能、低成本和高扩展性，例如：

在遇到各种突发网络状况，甚至单个机房发生故障时，系统是否依然稳定运行，高可用；

在亿万量级访问的高并发下，系统是否能在 7×24 小时内一直稳定运行，是否能在毫秒级别依然准确而稳定地返回数据；

如果业务访问量超出预期、成倍增加，系统是否不需要修改大量代码，只需要调整配置，扩容服务器，即可快速支持；

如果业务需求快速变化，系统是否可以通过业务架构的良好扩展能力，无须大量改动代码就能够轻松应对……

要想实现上述目标，完成一个优秀的架构设计，必须以架构师丰富的实战经验为依托。而在何种场景下采用何种架构设计,并真正解决问题,才是体现架构师能力的关键。所以,要想成为一名优秀的架构师,需要技术人员保持"空杯心态",不断地学习、交流、实践,才能修成正果,这也是我们出版这本书的初衷。

从2016年开始,我们持续在"携程技术"微信公众号发表相关文章,每年年底还会编辑成合辑,和大家分享携程每年的技术成长和经验积累。2019年年初,电子工业出版社的编辑联系我们,希望我们把这几年的相关文章编撰成书以整体呈现携程的技术架构,大家一拍即合,于是有了本书。

虽然介绍特定技术产品架构的文章很多,但能在一本书中将整个公司的技术架构浓缩是很难得的。本书可以帮助读者了解支撑一家大型企业所需要的核心技术产品,以及它们的架构和面临的挑战。不同领域的架构关注点各有侧重,但是方法论是相通的。希望读者通过本书了解携程的架构实践,拓宽视野,丰富自己的架构工具箱,在遇到难题时,看看其他领域的解决思路,就可能碰撞出意想不到的"火花"。

携程技术副总裁　李小林

Ctrip
Architecture
Distilled
携程架构
实践

前言

重回首,去时年,揽尽风雨苦亦甜。不知不觉,携程已经走过了20多年的历程。多年来,携程不断地深耕在线旅游(OTA)行业,力求为用户提供更加多元、舒适的服务。时至今日,作为国内优秀的OTA企业,携程正逐渐成为推动全球旅游行业发展的中坚力量。

与众不同的业务基因,决定了携程必须走出一条适合自身发展的技术道路。随着携程业务规模的快速扩张,其技术体系也在持续沉淀。技术领域没有银弹,技术体系必然会随着业务需求的变更而不断演进,并且在演进过程中,每一次成功或失败所积累的经验教训都会在下一次实践过程中得到体现。本书将从流量接入层、后端系统和技术保障三方面出发,介绍携程在各个技术领域的最新实践及相关思考。

第一部分主要介绍流量接入层。流量接入层是用户使用携程服务的入口,直接影响用户的服务体验。这部分首先介绍携程在前端技术领域,尤其是移动开发框架与周边设施的实践方案;然后阐述如何通过提升网络层访问的性能和质量,来进一步改善用户体验;最后解析携程优质服务的核心系统——呼叫中心是如何构建的。

第二部分主要介绍后端系统。可靠的后端系统是处理海量用户请求的关键,其主要特征包括高可用、高并发、高性能。这部分从分布式消息队列、微服务、配置中心等核心中间件入手,剖析携程在框架中间件体系建设过程中遇到的一系列难题及其应对措施。同时针对如何构建高效、可靠的数据访问层及存储体系等,与读者进行深入探讨。

第三部分主要介绍技术保障。产品从立项到研发、测试、上线,再到运行时的监控、弹性扩缩容,其生命周期的每一个阶段都需要完善的技术保障支持。这部分涵盖了持续集成、监控告警及多数据中心架构等内容，以及携程如何在持续提升研发效率的同时，降低甚至避免快速迭代对网站可用性产生的负面影响。

中国抓住了信息革命的机遇，造就了很多世界级的互联网公司，也拥有了众多互联网领域的"独角兽"，但市场上还没有能够全面介绍一家公司的完整技术体系的书籍，本书的初衷正在于此。我们从一线研发工程师中遴选出本书的作者团队，将架构演进过程中遇到的挑战、走过的弯路及最新的实践方案编撰成书，在给读者呈现携程技术架构体系的同时，也希望给读者带来一些启发，共同推动技术进步。

我们并不完美，但我们心怀敬畏。愿各位永葆对技术的憧憬与热忱。

《携程架构实践》编委会

【读者服务】

- 获取博文视点学院 20 元付费内容抵扣券
- 获取本书作者分享的技术专题 PPT 课件
- 获取更多技术专家分享的视频与学习资源
- 加入本书读者交流群，与更多读者互动

微信扫码回复：38439

Ctrip Architecture Distilled
携程架构实践

目录

第 1 章 携程整体技术架构 001

1.1 携程技术架构概览 003
1.1.1 分层架构 003
1.1.2 接入层技术 005
1.1.3 后端技术 006
1.1.4 技术保障 007

1.2 携程整体技术架构演进 008
1.2.1 呼叫中心时代 009
1.2.2 互联网和移动互联网时代 009
1.2.3 大数据和人工智能时代 011

第 2 章 移动大前端 013

2.1 CRN 框架 014
2.1.1 背景介绍 014
2.1.2 框架设计 015
2.1.3 性能优化 016
2.1.4 配套支撑系统建设 019

2.2 Web 框架 021
2.2.1 微信小程序应用框架 CWX 021
2.2.2 CRN 浏览器端运行框架 CRN-Web 024

2.2.3　下一代前端框架解决方案 NFES　027

2.3　插件化　033

2.3.1　插件化的来源　033

2.3.2　方案的实现　034

2.4　Node.js　038

2.4.1　应用场景　038

2.4.2　应用部署　039

2.4.3　运维与监控　040

2.4.4　核心中间件　044

2.5　移动发布平台 MCD　045

2.5.1　平台服务架构　045

2.5.2　生命周期管理　047

2.5.3　开发流程管理　048

2.5.4　发布流程管理　049

2.6　用户行为监测 UBT　050

2.6.1　数据采集　050

2.6.2　传输与存储　052

2.6.3　实时分析　054

2.7　CData　055

2.7.1　性能管理　055

2.7.2　错误统计　056

2.7.3　访问量统计　057

2.7.4　排障支持　057

2.8　本章小结　058

第 3 章　用户接入　059

3.1　GSLB 技术　059

3.1.1　GSLB 系统概述　060

3.1.2 DNS 工作方式 060

3.1.3 GSLB 工作原理 061

3.2 CDN 063

3.2.1 CDN 静态加速 064

3.2.2 CDN 动态加速 065

3.2.3 CDN 动态域名切换 066

3.3 App 端接入 066

3.4 负载均衡 067

3.4.1 负载均衡器工作原理 068

3.4.2 负载均衡优化手段 070

3.4.3 负载均衡算法 074

3.4.4 负载均衡会话保持 076

3.5 软负载系统 SLB 077

3.5.1 SLB 的产生背景 077

3.5.2 SLB 的架构设计 078

3.5.3 SLB 实现的几个难点 083

3.6 API Gateway 086

3.6.1 API Gateway 的架构设计 087

3.6.2 API Gateway 在携程的使用 091

3.7 本章小结 092

第 4 章 呼叫中心 093

4.1 软交换系统 SoftPBX 095

4.1.1 携程软交换系统现状 095

4.1.2 软交换架构与信令路径 095

4.1.3 组件规划与分布 096

4.1.4 应用场景 099

4.2 交互式语音应答系统 SoftIVR　101

4.2.1　什么是交互式语音应答　101
4.2.2　SoftIVR 架构与特点　101
4.2.3　信令传输流程与核心组件　104
4.2.4　应用场景　108

4.3 全渠道客服云系统　109

4.3.1　全渠道客服云系统的意义　109
4.3.2　客服云整体架构　111
4.3.3　服务端架构　112
4.3.4　应用场景　115

4.4 本章小结　117

第 5 章　框架中间件　118

5.1 服务化　120

5.1.1　为什么需要服务化中间件框架　120
5.1.2　服务化中间件框架的基本架构　121
5.1.3　服务注册中心设计解析　122
5.1.4　服务治理系统功能解析　125

5.2 消息队列　128

5.2.1　消息队列的特性与使用场景　128
5.2.2　主流消息队列　129
5.2.3　携程消息队列 QMQ　132

5.3 配置中心　137

5.3.1　为什么需要配置中心　137
5.3.2　配置中心的特性　138
5.3.3　Apollo 源码部分解析　139
5.3.4　配置中心面临的新挑战　141

5.4 数据访问　142

5.4.1　数据访问层概述　142

5.4.2 为什么要引入数据访问中间件 143

5.4.3 数据访问中间件的主流方案 144

5.4.4 携程数据访问中间件功能解析 146

5.5 缓存层 150

5.5.1 总体架构 150

5.5.2 分片和路由 151

5.5.3 高可用 153

5.5.4 水平拆分 154

5.5.5 跨机房容灾 156

5.5.6 跨区域同步 159

5.5.7 双向同步 163

5.6 本章小结 167

第 6 章 数据库 168

6.1 上传发布 171

6.1.1 表结构设计规范 172

6.1.2 数据库表结构的发布 172

6.1.3 SQL Server 的特殊之处 173

6.2 监控告警 176

6.2.1 数据库大盘监控 176

6.2.2 运维数据库 OPDB 178

6.2.3 语句监控 179

6.3 数据库高可用 187

6.3.1 SQL Server 高可用 188

6.3.2 MySQL 高可用 189

6.3.3 Redis 高可用架构 193

6.4 本章小结 194

第 7 章 IaaS & PaaS 195

7.1 网络架构演进 198
7.1.1 基于 VLAN 的二层网络 198
7.1.2 基于 VXLAN 的大二层 SDN 网络 200
7.1.3 基于 BGP 的三层 SDN 网络 203

7.2 K8s 和容器化的实践 207
7.2.1 部署架构 207
7.2.2 网络 208
7.2.3 调度 209
7.2.4 存储 212
7.2.5 监控 214
7.2.6 容器化 215

7.3 混合云 217
7.3.1 混合云整体设计 218
7.3.2 混合云网络 & 安全 220
7.3.3 混合云计费 & 对账 222
7.3.4 混合云运维 224

7.4 持续交付 226
7.4.1 发布的艺术 226
7.4.2 Tars 系统设计 229

7.5 本章小结 232

第 8 章 监控 233

8.1 指标监控和告警系统 Hickwall 234
8.1.1 指标监控的应用和挑战 235
8.1.2 指标模型的选择 236
8.1.3 Hickwall 架构 238

8.2 开源分布式应用监控系统 CAT　241

　　8.2.1　为什么需要应用监控系统　241

　　8.2.2　应用监控系统的特点　243

　　8.2.3　客户端实现解析　245

　　8.2.4　存储模型解析　247

8.3 公共日志服务平台 CLog　250

　　8.3.1　日志系统的演进与特点　251

　　8.3.2　CLog 的架构　252

8.4 告警系统　257

　　8.4.1　告警系统的需求特点　258

　　8.4.2　流式告警的实现和处理　259

8.5 本章小结　263

第 9 章　网站高可用　264

9.1 可用性指标与度量　265

　　9.1.1　Ctrip ATP　266

　　9.1.2　Ctrip ATP 算法　266

　　9.1.3　Ctrip ATP 架构　267

　　9.1.4　订单预测模型　268

9.2 服务熔断、限流与降级　270

　　9.2.1　微服务架构下的可用性　271

　　9.2.2　熔断、限流在携程的落地　272

　　9.2.3　熔断、限流的治理问题　274

9.3 灾备数据中心　276

　　9.3.1　冷备模式　277

　　9.3.2　热备模式　278

　　9.3.3　多活模式　278

9.4 网站单元化部署　281
　　9.4.1　单元化架构　282
　　9.4.2　单元化思路　283

9.5 基础组件支持　285
　　9.5.1　路由调度　285
　　9.5.2　数据复制　287

9.6 全链路压测　292
　　9.6.1　技术选型与系统设计　292
　　9.6.2　构造与隔离压测数据　295
　　9.6.3　全链路监控设计　295

9.7 运维工具高可用　296
　　9.7.1　哪些运维工具需要实现高可用　296
　　9.7.2　工具的改造　297
　　9.7.3　定期故障演练　300

9.8 混沌工程　300
　　9.8.1　混沌工程的起源　301
　　9.8.2　混沌工程的 5 条原则　301
　　9.8.3　如何进行一个混沌实验　304

9.9 数据驱动运营　307
　　9.9.1　智能运维 AIOps　308
　　9.9.2　AI 算法在运维领域的典型场景　309
　　9.9.3　运维数据仓库　312

9.10 GNOC　314

9.11 本章小结　319

Ctrip
Architecture
Distilled
携程架构
实践

第1章
携程整体技术架构

> 生命及其蕴含之力能,最初注入寥寥几个或单个类型之中;当行星按照固定的引力法则持续运行之时,无数美丽与奇异的类型,即从如此简单的开端演化而来,并依然在演化之中;生命如是之观,何等壮丽恢宏。
>
> ——查尔斯·罗伯特·达尔文《物种起源》

说起架构,许多人脑海里都会浮现出一张张结构图,加上伏案奋笔的架构帅,最终各式各样的组件,根据结构图里约束的位置,组织成某个宏大的整体。

架构涉及的范围可以很大,大到国家制度的制定,会对历史进程产生非常深刻的影响;架构涉及的范围也可以很小,小到一个公司的组织架构,需要哪些部门如何协作,才可以支撑公司的持续健康运营;架构涉及的范围甚至可以小到一段代码的编写,领域的抽象、逻辑的编排等都会对产品的稳定性产生影响。很多领域都存在不同意义上的"架构",那么,架构的含义是什么?为什么需要架构?我们需要什么样的架构?

在此,笔者用一个成语来解释这个问题:纲举目张。这个成语的本意是,在捕鱼的时候,只要把渔网的主绳(纲)撒开,渔网的网眼(目)自然就张开了。上述解释包含了几个部分:"捕鱼"是目标,"撒网"是方法,通过撒网的方法来实现捕鱼的目标。那么,为了更好、更快地实现捕鱼目标,就需要不断优化撒网的方法。成语给出的优化方法,就是"纲举":一旦主绳的位置确定了,渔网网眼的范围自然就确定了。

架构的意义就在于确定"主绳"的位置。通过这个简单的类比可以看出,架构实际上代表的是一种方法论，这个方法论的核心思想在于构建目标的主要环节，主要环节一方面可以带动次要环节，另一方面还可以对次要环节的作用范围进行限制，避免或降低次要环节可能带来的负面影响。

通过以上叙述，可以回答前两个问题：架构是一种方法论；之所以需要架构，是因为这种方法论有助于我们实现目标。那么，我们需要什么样的架构？或者，什么样的架构才是好的架构呢？

本章的引言部分已经给出了答案。

查尔斯·罗伯特·达尔文的《物种起源》提出了物种经历自然选择、变异进化，最终实现适者生存的演进理论。在十年、百年甚至千年的时间里，为了适应自然环境，各种生物不断优化自己的行为模式和生物特征，在地球这个共同的家园里，描绘出波澜壮阔的画卷。

在这个过程中，物种的目标是"生存"，方法是"优化行为模式和生物特征"，之所以需要持续优化，根本原因在于自然环境是不断变化的。而自然环境之所以不断变化，部分原因在于各个物种为了适应自然而做出的改变，反过来影响到了自然环境。自然选择和物种进化的关系如图 1-1 所示。

图 1-1　自然选择和物种进化的关系

有些生物学家认为，爬行动物是从海洋"走"出来的，在上岸前，物种为了获取足够的氧气，演化出了"鳃"这种器官，但在上岸后，为了适应陆地，很多物种演化成用"肺"呼吸，"鳃"就可能变成物种的弱点而阻碍生存。在这个变化过程中，"鳃"在海洋里是最好的取氧方式，但在上岸后，"鳃"被"肺"取而代之。所以，"没有最好，只有最合适"是很多领域的最佳实践。

这种演化的背后还隐藏了一个重要的变量：时间。实现目标的方法是否合适是和时间息息相关的。同样的做法，在某一阶段能满足我们实现目标的需求，但在下一阶段，当我们的目标发生变化时，就可能无法满足甚至会阻碍我们实现目标。因此，我们需要根据当前面临的实际情况，不断地对实现目标的方法进行调整。而且这个调整过程不应当是盲目的，"纲举目张"的方法论告诉我们，因架构调整而带动实现方法的优化，是行之有效的，可以避免"一叶障目"式的盲目演进。

这就是笔者对第三个问题的回答：我们追求的并不是"一劳永逸"的架构，事实上"一劳永逸"的架构也并不存在，能够根据实际需求而不断演进的架构，才是我们真正需要的架构。

本书的主题为架构的实践，涉及的领域则是互联网相关技术。如果说计算机的诞生可以帮助科研人员在其专业领域更好地发挥所长，那么互联网的诞生和发展可以极大地改变每一个普通人的生活方式。对于技术领域而言，不同的互联网公司拥有不同的业务模式，而技术的目标是更好地支撑业务，由此产生的技术架构也不尽相同。但大体上，技术架构可以模糊地划分为业务技术架构和整体技术架构两部分。其中，业务技术架构更加关注业务流程的技术实现，比如用户下单流程的制定，以及各个环节需要用到的支撑系统；而整体技术架构更加关注全局的技术解决方案，比如业务系统间的通信方式，以及实时观测业务系统的运行状态。

本书的着眼点在于携程的整体技术架构。作为优质产品的支撑架构，携程的技术体系经历了从 PC 互联网到移动互联网的转型，也经历了微服务分布式架构的变迁，在持续演进过程中，还通过构建包括云平台在内的多种系统，提升了持续集成效率和网站高可用程度。

目前，携程已经经历了 20 多年的发展，成长为全国优秀的 OTA 公司，所秉持的正是"以客户为中心，为客户提供最优质旅行服务和体验"的初心。这些优质的服务和体验背后，不仅有携程广大前线服务人员的辛勤劳动，还有产品和技术人员的极致追求。

1.1 携程技术架构概览

1.1.1 分层架构

分层架构（Layered Architecture）是互联网技术架构的经典模型之一。

分层架构的每一个层次都有其固定的角色，并且承担着相应的职责。例如，在经典的 4 层架构模型中，表现层负责与用户直接进行交互的逻辑，用户通过浏览器或者手机客户端看到界面或进行交互，都属于表现层的职责；业务层则负责根据用户的请求，执行特定的业务逻辑。

每一层的组件都围绕这一层的职责范围来完成各自业务逻辑的抽象。例如，表现层不需要关心如何获取顾客数据，它需要做的事情仅限于在用户客户端上以特定的格式把顾客数据展示出来；同理，业务层既不需要关心数据展示，也不需要关心数据来源，它只需要向持久层获取数据，完成自己的业务逻辑（如数据计算和聚合），再将处理后的数据交给表现层即可，如图 1-2 所示。

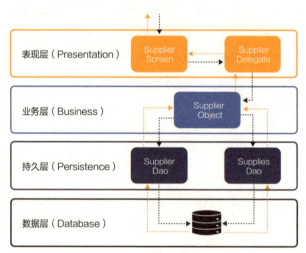

图 1-2　分层架构

大多数网站在完成初期构建时，由于流量小、业务模型简单、资源较少，往往只需要有限的几个应用即可完成全部的业务逻辑，甚至这几个有限的应用可能还部署在同一台服务器上，很多经历过早期网站架构的读者应该有过这样的经历。

但即使在这个阶段，分层架构思想也在单个应用内部的实现过程中得到了贯彻，重要的原因在于分层架构的隔离性，使得工程师可以独立处理不同层次的需求，而无须担心对其他层次的逻辑造成负面影响或者因逻辑耦合而拖慢整体进度，极大地提升了业务模型的适应能力。

随着业务规模的扩大和业务逻辑复杂程度的提升，应用结构变得越来越复杂。同时随着网站流量的激增，以往的使用单个应用解决全部需求的"美好时光"一去不复返了。于是，携程根据层次角色关系，把单个应用拆分为多个应用，通过网络通信将不同的应用组织起来。随着应用数量的增加，携程开始考虑分布式架构、负载均衡、应用间通信方式、服务治理、持续集成，并一步步演化成携程目前的技术体系。之前进行的每一步，在当时都具备一定的合理性；现在进行的每一步，也都是基于当前的业务环境和我们的经验而进行的探索。

目前，携程的技术层级关系大致如图1-3所示。

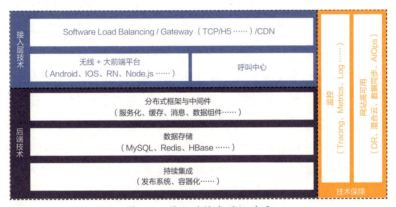

图1-3 携程的技术层级关系

本书将从图中列举的三方面技术出发，向读者介绍携程的技术体系架构。

1.1.2 接入层技术

接入层技术与用户对携程的直接体验息息相关。

优秀的前端界面和交互设计可以带给用户美好的视觉体验，而直接支撑这些优质视觉体验的技术，就是接入层的移动大前端技术。

携程经历了从PC互联网时代到移动互联网时代的变革，目前绝大部分营业收入都来自移动端，因此用户在移动端的直观感受是至关重要的。笔者认为，所有涉及用户操作的终端都属于前端领域，在这个指导思想下，大前端的技术领域也从传统的PC浏览器前端，扩展到移动OS原生框架开发、跨平台前端框架开发，以及微信、支付宝等小程序的框架开发。

在第2章里，读者会了解到各种优秀的开源前端框架是如何在携程落地的，以及携程在这些前端框架的基础上，基于自身需求，针对哪些特点进行了优化改造和二次开发。同时，读者会看到携程的前端框架在迈向前端框架中台的道路上所做出的努力和成果。

作为用户，除了最直接的视觉体验，使用携程服务的速度，也是衡量用户体验非常重要的一个指标。携程的用户遍布全球各个国家和地区，他们会通过各种网络接入环境和客户端设备来使用携程的服务，读者在第 3 章会看到携程在提升用户访问网站的稳定性等方面做出的努力。携程通过 GSLB 技术帮助用户连接到最合适的数据中心，再通过 CND 技术，在尽量靠近用户的边缘网络将用户频繁访问的静态资源进行缓存，把用户和服务的距离尽可能缩减到最短，从而提供给用户更快的服务访问速度。同时，在网络层面，为了保障在高并发请求环境下的优质服务，携程基于开源软件 Nginx 研发了软负载系统，用于处理携程 99% 以上的七层路由请求。

优质的用户体验并不仅限于客户端服务体验。自携程创立以来，呼叫中心就一直扮演着非常重要的信息传递角色，并随着公司业务一同发展壮大。在人工智能还未能完全取代人工的今天，当用户遇到紧急情况而需要及时帮助时，在电话线另一端的客服人员的耐心守候最能给用户带来暖心的体验。目前，携程呼叫中心已经演进到第五代，在第 4 章里，读者会了解到携程的呼叫中心是如何为客服人员提供多渠道、多地域、多业务、多语种及海量会话等全方位支持的。同时，第 4 章还会向读者介绍，相比于传统的客服运营，携程云客服平台是如何解决沟通单一、信息碎片化、智能化程度低、效率低下、移动性不足、成本高昂等问题的。

1.1.3 后端技术

在用户使用携程服务时，最终的数据基本上可以分为内容和订单两种类型，这两种类型的数据对任何商业技术公司来说都是重要的核心资产。设想一下，用户在终端进行的每次交互，在通过接入层传递到后端系统后，都可能会激活上百个计算资源，并与其他支撑系统的计算资源进行数据交互，最终返回给用户期望的结果。这对于用户来说可能只是进行了几次交互，但对于后台系统来说可能已经放大到进行了成千上万次数据通信。随着业务量的增长，这种放大效应产生的数据通信量会更加庞大。如何应对海量规模的用户请求，是所有后端系统需要面对的难题，在这一部分我们将看到携程是如何应对这些技术挑战的。

在第 5 章里，读者会对携程的框架中间件体系有一个初步的了解。互联网领域的中间件，主要是指在分布式系统中广泛使用的中间层软件，一般用于提供通信及数据管理服务。之所以使用中间件来与其他系统进行通信和数据访问，是因为中间件为调用方提供了更好的封装性：一方面封装了底层操作的复杂性，使调用方可以更专注于自身的业务诉求；另一方面封装了公共业务模型的具体实现，提升了调用方的业务逻辑表达能力，降低了业务系统架构的成本。这一章会介绍服务化的架构体系是如何在携程落地的，也会介绍系统间去耦合的"利器"——分布式消息队列是如何工作的。除此之外，读者还会看到携程开源的 GitHub 高星产品——Apollo 配置中心的设计思路和运作方式，以及携程对数据访问层的思考和相关实践。

第 6 章会介绍携程在数据库使用和运维方面的经验。携程是一个典型的面向交易系统的网站，有大量面向事务及事务/分析混合的数据存储场景。为满足业务需求，携程实时数据存储平台提供了包括关系型、缓存型、文档型，以及面向实时计算的大数据存储产品。携程采用业内流行的开源组件或解决方案进行定制化改造和自动化运维工具开发，形成了一个完备的数据存储平台。数据库运维人员可以通过各种指标来衡量当前数据库的运行状况，从最基础的数据库服务是否正常运行，到主从是否存在延迟，甚至到数据库内部是否存在阻塞等，都需要进行数据采集，并适当进行前端展示。除了强大的监控能力，数据库的高可用建设也持续为业务系统的正常运行提供支持。在数据库高可用架构方面，携程考虑了包括机房故障在内的许多场景，在大多数故障场景下，都具备快速转移故障的能力。

第 7 章会介绍携程在 DevOps 方面进行的实践。随着业务的快速发展，产品的迭代日新月异，需要人工介入的交付方式已经严重拖慢了研发效率和产品迭代速度。携程的解决措施就是 PaaS 平台。携程从持续集成入手，打通了资源、版本和发布流程。在 PaaS 平台容器化演进的过程中，携程最终选择了 K8s，因为其从诞生开始，就把 IaaS 和 PaaS 融为一体，不仅关注应用的交付，还为应用治理提供了各种解决方案。此外，在国际化战略背景下，携程也在公有云上做了一些尝试，在这一章读者还会看到携程的混合云解决方案是如何支撑国际化这一目标的。

1.1.4　技术保障

如果说接入层技术可以使用户直接感受携程的服务，后端技术可以支撑海量的服务体验，那么，持续、稳定地为用户带来优质的服务体验，则是技术保障最需要关注的核心内容。然而系统的复杂性并不是线性叠加的，维护多个存在协作关系的系统所面临的运维复杂程度，是单个系统的复杂性所无法比拟的。上一节提到，从用户端看起来非常简单的一次交互行为，可能都会涉及后端系统的成百上千个计算节点,所以任何一个环节出现问题,经过反向放大到用户终端都会严重影响用户体验。这一部分会向读者展示携程在技术保障领域的最新实践。

监控体系的要点在于发现问题,这是因为如何快速定位协同工作的系统问题对我们不断优化用户体验有着重要的指导意义。在大多数情况下,定位问题往往比解决问题更加困难,这个问题在多系统协作体系中会更加显著,第 8 章会为读者重点介绍携程现有的监控体系。其中,Hickwall 主要负责指标监控,能提供对多种不同层面的指标数据进行采集、聚合、展示及告警等一系列功能;CAT 主要负责对跨进程的调用链路进行监控,通过将调用 Token 在不同组件之间进行传递,最终实现了调用链路的完整展示和监控,这对于调用方理解整体业务逻辑、快速定位调用链路的问题及分析系统瓶颈是非常有帮助的;CLog 是日志系统,日志可以忠实记录程序运行时发生的各种关键事件及状态变化,但随着业务量的增长,计算节点数量的膨胀,以及云原生等新型架构的出现,原始的日志处理、查看及分析方式就暴露出很多缺陷,本章会介绍携程是如何通过 CLog 应对和解决这些问题的。

第 9 章会介绍网站的可用性应该如何度量并得到保障。如果网站不可用,则其在对用户体验产生影响的同时,也会对企业的生产经营产生影响,例如:股票交易网站的服务中断,会导致用户错失交易机会,产生财务影响;共享单车的服务出现故障,会导致用户无法使用共享单车,若发生长时间、大面积中断,则不仅会导致用户流失,还会产生较大的社会负面影响。因此,要提升网站的可用性,需要同时从多方面入手,如软件架构设计实现、信息安全、监控告警、紧急事件响应、运维管理、灾备数据中心、故障演练等,在这一章读者会看到携程在网站高可用架构方面做出的努力。

1.2 携程整体技术架构演进

携程整体技术架构的演进大致可以分为 3 个阶段:呼叫中心时代,以线下业务驱动为主;互联网和移动互联网时代,以产品技术驱动为主;大数据和人工智能时代,以大数据驱动为主。这 3 个阶段是很漫长的,经历了非常复杂的演变过程。总体而言,技术演进取决于业务形态和互联网行业的发展变化。

在此介绍一下携程的业务特点,携程作为典型的 O2O 企业,具有和其他 O2O 企业一样的特点,如线下业务重、线上业务轻;对资源重度依赖;线下流程复杂,涉及信息流、物流、资金流;属于典型的 ERP 形态。所不同的是,携程采用 Offline

To Online 的方式递进，与现在通常所说的 O2O 递进顺序是相反的，但是殊途同归，所有 O2O 企业的最终业务形态是类似的。

1.2.1 呼叫中心时代

呼叫中心时代，是很多携程的老员工经常会怀念的时代。携程最早的客户业务是从发放会员卡开始的，在那时，携程的业务人员会拿着携程的会员卡到火车站、汽车站、机场等地方去发放。会员卡上有两串关键数字，一串是卡号，一串是携程呼叫中心的电话号码。如果客户想预订酒店，则只需要拨打携程呼叫中心的电话，报卡号，即可建立用户关系。所以那时的流量入口就是电话。

这个业务场景也决定了携程和一般互联网企业的不同。因为流量入口是电话，携程是通过坐席人员代替用户来操作的，所以对坐席人员的操作规范和服务流程的要求是非常严格的。但因为用户无法直接接触系统，所以用户体验是很差的。

这个阶段的技术体系，具备初创企业的典型特点——架构比较单一，主要的商业逻辑写在数据库层面。当时的携程主要采用"Windows 平台 +ASP + SQL Server"的体系架构。很多互联网公司在刚起步时所采用的 LAMP 体系架构是类似的，都是通过脚本语言和数据库，快速搭建一个系统。这类体系架构的缺点是高耦合、扩展性不好；优点是开发和发布速度快。

在这个阶段建立新的产品和业务，都是以 C2P（Copy To Paster）模式为主的。如果想快速开展新业务，最简单的办法是复制粘贴法，即把原来的代码直接复制过来进行修改。例如，酒店是携程的第一个业务模块，机票是第二个业务模块，我们就直接把酒店业务的相关代码复制过来，然后在此基础上进行修改。

总而言之，这个阶段的产品和业务可以快速迭代、快速开发、快速发布，非常契合业务高速发展的需求，但是由于耦合高、扩展性差、体系结构没有经过优化，也为后面的工作挖了不少"坑"。

1.2.2 互联网和移动互联网时代

自 2006 年开始，随着早期电商网站的起步，很多用户的行为习惯逐步转向互联网，他们更习惯在网上买商品。因此，随着用户行为习惯的改变，携程的流量入口也从电话转向为互联网，再到后来的移动端 App。

携程在这个阶段的技术体系与大型互联网公司类似，以支持大流量并发访问和稳定性、扩展性为主,各个应用都是分层的。

分层有很多优势:第一,分层可以把每一层的业务进行隔离和透明化,可以更多地进行解耦,也可以很方便地进行部署,这样在流量较大时,可以很快地扩充,分担流量,进行负载均衡;第二,分层支持高可用,每一层应用都部署在多个服务集群上,当其中一个集群意外宕机时,另一个集群可以很快地代替它运行;第三,分层可以通过服务化进行子系统之间的解耦。携程将所有以前的两层架构变成三层架构,三层架构变成四层架构,同时拆分了不同的子系统,并且子系统之间的相互调用通过 SOA 基于服务的方式来进行。这样能够非常快速地搭建核心服务体系之外的业务系统,并将其分配给各个前端去使用,包括 Online、手机、Offline、统一的接口和统一的规范。这个阶段的理念就是"Open API Everywhere"。

分层带来的好处,就是目前大型互联网公司所必须具备的"3+1"模式——高并发 + 高性能 + 高可用,再加一个高扩展。

这个阶段,可以说是携程整个技术体系转型最大,也是最"痛"的阶段。下面列出的一些痛点,现在看可能不算什么,但在当时还是比较困扰我们的。

1. 业务快速发展跟不上

早期的复制粘贴模式,在快速应对业务发展的前期具有非常好的作用。但是随着业务的快速发展和流量的激增,这种模式就不适合了。之前的技术体系本身就是两层架构,应用只能部署在单台服务器上,高并发能力有限,扩展性很差,不能进行大型应用之间的分层和部署,也无法支持应用隔离和应用多集群部署。这种技术体系的痛点在于,虽然前期较快,但后期会越来越慢,所以应用架构和物理架构必须重构,花费的成本很高。

2. 子系统的拆分边界不清

与很多互联网公司进行技术改造所面临的情况一样,携程在早期复制粘贴了很多个垂直的像烟囱一样的独立系统,这些独立系统中有很多重复的部分。以支付为例,我们当时的做法是,将酒店的支付流程放在酒店业务集群,将机票的支付流程放在机票业务集群,并在支付流程结束后,将所有业务的支付信息收集到一个公共的数据库中。在这种情况下,如果银行需要修改一个信用卡授权码,则每一个系统都需要重新修改一遍,所以新功能的上线协调、沟通成本很高。后来我们开展了一个 SOA 子系统拆分的项目,重新梳理业务流程,把一些重复的子系统拆分出来。其实无论酒店业务还是机票、度假业务,有些流程是类似的,比如预订,都是先查询,再下单、支付、发送消息通知。重复的子系统在被拆分出来之后，就变成了后来的携程公用系统，如支付平台、消息平台、物流配送平台等。这个项目的开展花费了大约两年时间，为携程平台的转型奠定了坚实的基础。

3. 系统改造复杂

系统改造的过程非常复杂，涉及流程改变、流程重新划分，以及系统再改造。这部分不进行过多阐述，总而言之，公司的业务复杂度，决定了流程复杂度，从而决定了系统复杂度。因此，系统的改造必须从优化业务流程入手，而不能反向操作。

4. 分层体系架构的复杂

在业务流程被拆分为不同的子系统之后，用户可能会发现，原来很简单的事情，变得很复杂。还是以支付为例，在一个系统中支付成功之后，会返回一个订单状态——交易完成。如果支付不成功，则进行事务回滚。当订单和支付在一个系统中时，只要将它们写在中间件模块里，并使用微软的 Transaction Server 机制把代码嵌入，如果支付成功，就进行事务提交，如果支付失败，就进行事务回滚。但当订单和支付被拆分成不同的子系统之后，支付平台和订单下单流程就不在一个系统中，甚至不在一个物理服务集群中，如何保证事务提交的完整性呢？这时只能通过类似状态机回调和消息队列的方式进行解耦以保证最终状态的一致性，使得复杂度大大增加。再比如缓存，本来在一个体系中，每台服务器中的缓存数据都是独立和一致的，但当一个体系被拆分成不同的集群之后，如何保证每台服务器中的缓存数据的一致性呢？随着技术的发展，很多系统，如 Redis 可以很好地解决上述分布式缓存的问题。但在当时对我们来说却是个难题。

1.2.3 大数据和人工智能时代

这个阶段主要依托海量用户和海量数据，发展平台个性化和数字化，以及进行 AI 赋能。在笔者看来，所有的电商平台系统，最终都会演变为这种形式。携程在这个阶段的技术体系主要是"ABC 战略"，由下至上为：

C——Cloud（云），计算、网络、存储云化；

B——Bigdata（大数据），整个集团数据集成、共享、交换、打通；

A——AI（人工智能），个性化、数字化和人工智能。

目前，携程 AI 赋能主要体现在两个方面。

第一个方面是进行精准化的营销、个性化的推荐，提升订单转化率，实现营收增长。在淘宝"双 11"促销期间，通过点击淘宝个性化推荐商品页面进来的用户所成交的订单数，已经超过主动搜索进来的用户。其中节省的用户费力度成本、订单转化率成本，都是很可观的。同时，这进一步证明了，基于海量数据发展出的个性化、数字化特性对电商平台的重要性，这将是电商未来发展的一个大方向。其实，类似于"今日头条""抖音"等内容信息类平台，就是通过大数据的个性化驱动和分发的方式，大大提升用户黏性，从而后发先至，将对手远远抛在身后的。

第二个方面是通过人工智能研发客服机器人和 AI 数据挖掘。携程有一个很大的呼叫中心，坐席人员超过一万人，可以为客户提供服务。而客服机器人可以降低成本，提高效率，并加快服务响应速度，这是携程可以深度挖掘的地方。在研发过程中也遇到了很多问题，如语音识别的准确性，可能还不能很好地支持多轮人机对话。如果语音识别的准确率每次可以达到 90%，则一轮对话的准确率为 90%，两轮对话的准确率为 81%，最终的准确率显而易见。所以怎么去做呢？假设我们到了一个陌生国家的餐厅，语言不通，如果只能通过语言来点菜，则效率是比较低的。而在这时，如果商家拿出一个菜单，我们只需要点击菜单，告诉商家我们的需求就可以了。所以，客服机器人与用户进行信息交流的方式也要多样化，不仅可以通过文本和语音进行交流，还可以通过其他图文并茂的方式进行交流，从而在最短时间内，让用户和机器人达到信息交流的目的，并提高效率。

关于携程的技术架构演进之路，就简单介绍至此。现在看来，携程走过的这些历程，与其他大型电商平台相比，是非常类似的。所谓殊途同归，大家都是通过不断地迭代、重构、引进和吸收新的技术和理念，才一步一步地走到今天。

携程现在还在路上，相信以后也会一直在路上。

第2章 移动大前端

Design is a funny word. Some people think design means how it looks. But of course, if you dig deeper, it's really how it works. The design of the Mac wasn't what it looked like, although that was part of it. Primarily, it was how it worked. To design something really well, you have to get it. You have to really grok what it's all about. It takes a passionate commitment to really thoroughly understand something, chew it up, not just quickly swallow it. Most people don't take the time to do that.

——乔布斯

正如乔布斯所说的设计一样，前端通常被认为是简单的页面特效。事实上，前端的历史也像人类发展史经历了几个阶段一样，正在经历着从"人工化"到"工具化""工程化"，再到"智能化"的演变。

随着移动互联网的迅猛发展，前端成为一个越来越主流的技术领域，其所涉及的平台和技术范围也越来越广。我们将所有涉及用户操作的终端都理解为前端范畴，前端被逐渐泛化为大前端，技术领域也从传统的浏览器前端，扩展到以 iOS/Android 原生开发、Cordova、React Native 为代表的跨平台开发框架，以及微信、支付宝等小程序开发框架。同时，前端也在不停地拓展自己的边界，逐步从前端走到向全端，典型代表为 Node.js 技术栈。

随着前端技术的蓬勃发展，公司内部参与前端开发的团队规模不断扩大，就需要配套的工程化平台系统来解决沟通协作的效率问题，为此，携程开发了 MCD 平台，用于移动端和 H5 前端的集成发布。

前端的广泛应用，使与之对应的数据收集、性能监控、故障排查、异常收集等系统必不可少，针对这方面的需求，携程开发了 CData 平台，用于性能分析和故障排查。

本章对大前端相关的技术框架和配套系统建设进行介绍。

2.1 CRN 框架

CRN（Ctrip React Native）由携程无线平台研发团队基于 React Native 框架优化，其定制稳定、性能更佳，也更适合业务场景的跨平台开发框架。本节会从以下 4 个方面进行详细介绍。

（1）背景介绍。

（2）框架设计。

（3）性能优化。

（4）配套支撑系统建设。

2.1.1 背景介绍

React Native（简称 RN）是 Facebook 在 2015 年 3 月进行开源的跨平台应用开发框架，是 Facebook 开源的视图渲染框架 React 在原生移动应用平台的版本。React Native 可以让用户只使用 JavaScript（简称 JS）语言，构建原生移动应用程序，支持 iOS 和 Android 两大平台。

携程为什么要引入 React Native 呢？主要从以下 5 个方面进行考虑。

（1）App 占用内存：携程旅行 App 从 2011 年开始开发至今，随着各项业务功能的全面移动化，以及在公司"移动优先"策略的指引下，其功能越来越多，也越来越"臃肿"，占用内存达到将近 100MB，而使用 RN 开发、实现同样功能的 App，占用内存远远小于原生 App，所以 RN 的引入，可以支持携程旅行 App 的可持续健康发展。

（2）用户体验：RN 通过 JavaScriptCore（简称 JSC）引擎解析 JS 模块，转换成原生（Native）App 组件渲染，与 H5 页面相比，不再局限于 WebView，渲染性能大大提升，运行时的用户体验可以媲美原生 App。

（3）成熟度：Android 和 iOS 的 RN 都已经开源，原生 App 提供的组件和 API 相对丰富，并且跨平台基本一致，对外接口也趋于稳定，适合业务开发。

（4）动态更新：在原生 App 开发中，Android 平台通过插件化框架，可以实现动态加载远端代码和资源的功能。但是在 iOS 平台上，因为系统限制，不能动态执行远端下载的原生代码，而 RN 可以满足该需求。

（5）跨平台：RN 提供的 API 和组件，大部分支持跨平台使用，对少数不支持跨平台使用的组件可以进行二次封装抹平，让业务开发人员开发一份代码，运行在 iOS 和 Android 两个平台上。这样能够大大提高开发效率，降低开发维护成本。

2.1.2 框架设计

CRN 框架提供从开发框架到性能优化，再到发布运维的全生命周期支持，具体如图 2-1 所示。

图 2-1　CRN 框架组成

（1）开发框架：主要提供在开发阶段的支持，包括工具和文档、组件和解决方案、跨平台打通（H5）和代码托管功能。其中，工具主要包括 CLI 和 Packer；文档包括 API 文档和设计文档；跨平台打通（H5）是指抹平平台差异组件间的 API 的功能；代码托管是指方便业务团队，特别是新加入 CRN 开发的团队参考已有业务代码，快速上手的功能。

（2）性能优化：主要解决首屏渲染的性能问题和 RN 框架的稳定性问题。为了解决首屏渲染的性能问题，我们开发了框架拆分和框架预加载、业务按需加载、业务预加载和渐进式渲染方案。

（3）发布运维：主要提供动态打包配置、发布系统及监控、页面性能监控和线上错误监控等平台，使业务开发人员依托完备的系统去发现和解决线上的问题。

下面从以下几个方面进行详细介绍。

CRN 开发框架方面：开发 CRN-CLI 脚手架，对 RN 原始的 CLI 进行二次包装，提供工程创建、服务启动、在已集成框架的 App 中运行 RN 代码等常用功能，方便开发人员快速上手。

文档方面：提供 API 文档和设计文档。API 文档采用 YUI Doc，根据代码注释自动生成，该文档中主要记录新增组件及使用示例。

设计文档：主要包含一些组件和 API 的设计文档，以及常见问题的解决方案。业务开发的常见问题都可以在该文档中找到对应的解决方案。

组件方面：提供 100 多个业务和公共组件支持，并保证跨平台提供一致 API。

2.1.3 性能优化

在介绍性能优化方案之前，我们先来了解一下页面加载流程。

图 2-2 很好地描述了页面加载流程：首先是 CRN 容器创建，然后是增量包（如果有的话）下载和安装，之后进行 CRN 框架加载（包含 Native 和 JS 组件），并在 CRN 框架加载完成后，进行业务代码加载，计算页面虚拟 DOM，通知 Native 渲染业务页面，如果有业务网络请求，则在请求完成之后，重新渲染。

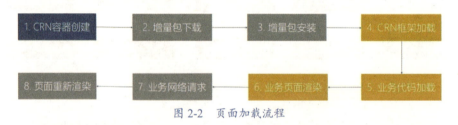

图 2-2　页面加载流程

灰色部分是可选的，真实的 RN 页面的渲染性能包含 4、5、6 三部分，针对这三部分，我们提供了不同的性能优化方案。

（1）CRN 框架加载：框架和业务代码拆分、框架代码预加载、JSC 执行引擎缓存。

（2）业务代码加载：业务代码按需加载、业务代码预加载。

（3）业务页面渲染：渐进式渲染、骨架图预渲染。

1. CRN 框架加载优化

将框架代码和业务代码进行拆分，生成框架包和业务包。框架包可以在后台进行线程加载，业务包在进入业务时才开始加载。

首先介绍打包部分。

（1）生成框架 JSBundle：业务代码拆分主要是将框架和业务模块定义进行拆分，拆分的思路很简单，用一个空白页面作为入口，并使用 AppRegistry.

registerComponent 加载这个入口。在进入业务时，通过这个入口页面加载真实的业务代码。将这个空白的入口页面作为框架的一部分，使用 react-native bundle 命令打包成框架 JSBundle。

（2）抽取业务 JS 代码：对 RN 的 unbundle 打包过程进行定制，首先设置 iOS 系统支持 unbundle 打包（默认是不支持的），将生成的业务 JS 模块代码单独保存，每一个 JS 模块为一个文件，文件名为模块 ID.js。

（3）JS 模块加载优化：若要空白页面的入口组件加载真实的业务代码，就需要改造 RN 的 require 方法，简单修改 Native SDK 中的 JSCExecutor（RCTJSCExecutor.mm/JSCExecutor.cpp）文件，调整 NativeRequire 实现即可。

在打包完成后，就可以对拆分的框架代码进行预加载。

RCTBridge/ReactInstanceManager（下文统称 instance）是 RN 框架中核心的两个类，它们分别控制不同平台的 JSC 的执行，同时是各自平台 ReactView 的属性，可以驱动 View 的显示和事件。

为了使后台预加载 JS 代码，首先需要解开 ReactView 和 instance 之间的耦合，使 instance 在后台独立加载，其次需要对 ReactRootView/RCTRootView 接口进行简单调整。

图 2-3 描述了 CRN 框架 instance 的生命周期状态，分为以下几个过程。

图 2-3　CRN 框架 instance 的生命周期状态

（1）框架加载过程，标记为 Loading 状态。
（2）框架加载完成，标记为 Ready 状态。
（3）框架引擎被业务使用，标记为 Dirty 状态。
（4）框架在加载或者业务使用过程中出现异常，标记为 Error 状态。

在启动 App 时，会预创建一个 CRN 框架 instance，在创建完成后，状态会被标记为 Ready 并被缓存。在进入业务时，会优先使用这个缓存的 instance 来加载业务代码。这时进入业务页面，只需要执行业务代码的加载。当这个 Ready 状态的 instance 被使用之后，后台会立即再创建一个 instance，以备后续业务使用。

对于加载过业务代码的 CRN 框架 instance 而言，在用户离开业务时，会暂时缓存，如果用户重复进入页面，就可以减少业务代码的加载执行，大大提升页面的打开速度。当暂存的加载过业务代码的 CRN 框架 instance 数量超过两个时，会按照创建的时间顺序，回收最早创建的 instance。

2. 业务代码加载优化

对于业务代码加载优化而言，我们主要从两个方面考虑，分别为按需加载和预加载。两者的差别为：按需加载是在进入业务模块时，只加载对应页面的代码；预加载是在尚未进入业务模块前，就把需要进入业务页面的代码在后台进行加载并执行。

随着业务代码的增加，进入首屏需要加载的代码就会增加，而执行 JS 代码比较耗时，最终会导致进入首屏的速度变慢。所以，我们希望在进入业务时，只加载与第一个页面（Page）相关的代码，而其他页面的代码应当在路由跳转到该页面时再加载。

例如，在 A 业务订单完成之后，需要推荐 B 业务，而 A、B 业务代码存放在不同的 RN 框架中，如果在 A 业务订单完成之后，就在后台加载 B 业务，这样用户打开 B 业务首屏的速度会更快。因此，我们提供了业务预加载方案。业务预加载的实现和框架预加载的实现一致，但是需要注意缓存问题。

首先，为了精确匹配业务，我们依然使用 URL 作为缓存的 Key。

其次，缓存的另一个问题就是内存占用，在提供业务预加载方案时，我们使用一个全局数组来缓存业务 instance，在超过限制或者内存警告时，就会按照 LRU 策略清理没有使用的 instance。实际测试结果显示，Android 平台预加载一个业务，会增加 2MB 左右的内存（框架和业务代码均加载完成），而渲染一个正常页面，会占用大约 20MB 的内存，其中大部分内存被图片占用。

3. 业务页面渲染优化

随着页面复杂度的增加，渲染耗时也会逐渐增加。这是因为，完成页面渲染需要计算虚拟 DOM 的 Diff，传输数据给 Native，如果数据传输发生延迟，就会出现"掉帧"的情况，为了使页面尽快地显示出来，就需要简化首次渲染。

（1）渐进式渲染：先渲染 Header 部分，再渲染其余部分，如果渲染的是 ListView/ScrollView，则先渲染屏幕可视区域，在滑动时，再渲染其他区域。

（2）骨架图：先渲染骨架图，由于骨架图相对简单，渲染速度较快，在请求数据返回后，再重新渲染界面。

2.1.4 配套支撑系统建设

一个成熟完善的开发框架，是需要各种配套系统支撑的。我们也为 CRN 开发框架提供了多个内部系统，下面介绍其中主要的几个系统。

1. 发布系统

图 2-4 为携程发布系统的页面截图，除了常规的按照版本 / 平台 / 环境发布、灰度发布、回滚发布，还增加了发布结果和实时到达率的报表，从而方便在项目发布后，对发布效果进行评估。

图 2-4　发布系统的页面截图

在项目发布后，需要重点关注以下几个监控指标。

（1）发布结果：在项目发布后，可以按照平台 / App / 版本来展示下载这个包的成功、失败次数，以及失败的原因分布。

（2）实时到达率：这是业务最应该关注的数据，因为它可以直观地展示，在项目发布后，有多少比例的用户已经使用了最新包。

为了提高实时到达率，可以在打包过程中记录业务模块 ID 和文件名之间的映射关系,从而避免新增文件出现大量 JS 文件的文件名(即模块 ID)导致差分包过大的情况发生,实现仅下发真实变更和新增的文件内容。通过携程的线上数据分析,所有首页入口的 RN 模块,在新版本发布之后,可以达到大约 90% 的实时到达率,二级及以上入口,可以达到大约 97% 的实时到达率。

2. 性能报表系统

在项目上线后,就需要统计线上业务首屏加载的耗时趋势、分布和使用量。图 2-5 所示为性能报表系统,支持按照 App / 版本 / 系统过滤查看。

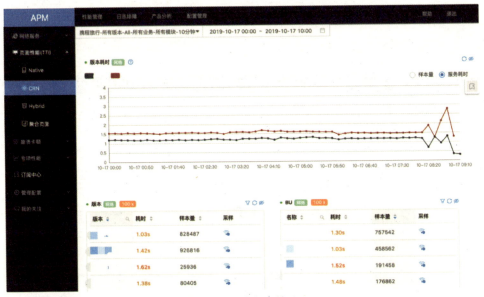

图 2-5 性能报表系统

3. 错误报表系统

错误报表系统用于收集客户端上报的 RN 错误,包括 JS 执行异常、Native Runtime 的一些异常,在业务模块发布之后,必须在此系统中确认自己发布的业务模块的稳定性是否正常,如图 2-6 所示。

除了常规的版本、业务、平台,我们还在错误堆栈详情页面将当前出错的业务包的版本和打包记录关联起来,方便开发人员排查问题。

综上所述,CRN 框架对原生 RN 的大量底层进行了改造优化,解决了性能和稳定性两大核心问题,从落地效果来看,其性能可以达到与原生 App 基本一致的水平,而开发成本却大幅降低。

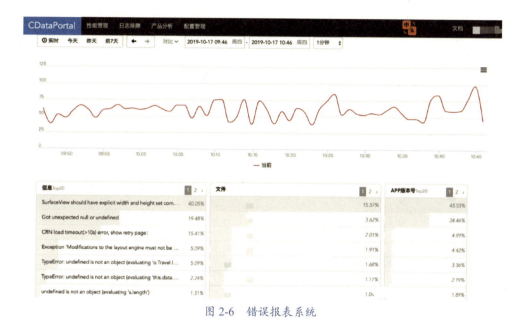

图 2-6　错误报表系统

　　CRN 框架已在业务团队中被广泛使用，为业务的快速迭代提供了强有力的支持。对于规模化业务开发团队而言，使用 RN 作为跨平台开发的解决方案，是切实可行的。

　　目前 CRN 已经部分开源，感兴趣的读者可以访问 GitHub，搜索 CRN。

2.2　Web 框架

　　随着业界前端技术、研发模式的不断演变，以及携程国际化、中台化的不断发展，携程的前端业务场景已经覆盖了国内外，涉及的客户端也涵盖了 PC、H5、Hybrid、小程序等。为了满足快速多变的业务需求，携程前端框架团队推出了以 CWX、CRN-Web、NFES 三大框架为基础的携程前端框架中台。

2.2.1　微信小程序应用框架 CWX

1. 为什么要设计 CWX 框架

　　CWX 是一个基于携程内部体系的，可以消除不同终端差异的，为上层业务提供基础微服务的业务体系框架。CWX 全称为 Ctrip WeiXin，寓意为基于微信现有 DSL 的框架体系。

2. CWX 框架的主要组成部分

按照小程序的开发阶段，即项目创建阶段、编程测试阶段、发布阶段这 3 个维度，CWX 框架主要分为 CLI、运行时框架和发布自动化三大部分，可以解决核心业务开发人员的关于一键初始化项目、打通携程内部系统、自动化发布流程等问题。

CLI 部分

CLI 的中文含义是命令行界面，我们可以通过 node 脚本编写命令行工具完成一些重复的、机械化的工作，并将此 CLI 工具命名为 wxtools。

初始化项目：由于项目采用多 BU（业务单元）合作开发，为了避免多人协同时的版本切换和上线测试隔离等问题，以微信小程序为例，我们把一个完整的微信小程序项目拆分为一个基础仓库（可以独立运行，包含携程最核心、最基础的业务及 CWX 框架部分的最小程序），然后按照业务类别划分为多个业务仓库，如基础业务、酒店业务、机票业务、火车票业务、门票业务、攻略业务、旅游业务等。按照以往的做法，每一个开发人员需要自行从不同的 Git 仓库中拉取对应的 Bundle 包的代码，然后对其手动组装合并，并提取生成的 App.json 项目配置文件，再用微信 IDE 打开并调试。针对这个烦琐的过程，我们通过程序自动化的方式来帮助开发人员自动完成，使用 wxtools –i 直接自动化下载多个分包，并组装合并，启动微信 IDE。

CLI 小程序互转：从代码上分析，现有的小程序基本遵循 "TemplateView + LogicJS + ConfigFile" 的模式。

template 转换：TemplateView 包括 block/if/for 三种常见的条件模板，include/import 导入模板，以及 component/slot 等模板，它们的实现大同小异。除了快应用是基于类似 RN 的 Native 渲染，其他的还是 WebView 渲染模式，CSS 默认完全兼容，所以 CSS 部分不需要转换，只需要保证 template 语法可以互相转换即可。

劫持 Page/Component 实例：因为小程序主要是围绕 Page 实例和 Component 实例来产生联系的，生命周期基本一致，只有部分内部参数，以及 this 上下文的私有变量不一致。所以，我们可以抽象一个中立的 cwx.Cpage 和 cwx.Component 来劫持其他的 Page/Component 实例，并注册一遍所有的生命周期函数，保证最终调用为我们自己劫持之后的函数实现，就可以实现完整的 LogicJS 兼容。

wx Adapter：对全局对象注入 wx/swan/alipay，可以劫持它们下挂的所有 API，并统一挂到 CWX 对象上，保证 BU 代码完全按照 cwx.API 的方式调用，或者在 CPage 实例内，直接采用 this.API 的方式，即可实现 JS 部分的跨小程序运行时的兼容。所以 JS 部分需要使用工具转换的地方很少。

运行时框架部分

运行时框架部分主要解决不同小程序之间的语法差异问题，基于统一的语法实现业务逻辑，封装绝大多数常用的操作，如稳定和统一出入参数、拓展 this 上下的私有变量、封装全局变量，便于消息传递及 API 适配。

CPage/CComponet：若要实现统一语法，需要先劫持标准的 Page 构造器/Componet 组件构造器，改写并加入我们自身的一些私有 API 及统一挂载 this 的常用 API，让 BU 基于 CPage 实现自己的业务代码，通过框架保证 CPage 在不同小程序容器里的行为一致，以实现 80% 的业务逻辑代码可用。

MVVM 双向数据绑定：因为小程序本身是单向数据流，是基于 setData 强制页面刷新的，所以结合语法糖和 GraphQL 等数据查询框架，我们基于 ES6 的 Relfect/Proxy 实现了对业务数据（this.data）的双向监控和刷新。

DAO 模型：直接关联 this.data 的 Set 操作与 RESTful API 直接对接，响应写操作。同时注册相关的 load 行为，一旦 this.data 发生变更，直接基于 Proxy 实现页面刷新。

UBT：数据埋点统计，用于了解用户 PV/UV、行为流水、性能等。

Cpage 为 BU 的执行代码入口，只要在 CPage 的代码里插入 UBT，即可实现全局监控。

Sentry：为了解决小程序代码的线上 Bug 回溯，以及错误堆栈收集、面包屑收集等问题，我们按照流行的 Crash 管理系统 Sentry 的格式，重构了 global.onError 的处理流程，同时对接微信后台提供的 SourceMap，以保证每一个上报的错误日志都能直接找到对应的报错源代码和开发者，以及错误影响范围和完整的回溯记录。

Request：因为最初的小程序对 HTTPS 请求是有请求数限制的，为了突破这个限制，需要优化网络性能，所以我们参照 App 的处理，基于 Socket TCP 基础协议，打通了多条自定义压缩协议的网络通道。原有的 HTTP 通道和 Socket 并发使用，加快了网络请求的速度。

发布自动化部分

自动化测试：小程序的自动化测试，目前主要是 JSLint 的语法检测，以及依赖于微信小程序的 UI 自动化测试，目前微信提供了一个 Automator 框架，可以通过它的 SDK，在类似于 Selenium 的 IDE 中直接操作页面元素，执行 UI 自动化测试。

自动化发布：自动化发布需要经历自动化打包、自动化提交、自动化通知这 3 个步骤。

> **自动化打包**

微信提供了 CLI 实现脚本打包，我们实现了与企业内部的持续集成系统打通，能够触发脚本打包，将打包好的资源放置在指定位置，并实现通知。

> **自动化提交**

在发布流程时，需要验证账户，并在网页端实现相关操作。我们引入了 Selenium，构建了自动化网页操作流程。

唯一的难点在于账号确认。我们尝试了多种方法，最后基于"Appnium+Android"版本的 App，实现了脚本自动化扫码登录。

> **自动化通知**

通过定时任务每隔一个时间段进行轮询（通过 Selenium 脚本查询网页，Appnium 脚本驱动 App 查询 App 上的信息，Python 微信机器人消息订阅在收到消息后触发），自动监视相关任务结果的状态变更，并通过相关微信群和邮件组发送通知。

2.2.2 CRN 浏览器端运行框架 CRN-Web

CRN-Web 是在 React 的基础上，以 React-Native 为规范，结合 CRN（CRN 负责 iOS 和 Android，CRN-Web 负责 Web 平台），最终实现项目在 IOS、Android、H5、PC 多端运行的框架。

> **1. CRN-Web 框架能带来什么**

一致性：用户体验和开发体验都和 React-Native 保持一致。

优越性：与一般的 Web 相比，使用 Virtual DOM、PWA、条件编译、TreeShaking 等技术提升了性能。

经济性：一套业务代码多端运行，节省开发成本和测试成本，提升产品迭代速度。

基础性：在 CRN-Web 框架的基础上可以构建新工具，如机票后台服务团队开发的前端数据回放工具。

扩展性：系统具有高度可扩展性，Native 模块可以根据规范采用 Web 实现，Web 版本的组件可以插入 CRN-Web 框架。

2. CRN-Web 框架是如何设计的

CRN-Web 框架的架构设计

CRN-Web 框架采用分层技术实现，总体上以 React-Native 为规范，以 React 为基础库，采用 Web 技术实现 React-Native 提供的所有 Component 和 API，并包含了无线团队为企业级开发的 CRN 框架的 Web 的实现。但是即使实现了所有的组件也不是最终目标，因为 Web 有自己的特性，比如 Web 调用底层硬件的能力有限，调用 API 在各种浏览器上的兼容性也面临着极大的挑战，再比如 Web 平台对于网络的脆弱性，所有的组件加起来有 300 多个，大小为 4MB 左右，以及环境的复杂性、版本的多样性，所以 CRN-Web 框架的解决方案就是提供一个专门的打包系统，采用编译技术对这些问题寻求最优解。

CRN-Web 框架的规范设计

传统的设计思路是把 React-Native 作为底层库使用，而 CRN-Web 框架的设计思路是把 React-Native 作为一套规范使用，包括 iOS 的 RN 实现、Android 的 RN 实现和 Web 的 RN 实现。那么在理论上，三者具有相同的地位。

在 CRN 中，包括对企业级应用的新组件和 API 的设计，CRN-Web 框架同样对其进行了相应的 Web 版本的实现，对于各个 BU 的业务代码而言，BU 只需要开发一个业务版本的代码，就可以运行在 iOS、Android、H5、PC 端平台，只需要关注规范的设计，使用 React-Native、CRN 和 CRN-Web，无须关心底层的实现。

目前，携程大部分 BU 都已经接入 CRN-Web 框架，CRN-Web 框架上线的项目已经平稳运行了 2 年多，并且已经支持了 20 多个项目，有国内项目，也有国际化项目，还专门为商旅部门部署了一个 CRN-Web 技术框架。有的项目页面众多，其中一个项目有 80 多个页面。CRN-Web 框架目前可以支持非常复杂的 React-Native 项目转换为 CRN-Web 项目，并且转换效率较高，第一次转换出来的页面还原度就很高，只需微调即可发布上线。目前，在将发布路径自动化后，有的项目只需要几天即可转换完成并发布上线。CRN-Web 框架支持 BU 的快速迭代，可以实现一周发布一次，甚至可以实现更短的迭代周期。CRN-Web 框架目前正在加大对国际化的支持，而 SSR Beta 版已经基本开发完成，并等待后续项目根据需要进行接入。

CRN-Web 框架的组成

从总体上看，CRN-Web 框架由 UI 层子系统、编译子系统、部署子系统和发布子系统组成，如图 2-7 所示，涉及从开发、测试到部署发布的开发全过程，是一整套的技术体系。以 UI 层子系统为例，它包含组件系统（300 多个组件）、事件处理系统、样式处理系统，每一个子系统都有自己专门的职责，以及相互的职责调用。而编译子系统针对 Web 平台面临的问题进行了很多优化，如 Web 平台对于网络的脆弱性，由于框架本身的 UI 组件系统比较大，再加上 BU 业务代码，整个 Web 应用的体积会比较大。所以在编译子系统中，采用了系统整体的按需编译（条件编译）、按需打包（Tree Shaking）、按需加载（热加载）、懒加载（lazyRequire）、多级缓存、PWA 等技术进行体积削减和代码有效性控制，当然编译子系统的任务不仅包括这些，还包括针对环境的复杂性、版本的多样性、代码 AST 解析、DSL 转换、二倍图等特殊需求的支持。

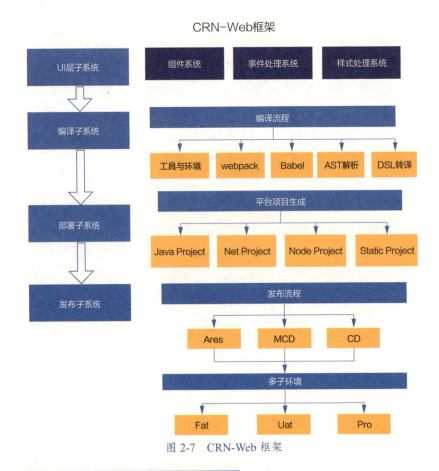

图 2-7　CRN-Web 框架

3. CRN-Web 框架在设计中遇到的问题

易用性：框架必须简单易用，大幅度降低开发成本、运维成本、学习成本和推广成本，在确立以 React-Native 为设计规范之后，这些问题便迎刃而解。

复杂性：整个 Web 版本的 RN 实现是一项巨大的工程，组件众多，而且很多组件的实现比较复杂，有些特性是 Web 平台所不具有的，但是 CRN-Web 框架应当尽量支持。另外，需要注意 CRN-Web 框架与现有技术框架的集成问题，即如何将 CRN-Web 框架与 CRN 和 React-Native 进行友好的集成以发挥各自的功能，如何保证各平台间的一致性等。

兼容：Web 平台的浏览器厂商多、版本多、私有规范多、差异多……所以兼容性问题一直是令 Web 项目开发人员困扰的事情，如何处理好兼容性问题是非常棘手的。

扩展性：React-Native 一直处于不断变动、增加新功能的状态，而且公司级别的功能性需求、业务级别的功能性需求也在不断更新，此外还有很多既有系统和组件需要接入 CRN-Web 框架，这些需求将使 CRN-Web 框架对系统的可扩展性产生巨大的需求，所以 CRN-Web 框架加强了系统的可扩展性设计。

2.2.3 下一代前端框架解决方案 NFES

1. NFES-Web

起因

随着前端技术栈的快速升级，之前的纯客户端渲染框架，无论是页面性能还是技术栈开发效率都比较低，再加上之前功能模块与框架的耦合使用户无法以类似插件的形式使用功能模块，导致框架整体显得比较烦琐，所以我们决定开发下一代前端框架解决方案 NFES。

目标

为提升业务开发效率和页面性能，使系统在后期易维护，移除模块与框架之间的依赖。

设计思路

（1）引入同构渲染，即前后端共用 JS（易于开发与维护），它既能通过服务端提升首屏加载速度，让用户在第一时间看到有价值的信息而不是颇具"喜感"的加载页面，又能保持客户端的良好的用户体验。

（2）引入独立插件化设计，使模块与框架零耦合，便于业务单独使用子模块。

（3）建立一站式开发者工具 DevTools 和 CLI，提升开发效率。

功能

NFES 作为携程新一代前端框架解决方案，主要提供了以下功能。

（1）提供服务端 / 客户端同构渲染框架。

（2）提供前后端同构模块及兼容多平台的业务逻辑模块。

（3）提供多平台支持（PC/H5/Hybrid/ 微信）。

（4）提供开发者工具 DevTools 及 CLI。

组成

NFES 前端框架解决方案的组成，如图 2-8 所示。

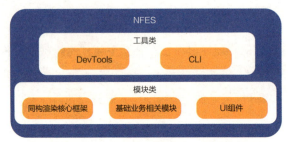

图 2-8　NFES 前端框架解决方案的组成

NFES 前端框架解决方案大致分为模块类和工具类，模块类用于解决开发过程中需要使用的场景，而工具类用于承接开发前后的所有场景。下面详细介绍图 2-8 中的各个集合的模块类及工具类。

NFES 同构渲染核心框架由 3 个模块组成。

（1）封装客户端 / 服务端渲染，资源构建及单页路由功能的模块。此模块是在 Next.js 7 的基础上改造而成的。除了 Next.js 7 该有的功能，此模块还扩展了以下功能。

- 降级渲染功能，使服务端渲染失败的页面再次尝试客户端渲染。
- 独立页面级模块执行环境，通过 VM 新建执行环境，避免服务端模块共享变量污染。
- 可自定义页面级别目录，使开发目录更清晰。
- 动态指定静态资源路径，使客户端资源可动态更新，便于客户端渲染页面的版本更新。
- 可配置化定制功能，使业务可灵活选择所需功能等（如 webpack 配置、脚本 crossorigin 属性等）。

（2）承载服务端应用容器的模块，此模块封装了 Express 模块，并提供了以下功能。

- 集成应用容器，业务无须重新搭建容器。
- 可配置化的自定义服务端路由，方便配置多入口页面。
- 可配置化中间件，提升业务开发服务端效率。
- 集成服务端性能监控，便于定位服务端问题。

（3）封装页面基类的模块，此模块提供了以下功能。

- 扩展生命周期：在 React 生命周期的基础上，新增服务端 getInitialState 生命周期供服务端渲染使用，新增 Hybrid 平台 nfesOnAppear 生命周期供回退使用。
- 封装页面级别 API：主要封装了页面级路由跳转和回退 API、页面数据请求 API 和页面数据存储 API 等。

除了上述 3 个核心模块，NFES 还提供了前后端同构模块及兼容多平台的业务逻辑模块。例如：前后端同构模块同构了前后端 Fetch 并集成了各自前后端业务逻辑，封装出一致的 API 面向用户。由于同构模块涉及两端代码，所以在构建时需要配置是否只构建服务端代码，否则只构建客户端代码，可以通过 webpack 配置中的 target 与 package.json 文件中的 browser 配置项配合来实现前后端分离，构建内容的功能。

此处简单介绍一下 UI 组件，UI 组件的设计秉持高通用性与复用、简易的 API、易扩展的理念，便于业务人员组建复合的业务组件。下面介绍 NFES 提供的开发工具 DevTools，它支持 Windows 和 Mac 系统安装，是一个集成了 NFES 项目开发的各个阶段所需功能的工具应用，可提高业务开发效率。

DevTools 可提供的功能如下所述。

（1）提供各种业务所需的模板样例（如 NFES-With-Redux、NFES-With-Shark 等）。业务人员可快速挑选需要的技术栈样例来快速开展项目。

（2）实现前后端本地调试和生产源码调试。业务人员可在 DevTools 中同时调试本地 Node 端和 Client 端；也可开启生产态调试，通过生产资源版本匹配出相应的 SourceMap 预存版本，便于定位页面问题。

（3）提供静态资源的构建与发布。在项目开发结束后，可直接在 DevTools 构建并发布静态资源。同时一站式部署可节省用户接入其他发布工具的学习和时间成本。

（4）内置独立的 Node 版本，可脱离用户本地的 Node 环境来开发，可减少用户本地环境所造成的问题。

（5）内置多版本的 NFES。业务人员可根据当前需求切换所需的 NFES 版本，便于用户升级 NFES 版本。

（6）提供了页面性能埋点查看及追踪，便于用户查看本地或者线上页面的性能及问题堆栈。

综上所述，NFES 已经不是一个框架那么简单，它是一个完整的前端框架解决方案。从同构框架到各个独立基础业务子模块，再到外围的 DevTools 所提供的功能，NFES 包含了整个从前端入手、开发到发布的项目周期。

2. NFES-App

NFES-App 是 NFES 框架在携程主板 App 中的运行方案，区别于传统的 Hybrid 项目直接运行在 WebView 中，NFES-App 采用了类似于支付宝的小程序架构，将业务逻辑执行和页面渲染分离的技术方案在 JSCore 及 WebView 中分别执行，使得 Web 应用在 App 中的运行效果接近于 Native 页面。

初始化

NFES-App 采用框架静态资源预加载的模式，在 App 启动时，会直接生成 3 个 JSCore 及 3 个 WebView，同时会加载框架的代码并执行，生成一个完整的运行环境，等待业务逻辑代码执行时启动。这样可以直接解决框架代码的体积大、运行慢所导致的业务逻辑代码执行较晚的问题，从而提升了 BU 页面的显示速度。并且在采用这种方式后，我们可以将尽可能多的公共代码打包到框架代码中，使得 BU 的代码体积减小，同时使用 Native 的方式读取文件，无须担心文件太大而导致读取慢的问题，比通过 WebView 方式加载本地文件快得多。

运行原理

在 JSCore 中，可以通过 React 驱动业务逻辑执行和生成页面，但是无法直接创建真实的 DOM 节点，而是需要通过模拟 window、document 等全局变量，将 React 绘制页面的动作转化成一条条指令，该指令包括节点的创建、插入、更新及删除等操作，最后通过 Native 提供的消息通道，将指令传递至 WebView 端。

WebView 端在收到 JSCore 发出的指令信息后，会按照约定好的指令规则，解析指令，创建及更新真实的 DOM 节点。在 WebView 端，会采用类似 React 绑定事件的方式，监听全局事件，并将触发事件的节点信息传递到 JSCore 中，然后在 JSCore 找到对应的节点，并在执行节点中绑定相应事件回调，如图 2-9、图 2-10 所示。

图 2-9 WebView 执行原理

图 2-10 JSCore 执行原理

在 JSCore 中，除了 React 的虚拟 DOM，还存在一种自定义的 DOM 对象，与 WebView 中的真实 DOM 一一对应，JSCore 通过 React 的虚拟 DOM 状态变化驱动自定义 DOM 对象的更新，然后生成对应的 DOM 操作指令，通过 Native 提供的消息通道传递到 WebView 中，最后通过 WebView 的解析指令更新真实的 DOM 节点。NFES-App 利用 Native 的路由，以多页的方式打开 BU 页面，使用 WebView 本身的生命周期，驱动业务逻辑中 React 生命周期的执行，并且自定义了一些 React 之外的生命周期，可有效控制各个阶段的业务执行，例如，App 页面的前进与后退、App 的隐藏与唤起等。

开发态

NFES-App 提供了配套的脚手架，在开发 NFES 项目时，需要将运行在 App 的页面添加到相应的配置文件中，并将项目在 App 中的频道名称一起添加到配置文件中，在运行时，脚手架会自动读取该配置，打包对应的页面并使其运行到脚手架提供的调试服务器上。另外，NFES-App 还提供了 WebSocket 远程调试功能，可以在开发 NFES 项目的同时调试 App 中的运行效果，从而在很大程度上减少开发人员的调试成本，提高开发效率，如图 2-11 所示。

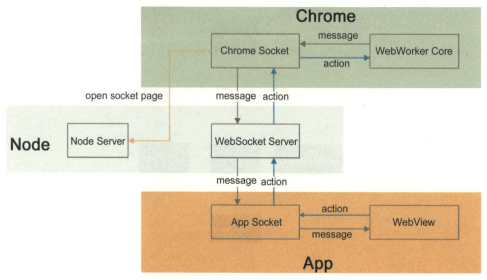

图 2-11　远程调试

在开发 BU 业务逻辑时，应当尽量使用 NFES 框架代码提供的一些公用的组件模块、API 等，这些内容都已经打包到框架的公共代码中，可以直接使用，可以有效减少 BU 的项目体积和成本。

发布更新

使用 NFES-App 提供的脚手架，可直接将 BU 的代码打包成与频道名称一致的 zip 文件，然后使用 MCD 发布系统进行增量发布。

通过上述介绍，读者对携程的 Web 框架应该有了一定的认识。携程前端框架团队会一直秉承"以业务需求为基点，提高开发效率，提升用户体验"的理念，进一步推动三大框架的发展，具体操作如下所述。

（1）NFES 框架会加快微前端化、微服务化的步伐。

（2）CWX 框架会加速多端适配的转换。

（3）CRN-Web 框架会实现提供 SSR 的功能，并实现对外开源。

2.3 插件化

目前，插件化技术已经成为 Android 开发人员必备的一个技能，国内大部分规模较大的厂商都推出了自己的插件化解决方案。插件化技术是指将应用按照业务功能模块拆分，将不同的业务模块打包成不同的独立插件，并在运行时根据用户的操作加载对应的功能插件的技术。携程的插件化框架除了提供最基础的动态加载能力，还在业务解耦、组件化和热修复方面进行了扩展支持。

2.3.1 插件化的来源

在 2013 年年底，携程提出了 Mobile First 策略，将各业务线的大量业务迁移到移动端，并且为了提升业务部门开发的灵活性，支持业务的快速迭代，将原先统一的无线事业部拆分到各个业务团队中。携程原来的无线 App 开发团队被拆分为基础框架、酒店、机票、火车票等多个开发团队，从此 App 的开发和发布进入了一种全新模式。在这种模式下，开发和沟通成本大大提高，之前的协作模式已经不再适应当前的情况，需要一种新的开发模式和技术方案来解决这些问题。

另外，从技术层面来说，早在 2012 年，携程旅行 App 就触碰到 Android 平台的"最坑天花板"：65535 方法数问题。旧方案是把所有第三方库放到第二个 dex 中，并且利用 Facebook 发现的 hack 方法扩大 LinearAllocHdr 分配空间（从 5MB 提升到 8MB），但随着代码的膨胀，旧方案也逐渐"捉襟见肘"。

组织架构的调整给 App 质量控制带来极高的挑战，这种压力使我们的开发团队心力交瘁。难道就没有办法解决 Native 架构这一根本性缺陷了吗？当然不是，插件化动态加载带来的额外好处就是客户端的热部署能力。

从以下几点根本性需求可以看出，插件化动态加载架构方案会为我们带来巨大的收益。

> 1. 编译速度需要提升

在工程被拆分为多个子工程后，Android Studio Gradle 编译流程烦琐的缺点被迅速放大，在 Windows 7 机械硬盘上的编译时间曾高达 1 小时，可谓"龟速"编译，给开发人员带来很大困扰。

> 2. 启动速度需要提升

Google 提供的 MultiDex 方案，会在主线程中执行所有 dex 的解压、优化、加载操作，这是一个非常漫长的过程，用户会明显地看到长时间的黑屏，更容易造成主线程的 ANR，导致首次启动初始化失败。

> 3. A/B Testing

可以独立开发 A/B 版本的模块，而不是将 A/B 版本代码写在同一个模块中。

> 4. 可选模块按需下载

例如，用于调试功能的模块、线上不常用的功能模块可以在需要时进行下载并安装执行，减少 App 的占用内存。

为了实现上述目标，携程于 2015 年推出了自研插件化方案 DynamicAPK。该方案从上线至今，经过了 4 年多的迭代，经受住了 Android 2.x 到 Android Q 等多个系统版本的考验，目前的插件化方案已经相当成熟且非常稳定。对于 Android 开发工程师来说，一旦出现线上问题就立即进行热修复已成为日常必备技能。

目前，国内各大厂商都推出了自己的插件化解决方案，如阿里巴巴的 Atals、360 的 RePlugin、滴滴的 VirtualAPK 等。每种方案的细节实现和侧重点都不相同，但底层的实现方式大同小异。所有的插件化方案其实都是围绕如何在主 Bundle 中加载子 Bundle 这一核心流程来进行的。

下面介绍携程插件化方案的实现原理。

2.3.2　方案的实现

插件化的核心流程是在主 Bundle 中按需加载子 Bundle，在解决这个核心问题前，我们需要了解一下 Android APK 是如何打包的，如图 2-12 所示。

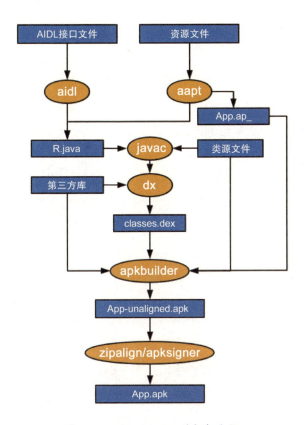

图 2-12　Android APK 的打包流程

图 2-12 是 Android APK 的打包流程图,可以看到,其本质是两个流程:一个流程是资源的编译,另一个流程是代码的编译。我们重点关注与这两个流程相关的几个环节:aapt、javac、dx。

aapt 是 Android 资源编译依赖的主要工具,具有非常强大的功能。在 Android 中,所有资源会在 Java 源码层生成对应的常量 ID,这些 ID 会被记录到 R.java 文件中,并参与之后的代码编译。在 R.java 文件中,Android 资源在编译过程中会生成所有资源的 ID,并作为常量统一存放在 R 类中供其他代码引用。在 R 类中生成的每一个整型 4 字节资源 ID,实际上都由 3 个字段组成。第一字节代表 Package,第二字节代表分类,第三字节和第四字节代表类内 ID。例如:

```
1. //android.jar 中的资源,其 PackageID 为 0x01
2. public static final int cancel = 0x01040000;
3.
4. // 用户 App 中的资源,PackageID 为 0x7F
```

```
5. public static final int zip_code = 0x7F090f2e;
```

javac 是 Java 提供的编译 Java 源代码的工具。它将 Java 源文件编译成虚拟机可执行的字节码文件。在 Java 源码编译中，需要找齐所有依赖项，javac 需要使用 classpath 属性指定从哪些目录、文件、jar 包中寻找依赖。

dx 是 Android 工具链中将 Java 编译好的字节码文件转换成 Android 虚拟机可执行的字节码文件的工具。

通过上面的分析可知，Android 打包就是调用上述几个核心的工具进行打包的过程。对于插件化框架而言，首先需要打包出能满足要求的插件 Bundle，这个 Bundle 其实是一个独立 APK。然后就可以思考并设计插件化动态加载框架的基本原理和主要流程了。

实现分为两类：针对插件子工程进行的编译流程改造；运行时的动态加载改造。

编译流程改造包括两部分：插件资源编译和插件代码编译。

对于插件资源编译而言，由上面的 aapt 工具介绍可知，每一个资源 ID 实际上是一个整型 4 字节数字，其中第一字节代表 Package，aapt 默认的 Package 序号为 0x7F，即所有 APK 的资源 ID 都是以这个序号开头的。如果希望主 Bundle 和插件 Bundle 的资源不重复且可以互相访问，是不是只要分别指定不同的 Package 名字即可呢？遗憾的是，aapt 官方命令并没有这个选项。所以我们只能通过修改 aapt 源码，定制一个资源前缀选项。对插件资源编译的改造就是：改造 aapt 使其能够支持打包出有别于主 Bundle 的资源 ID。

对于插件代码编译而言，除了对 android.jar 及自己需要的第三方库进行依赖，还需要依赖宿主导出的 base.jar 类库。同时对宿主的混淆也提出了要求：宿主的所有 public/protected 都可能被插件依赖，所以这些接口都不允许被混淆，并且插件工程在混淆时，必须把宿主在混淆后的 jar 包作为参考库导入。

自此，编译流程改造的所有重要步骤的技术方案都已经确定，剩下的工作就是把插件 APK 导入先前生成的 base.apk 中并重新进行签名对齐。

通过编译流程改造顺利构建出主 Bundle 和插件 Bundle，接下来就需要在运行时加载插件 Bundle。运行时的动态加载包括三部分：资源的动态加载、运行时类的动态加载、Native SO 的动态加载。

在资源的动态加载方面，Android 应用访问资源文件都是通过 AssetManager 类和 Resources 类来访问的。在 AssetManager 类中有一个隐藏方法 addAssetPath，可以为 AssetManager 类添加资源路径。我们只需要反射调用这个方法，然后把插件 APK 的位置通知 AssetManager 类，它就会根据 APK 内的 resources.arsc 和已编译资源完成资源加载的任务。

虽然我们已经可以实现加载插件资源了，但需要使用大量定制类，因此，要做到"无缝"体验，还需要进行以下操作：使用 Instrumentation 接管所有 Activity、Service 等组件的创建（包含它们所使用的 Resources 类）。

Activity、Service 等系统组件都会经由 android.App.ActivityThread 类在主线程中执行。ActivityThread 类中有一个成员为 mInstrumentation，它会负责创建 Activity 等操作，这正是注入修改资源类的最佳时机。通过修改 mInstrumentation 为我们自己的 InstrumentationHook，并在每次创建 Activity 时把 mResources 类修改为我们自己的 DelegateResources，那么以后创建的每一个 Activity 就都拥有一个懂得插件、懂得委托的资源加载类了。

运行时类的动态加载比较简单，与 Java 程序的运行时 classpath 概念类似，Android 的系统默认类加载器 PathClassLoader 有一个成员为 pathList，它从本质来说是一个列表，运行时会从其间的每一个 dex 路径中查找需要加载的类。既然它是一个列表，那么给它追加大量 dex 路径不就可以了吗？实际上，Google 官方推出的 MultiDex 库就是使用以上原理实现的。我们可以基于这个原理，在运行时反射 PathClassLoader 动态添加插件 Bundle 的类文件，使其可以被类加载器访问到。

Native SO 的动态加载与运行时类的动态加载类似。在运行时所有 Native SO 的查找都需要通过 PathClassLoader.findLibiary 来操作。我们可以使用 Hook 技术到插件 Bundle 的文件中查找 SO。当然这个方法可能会存在不同 ROM 模块的兼容性问题。

至此，我们了解了插件化框架中插件 Bundle 的编译和插件 Bundle 的运行这两个核心过程。但插件化框架还有很多细节，比如，插件化框架如何动态添加 Android 四大组件、插件 Bundle 的热修复如何控制下载包的大小、不同系统版本和 ROM 模块的兼容性问题等，因为篇幅所限，在此就不一一展开了。

本节从以下几个方面介绍了携程的插件化框架。

（1）插件化的来源。

（2）插件化实现对编译器的资源与代码改造。

（3）插件化实现在运行时如何加载插件代码、插件资源和 Native SO 库。

希望读者在完成本节的学习后，能够对 Android 插件化技术有一个比较清楚的了解，能够更好地使用市面上已有的插件化框架，甚至构建一个满足自己特定需求的插件化项目。

2.4　Node.js

Node.js 于 2009 年正式推出。2017 年 9 月，携程开始尝试上线第一个 Node.js 应用。经过两年多的时间，Node.js 技术栈日趋成熟，服务的业务场景也逐渐丰富。

2.4.1　应用场景

为什么不使用 Java 或者 .NET，而要使用 Node.js？笔者认为，技术栈只是解决技术问题的途径，所谓术业有专攻，"能高效、稳定地解决问题的语言都是合适的语言"。

但是 Node.js 并不能适用于所有的场景，这是因为 Node.js 有强项，如异步、不阻塞 I/O，也有弱项，如 cluster 多进程、通信效率低、binary 数据操作慢、浮点运算精度差。

我们需要利用 Node.js 的优势，为特定的业务场景服务，解决性能和开发效率的问题。

Node.js 在携程的应用一般有以下 3 种场景。

1. DA（Data Aggregation 数据聚合）

DA 的主要功能是提升加载速度，减少重复的数据逻辑处理次数。

在引入数据聚合层之前，前端展示一般需要请求多种服务来进行数据整合展示。更复杂的情况是，如果需要适配多个平台（Web/Android/iOS），就需要写入多个接口服务，会造成重复的开发和维护工作。DA 主要负责数据逻辑处理，包括缓存、展示限制等，为前端提供更轻量级的服务。

基于"服务自治，服务于 UI"的原则，使用前端工程师更熟悉的 Javascript 语言进行开发是非常合适的选择，不仅可以降低学习和开发成本，而且具有更大的灵活性和高效性。经过实践，在引入数据聚合层之后，性能提升了 20% 左右。

2. SSR（Server-Side Rendering）

在引入 SSR 之前，H5 的应用具有以下几个问题。

（1）SEO 采用的".NET+V8"架构，开发成本较高。

（2）在 SPA 模式下，首屏渲染速度慢，用户体验差。

（3）不同平台的重复编码无法实现代码同构。

所以，需要设计一个 SSR 框架来解决上述问题。可参看 2.2.3 节了解更多详情。

3. 内部工具

除了应用于上述两种针对真实客户的用户场景，还可以利用 Node.js 开发内部的一些工具，主要有以下几个方向。

（1）构建工具。例如，发布平台中的 Node.js 应用的构建环节。

（2）跨平台的 GUI 的工具。一般基于 Electron 框架开发。

（3）静态资源发布平台。

2.4.2 应用部署

1. 部署流程

应用部署主要分为以下 4 个阶段：Develop、Build、Release、Publish，如图 2-13 所示。

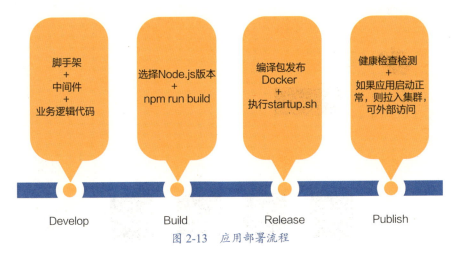

图 2-13 应用部署流程

- Develop 阶段会使用脚手架生成项目，同时安装公共业务模块。
- Build 阶段负责对 Develop 阶段产出的项目进行构建工作，包括 C++ 模块编译和环境集成，同时会设置构建的缓存机制。
- Release 阶段负责应用的启动和运行，与 Build Docker 相比，更加轻量。在这个阶段需要关注的是 Docker 的数量、CPU、MEM 等基础信息。
- Publish 阶段负责应用启动后的健康检查。在健康检查完成后，会将 Docker 拉入集群并提供外部访问。

2. 版本选择

Node.js 的版本主要分为 LTS（long-term support）、Current 和 Pending。其中 LTS 版本又分为 Maintain LTS 和 Active LTS 两个版本。一般来说，无论是从稳定性还是从性能方面考虑，都建议选择 LTS 版本来进行 Node.js 开发。

携程内部选择 Maintain LTS 和 Active LTS 这两个版本的固定版本，分别是 v8.9.4 和 v10.15.1。版本的更迭与 Node.js 官方几乎保持同步，为保证性能最优，推荐选用最新的 Active LTS 版本。Node.js 中间件和第三方库都需要进行预编译，为了保证编译环境简单和应用稳定，通常会选择某个固定的版本。

2.4.3 运维与监控

1. Docker 化

Node.js 应用部署在 Docker 上，采用 "Nginx+PM2" 的模式，Node.js 应用的 Docker 化如图 2-14 所示。

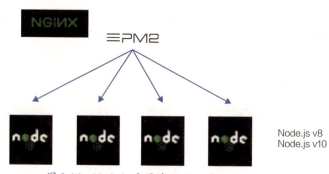

图 2-14 Node.js 应用的 Docker 化

2. 核心指标

Nginx 会监控整个 Docker 上所有应用的情况，核心监控指标如图 2-15 所示。

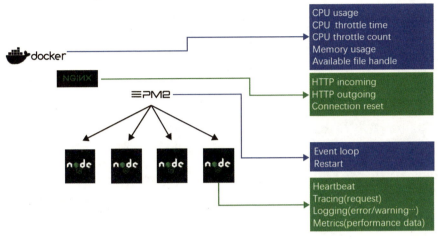

图 2-15 核心监控指标

- CPU util：总的 CPU 使用率。
- CPU throttle count&time：CPU 被限制的次数和 CPU 被限制的总时间。

这两个指标值的上升一般表示应用中有 CPU 密集型操作，需要检查一下是否有大量的计算等操作。

- Mem RSS used：这个指标值的上升一般表示应用中有内存泄漏的问题。
- HTTP incoming&outgoging：HTTP Request 的数量变化趋势。如果有错误响应或者超过了告警的阈值，就会在趋势图中显示。
- Connection reset：这个指标值如果上升，表示应用出现了大量的拒绝请求，这是因为服务器的并发数超过了原本的承载量等。

Nginx 监控的是整个 Docker 的情况，但是我们更需要监控的是应用的指标。

应用一般采用 PM2 cluster –i max 模式启动，以最大化利用 CPU。

- Heartbeat（心跳信息）。

每一个 Worker 会一分钟发送一次 Heartbeat（心跳信息）给 CAT 数据中心。

Heartbeat 主要包括 CPU、MEM、网络信息等。这些信息和上面提及的 Nginx 信息不是一个维度的。它更加关注应用的情况，而不是整个 Docker 的情况。如果需要分析应用细节的问题，就需要查看此处的 Heartbeat 信息。

- 性能情况。

一般来说，中间件会处理应用常规的性能日志记录。包括：

（1）每一个响应的请求耗时（服务端逻辑处理耗时，不包括网络耗时）。

（2）每一个 Transaction 耗时。一个 Transaction 代表某次具有特定耗时的调用（同步或异步调用，如一次 RPC 请求或一次 DB 操作），也可以简单理解为一个有功能意义的代码片段。

（3）跨应用调用的请求耗时。

- 错误/告警信息。

错误/告警信息是应用中需要重点关注的，包括：

（1）应用逻辑出错，如处理 JSON 数据出错等。

（2）HTTP 请求出错，会记录状态码、请求地址、返回内容。

（3）应用中使用了不同版本的同一种包，会上报一条告警信息通知开发工程师。

- 详细数据日志。

详细数据日志一般由开发工程师针对应用的逻辑设置埋点，而不是由中间件统一处理的。

这些日志包括返回数据的记录，如具体运行在哪一个 Transaction 中，一般是在故障发生时，用来修复的辅助手段。

3. 监控模型

初期的监控日志是扁平化的，只能看到一条一条的、简单的日志，但无法将它们串联起来。为了方便排障，设计了调用树的模型，可以将应用中的多个 Transaction 串联起来，也可以使用链路的关系展示出来。可参看 8.2 节了解更多。

4. 日志排障

在应用发布上线后，需要关注系统的排障通知。经常遇到的故障是，随着时间的推移，Mem RSS Used 这个指标值会不停地飙升，如图 2-16 所示。

图 2-16　Mem Rss Used 监控指标的变化

在遇到这种情况时，基本上可以判断目前发生了 Memory-Leak（内存泄漏）的问题。我们需要分析 Heap Snapshot 来定位具体的问题点。一般在发布到测试阶段，在发现问题后，可以对不同时间点的 Heap Snapshot 进行采样并比对。

将两份 Heap Snapshot 文件加载到 Chrome 中，查看 statistics，对比此处的内存变化和 Docker 中的内存变化。如果两者的变化一致，就说明内存泄漏的确发生在 Heap 区域，可以进行两份 Heap Snapshot 文件的对比，如图 2-17 所示。

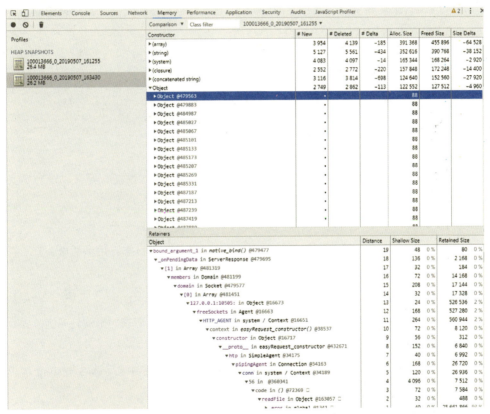

图 2-17　两份 Heap Snapshot 文件的对比

如果两者的变化不一致，Docker 的变化量明显比 Heapdump 的多，就说明内存泄漏可能发生在非 Heap 区域（堆外内存区域），需要查看一下 Heap Snapshot 文件中 Buffer 的数量是否有变化，并判断是不是 Buffer 导致的，或者查看一下 Node.js 的官方的 Changelog 日志是否提到了 memory issue（内存问题）。

2.4.4 核心中间件

1. 存储服务

（1）Ceph

Ceph 客户端，主要应用于长期的固化存储，例如静态资源存储。

2. 业务服务

（1）SOA Server

SOA Server 主要负责生成标准的 SOA 服务，并将其注册到统一的治理中心。需要重点关注的是读取性能和容错处理。

（2）SOA Client

SOA Client 主要负责调用 Java/.NET/Node.js 等技术展的 SOA 服务，提供面向前端的聚合服务。需要重点关注的是稳定性和响应性能。

3. 监控服务

（1）CAT

CAT 日志埋点，采用树形结构展示日志，监控服务运行性能、异常以及自定义事件告警。可参看 8.2 章节了解更多详情。

（2）Clog

可通过特定事件、特定时间、特定 TAG 过滤查看应用日志。可参看 8.3 节了解更多详情。

（3）Dashbord

可基于时间序列查看性能数据和聚合结果，如统计特定请求的平均耗时。

4. 公共服务

公共服务主要提供与业务关联性更强的中间件，如配置中心、A/B Testing 客户端、数据访问层等。

5. 缓存服务

缓存服务主要提供应用数据或配置信息的的缓存。提供 Redis 客户端和共享内存两种核心中间件。

6. DR

Node.js 的核心中间件主要从以下几个方面进行 DR（Disaster Recovery，灾备）。

（1）采用服务连接失败重试机制，同时设置一个递增的重试窗口。特定间隔时间从 1 秒开始呈指数级别增长，即 1、2、4、8 直到 60 秒为止（不再检查）。

（2）通过 IP 地址访问服务时，需定时重新获取服务的 IP 地址并判断是否可用。如果发现不可用，则及时更换到备用 IP 地址，并启动检查机制。

（3）当同一服务存在多个 IP 地址时，则依次通过不同 IP 地址访问服务，直到成功或全部失败为止。

希望读者在完成本节的学习后，能够了解如何将 Node.js 实现从 0 到 1 的技术栈落地，利用 Node.js 服务于合适的业务场景，在提升用户体验的同时提升开发效率。

2.5 移动发布平台 MCD

传统的单机模式往往无法满足企业级大型移动应用的开发需求，一款成熟的企业级移动应用往往涉及大量的开发人员和测试人员。移动应用的发布需要经历编码、测试、发布、运维这 4 个阶段，每一个阶段还可能涵盖许多子流程。如何让整个无线团队在各个阶段高效地运转起来，是每一个大型移动团队都需要面临的问题。一方面，需要各方参与人员紧密配合；另一方面，需要合适的工具平台，保证各个流程可以顺利执行和无缝流转，提高应用的整体质量。携程移动发布平台 MCD（Mobile Continuous Delivery）正是在此基础上不断总结经验，逐步建立起来的。

2.5.1 平台服务架构

MCD 平台可以按照功能划分成四大模块，如图 2-18 所示。

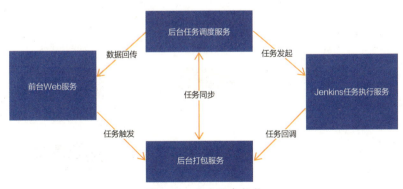

图 2-18　平台服务架构

第一个模块为前台 Web 服务，该服务直接面向使用人员，在平台上进行的操作和交互都由该服务实现，与此同时，前台 Web 服务负责与后台打包服务进行通信。

第二个模块为后台打包服务，用户在前台触发的耗时较长的任务，如源代码编译、应用打包等都会由前台 Web 服务传递给后台打包服务,并由后台打包服务进行任务分配工作。后台打包服务负责生成任务信息,保存任务初始数据,但是后台打包服务并不会直接调度 Jenkins 服务进行任务执行,而是会通过消息队列的方式将任务交给后台任务调度服务。

第三个模块是后台任务调度服务,后台任务调度服务发现有需要执行的任务时,会先寻找合适的 Jenkins 节点,并等待节点完成其他任务后再调用 Jenkins 服务执行实际的任务。与此同时,当任务执行完成后,后台任务调度服务还需要对 Jenkins 服务的任务执行结果进行回收和整理,并将最终的结果同步到后台打包服务和前台 Web 服务中。

第四个模块是 Jenkins 任务执行服务,使用 Jenkins 作为任务的执行容器,可以极大地减少开发工作量,可以在 Jenkins 上自由地定制不同类型的任务模板,并利用脚本语言执行最终的任务,极大地降低了任务维护的难度。

Jenkins 服务虽然简单易用,但是由于 Jenkins Master 的单点问题降低了打包集群的稳定性。因此,我们额外设计了一套 Jenkins 集群管理方案,将多个 Master 组合成 Jenkins Master 集群。任务可以在 Master 之间自由复制,后台任务调度服务可以根据各 Master 的权重和状态自动挑选合适的 Jenkins 集群执行对应的任务。如图 2-19 所示,在 Jenkins 集群中共有 3 个 Master,每一个 Master 下挂载了 3 个不同的 Slave 节点,3 个不同的 Jenkins 任务在每一个 Master 上都进行了配置。当后台任务调度服务需要执行某个任务时,它会根据 Master 的权重挑选可用的 Master,在对应的节点资源可用时直接启动对应的任务。

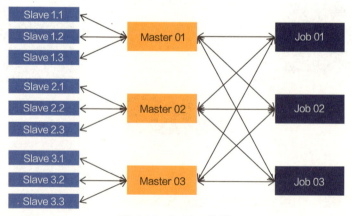

图 2-19　Jenkins 集群

2.5.2 生命周期管理

MCD 平台主要面向移动应用的开发人员、测试人员及运维人员,我们将应用的生命周期划分为集成、测试、发布及运营 4 个阶段,如图 2-20 所示。各阶段包含独立的任务模块,不同人员在各模块中扮演不同的角色,逐渐推进应用在生命周期中不断向前发展。

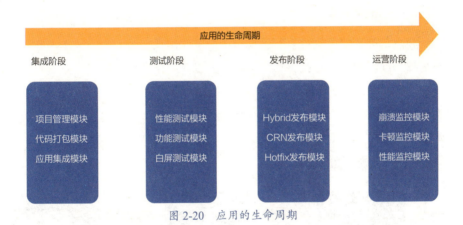

图 2-20　应用的生命周期

第一阶段为集成阶段,该阶段主要面向项目经理和应用开发人员,包括项目管理模块、代码打包模块、应用集成模块等。在该阶段中,首先由项目经理创建发布计划,设定应用的开发周期和集成周期,并根据模板配置好应用的模块;然后,在开发周期内,各业务线的应用开发人员会在规定的时间内提交自己模块的代码,并进行功能自测,具体的应用开发流程参考 2.5.3 节;在进入集成周期后,系统会根据配置定期进行应用模块检查,督促各模块负责人进行最终代码提交和功能确认,与此同时,还会定期构建可用的集成测试包,为各方测试人员提供统一的测试 App;在集成的最后阶段,系统会自动限制代码提交,收集各业务线测试结果,并由项目经理根据测试结果决定集成测试是否通过。

第二阶段为测试阶段,从应用的生命周期来看,这个阶段其实与集成阶段密不可分,这是因为在集成过程中就会不断执行相关的测试任务,单独设置该阶段主要是考虑相关测试入口的统一性,方便测试人员快速开展测试任务,提高测试效率。

第三阶段为发布阶段,该阶段的场景主要是在应用发布后对线上功能进行实时更新。现在的应用大多数都需要在上线后实现实时更新,从而进一步增强用户体验,提高应用质量。基于携程自研的一些增量框架,其 App 可以达到在线更新的目的。

MCD 平台制定了一个完善的增量发布流程，有效地保证了新功能的动态更新。2.5.4 节会详细介绍发布流程。

第四阶段为运营阶段，借助于携程自建的监控体系，可以实时监控线上应用的崩溃和卡顿情况，并结合服务端与应用端埋点，可以实时监控服务访问时长和成功率等性能指标，为开发人员排查性能问题提供有效的帮助，进一步提高应用的可用性。

2.5.3 开发流程管理

统一和规范的开发流程可以有效地减少开发和测试人员的沟通成本，开发和测试人员根据标准流程进行相关工作，可以极大提高工作效率，特别是对于大型移动团队而言，具有极其重要的意义。

在 MCD 平台，应用的整个开发流程被分成 3 个步骤，分别是模块打包、测试发布、集成发布。开发人员主要负责模块打包工作，测试人员主要参与测试发布和集成发布工作，开发流程如图 2-21 所示。

图 2-21　应用的开发流程

（1）模块打包的核心思想是将完整的应用拆分成多个独立的模块，并且模块之间存在一定的依赖关系。携程主要按照业务将 App 进行拆分，各业务之间没有依赖，主要依赖公共的模块，业务内部还可以对自己的模块进一步拆分。目前，携程的应用已经被拆分成 70 多个模块，每一个模块都有其相应的负责人员。在应用开发初期，开发人员会提交自己模块的代码，并在平台上将代码编译成可执行格式（Android 为 so 文件，iOS 为 .a 文件）。在每次编译该模块时，都会生成一个新的版本，版本共有 3 种不同的类型：第一种是普通类型，任何编译成功的版本都属于普通类型；第二种是 Latest 类型，表示每一个模块最新成功编译的版本；第三种是 RC 类型，表示经过测试的稳定版本。应用在打包发布时会从各个模块中挑选一个版本，并根据所选版本类型的不同分别进行测试发布和集成发布。

（2）测试发布所选的版本默认为 Latest 版本，测试人员在开发人员提交代码，打包 Bundle 后，就可以直接使用最新版本的 Bundle 打出测试包。此时打包任务只需要将各个模块组装在一起即可。在打包完成后，测试人员对新功能进行测试，并在测试完成后将该包中使用的模块标记为 RC 版本，以待后续集成时使用。

（3）集成发布所使用的版本均为 RC 版本，由系统在应用集成阶段自动挑选、自动打包。在进入集成发布阶段后，测试人员不再需要关心测试发布的结果，可以直接使用集成发布的结果进行功能测试，并在平台上实时反馈测试结果。当全体测试通过后，由项目经理进行最终的发布确认。

2.5.4 发布流程管理

应用在开发完成、进入应用市场后并不代表应用的开发周期已经完结，还有很多业务需要在线上进行实时更新，此时就需要使用 MCD 平台的增量发布功能。目前 MCD 提供了 Hybrid、CRN 及 Hotfix 三种不同类型的发布模块，基本满足了各业务线日常的更新需求。为了保证发布结果的正确性及线上应用的稳定性，我们制定了一个完整的增量发布流程，如图 2-22 所示。

图 2-22　增量发布流程

在提出线上功能更新需求后，由各业务线开发人员完成相关功能的代码编写，并在本地测试完成后进行代码提交。在开发人员提交代码后，系统会根据相关配置自动将相应的代码编译成增量文件并发布到测试环境中。然后，测试人员开始进行实际功能的测试，并在测试和确认功能正常后申请生产授权。在授权完成后，将新的模块发布到线上环境，此时发布停留在灰度状态。所谓灰度状态，就是待发布的文件并不会直接下发到每一个客户端，而是会根据一定的比例（灰度率）及白名单进行下发。当测试人员再一次在生产环境中完成功能验证后，可以逐渐调整下发比例，直到完全下发为止。在整个发布过程中，系统会实时监控线上的错误情况，如果发现错误数据异常，就会对开发人员进行实时提醒，方便开发人员进一步处理相关问题。

本节主要从以下几个方面介绍了携程移动发布平台 MCD。

（1）平台的基础架构及各系统之间的工作模式。

（2）携程移动应用的生命周期。

（3）携程应用开发的具体流程。

（4）携程应用增量发布的具体流程。

希望读者在完成本节学习之后，能够对携程的移动应用开发及增量发布流程有一个清晰的了解。

2.6 用户行为监测 UBT

UBT（User Behavior Tracking，用户行为追踪）是携程用于用户行为数据收集的系统。它是携程大数据的基石，承担客户端性能监控、故障报警、用户行为统计等任务，并为商业智能提供重要支撑。

2.6.1 数据采集

"知己知彼，百战不殆"，当今信息革命的热潮持久不衰，更加凸显信息的重要性。在 App 上架后，如何了解用户在使用过程中的响应是否顺畅？如何评估及改善用户体验？如何分析营销渠道价值？只有收集充足的信息，才能进行后续数据导向的产品改进，才能开发商业智能，才能真正迈入大数据时代。因此，数据采集已经是互联网公司必须进行的一项工作。

通常小型互联网公司会接入一些第三方的统计工具，而大型互联网公司会选择自研。这背后有两个重要原因：

（1）大型互联网公司对数据的需求更加复杂多样。

（2）大型互联网公司希望避免敏感信息外泄的风险。

携程研发数据采集已经大约 10 年了，从早期的 Web 站点到后面的 H5 站点、手机 App，以及五花八门的小程序等，逐渐发展成覆盖全平台的数据采集系统，如图 2-23 所示。

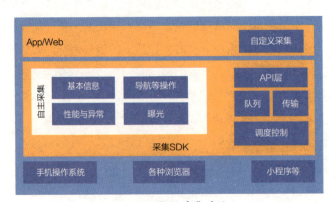

图 2-23　数据采集系统

这套数据采集系统提供两种类型的数据采集：一种类型是自主采集，使用公司统一的处理逻辑，解决常规需求；另一种类型是自定义采集，由公司各团队按需定制并进行个性化采集。

自主采集主要依托技术手段及公司技术架构背景来统一解决公司的通用型需求。它的实现直接集成在采集 SDK 内部，采集 SDK 使用方无须进行额外操作。自定义采集则体现为采集 SDK 提供的一系列 API，供使用方选择使用。

为了提升数据的可用性，包括自定义采集在内，采集 SDK 统一规范化了一些基础数据模型。该基础数据模型约束了数据的组织方式，包括针对用户行为和针对终端设备两种视角的数据组织。

1. 用户行为视角

将所有数据组织到树形结构中，顶层是访客，中间是会话，下面是页面访问及其他，如图 2-24 所示。

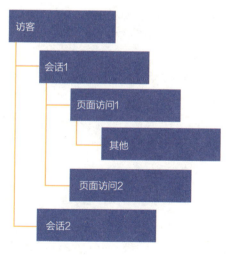

图 2-24　用户行为视角的数据组织

2. 终端设备视角

终端设备视角针对的是手机 App，与用户行为视角的主要区别是，使用进程生命周期取代了用户行为的会话，可以被称为终端设备会话。该模式主要是为了方便技术人员排障与监控。

在确定这些基础数据在组织上的约束后，许多类似于转化率的分析都可以无障碍进行了。

2.6.2 传输与存储

在客户端原始信息采集完成后,信息就进入传输阶段,主要环节包括收集服务、消息系统、分发系统等,数据流向如图 2-25 所示。

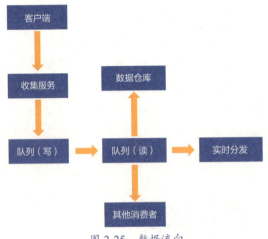

图 2-25　数据流向

由于携程具备庞大的用户访问流量,产生的信息采集量也是相当庞大的,这对各个环节的信息处理都带来了一定的挑战。

从客户端到服务端所面临的挑战是,如何在不影响业务、不阻碍用户的情况下,及时、完整地处理信息的上报。

一个可靠的系统,必然是可接受"失败"的,并具有完善的确认机制。比如,下单系统可以明确告知用户商品已售罄,让用户自行决定后续操作。但这一逻辑无法适用于采集 SDK,因为我们的目标是对应用、用户零干扰。我们不会在遇到网络连接失败时提示用户重试,也不能任意占用客户端存储空间来长期存放这些信息。采集 SDK 应当寻求简洁、高效的传输方式,以提高成功率。

在 App 端,数据使用自定义的应用层协议以 TCP 方式上报,对原始采集信息进行打包和 GZIP 压缩处理,并对报文大小进行控制,合理封包,以提高效率。

在 Web 场景中,数据上报采用 HTTP 协议。由于没有现成的合适的压缩方案,我们针对 Web 端的特点,综合考虑代码尺寸、运行效率和压缩效率,研发了专用的压缩实现。

在服务端,我们基于 Netty 开发了专门的应用负责数据收集。该方案兼顾了性能和开发、维护成本。如果使用 C/C++ 语言进行开发，则性能可能略有优势，但开发、维护成本将会显著增加。此外由于 Netty 是基于 Java 语言开发的，可以更好地融入当今的主流大数据生态中。

收集服务在解包并对原始数据进行一些基本加工后，就会将其送入消息系统。携程的 Hermes 消息系统基于 Kafka 构建，上层添加了数据治理相关功能。在实践过程中，由于 Kafka 消费者和生产者都会占用磁盘 IO，为确保外网收集的数据能写入消息列队中，我们采用了读写分离的策略。收集服务在将数据写入一个读写实例后，再将其同步到只读实例中，而下游消费者统一消费只读实例。

Kafka 本身只能全量消费，而消费者可能只关注其中一部分数据，为减少不必要的开销，针对这种消费者我们提供了分发功能，由专门的应用负责并按规则将数据分发给目标消费者。

这种消息分发机制的好处是大大减少了队列的消费压力，而缺点则是多个分发目标会形成"木桶效应"，如果一个分发目标被卡住，则分发者将面临以下艰难抉择。

（1）暂停处理，全面等待。
（2）放弃完整性，卡住的接收方可能会错过一批数据。
（3）为每一个接收方再创建一个独立的队列。

选项 1 对我们来说几乎没有意义。因为在多数情况下，直接对接消息系统的应用对实时性是有要求的，否则如果看重的是完整性，则可以从统一的数据仓库中获取数据。

选项 2 是一种较为经济的折中方案，也是我们实际采用的主要策略。当然这也离不开前述背景：接收方更注重实时性，而完整的数据可以从数据仓库中获取。

选项 3 看起来很完美，但成本较高，实际效果也未必理想。所以，分发系统并不直接支持该方案。

类似于选项 3 的方案在传统消息系统中很常见，并且通常是消息系统本身已经内置的功能，但为什么在大数据场景下，消息系统还是那么原始？这自然是有原因的，在大数据场景高负荷运转的状态下，任何一点复杂度的增加，都可能降低系统的稳定性。

所以，架构本质上是一种取舍，是一种基于实际应用场景的取舍。

2.6.3 实时分析

实时分析主要涉及 Storm、Spark 等分布式计算平台，以及 HBase、Redis、ElasticSearch 等存储与索引组件，处理过程如图 2-26 所示。

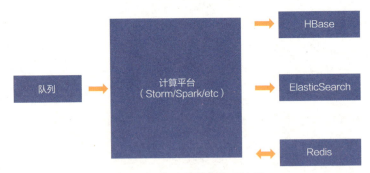

图 2-26 实时分析的处理过程

常规的实时分析包括一些重要数据的实时索引和统计指标的实时预聚合。

实时索引是为了让一些数据实现实时检索，如让开发人员及时看到客户端捕获到的异常等，主要采用 HBase 与 ElasticSearch 相结合的方案。HBase 可支撑更大的数据量级，但其 Row Key 机制使得检索不够灵活；而 ElasticSearch 则相反，其强项在于对复杂查询的支持。经过实践，简单场景适宜直接使用 HBase，复杂场景适宜使用 ElasticSearch + HBase。比如多条件组合查询，我们会通过 ElasticSearch 获取 Row Key 信息，再通过 HBase 获取真正的数据。

当然上述设计的背后，是携程具有远远超过 ElasticSearch 处理能力的数据量级。通常 ElasticSearch 官方给出的真实案例的数据量级都在 10 亿以下。如果数据符合这个量级，可能使用 ElasticSearch 就可以满足，甚至可以做得更灵巧。由此可见，架构必须务实，脱离背景就是纸上谈兵，生搬硬套更不可取。

实时预聚合是为了提供快速的数值统计，如实时的性能指标监控等。如果目标数据集数量为 n，查询时可能用到的维度的排列组合数量为 m，则通常 m 远远小于 n，而实时预聚合的目标就是针对数值统计，将查询时要分析的数据量从 n 降低至 m，即提前将每种维度组合计算好。当然这种实时预聚合也约束了支持的数值统计类型，如中位数就不适用于这种预聚合。

为了灵活应对需求与变更，在实践过程中，针对常规的实时分析，我们设计和实现了后台配置管理系统。后台配置管理系统除了可以配置索引与聚合规则，还支持数据过滤规则，以及简单的数据加工等。

除了常规的实时分析，还有很多特定业务场景的实时分析，如用户画像与个性化推荐、风险控制与反爬等。这些具体场景已经超出本节内容范围，这里就不再赘述了。

2.7 CData

CData 是携程的实时报表系统，负责常规的应用监测与报警，涵盖性能管理、错误统计、访问量统计，以及排障支持等。下面介绍 CData 的主要功能。

2.7.1 性能管理

性能是应用/站点的重要用户体验指标，对一些故障的监测具有重要意义。

1. 服务性能

服务性能体现的是客户端监测的真实服务调用耗时。相对于服务端自行统计的耗时，客户端统计的耗时更能代表用户的真实体验。类似于 DNS 解析、建立连接等步骤的耗时，只有客户端才能监测到。

服务性能报表维度如表 2-1 所示。

表 2-1 服务性能报表维度

维度	简介	用例
终端	系统、应用版本、浏览器信息等	方便使用者专注分析自己关注的应用等
服务号	携程使用服务号区分众多的服务接口	发现和定位特定服务存在的问题
状态码	服务成功或失败的状态标记	分析成功率及失败原因
地域	国家、城市、时区、运营商等	分析地域上的原因，如海外网络链路问题
网络类型	宽带、Wi-Fi、蜂窝等	细分网络类型，分类看待服务性能

2. 加载性能

无论是 Web 还是 App，都会涉及许多资源的加载操作，如图片的加载。资源加载的速度对用户体验往往有着直接影响。另外，许多资源可能是通过 CDN 供应商加载的，这时对加载性能的监测，还能起到对 CDN 供应商服务质量的持续监督作用。

加载性能报表维度如表 2-2 所示。

表 2-2 加载性能报表维度

维度	简介	用例
终端	系统、应用版本、浏览器信息等	方便使用者专注分析自己关注的应用等
目标域名	所加载资源的目标域名	用于区分不同的资源服务
状态码	响应状态标记	分析成功率及失败原因
地域	国家、城市、时区、运营商等	分析地域上的原因，如海外网络链路问题
网络类型	宽带、Wi-Fi、蜂窝等	细分网络类型，分类看待服务性能

3. 白屏时间 / 渲染性能

白屏时间 / 渲染性能体现的是包括网络和代码质量在内的综合执行效率，该类指标与用户体验的联系更紧密，因为如果这方面有问题，就会直接影响用户体验。对于该类问题，一旦发现，通常需要迅速进行深入分析和优化。

白屏时间 / 渲染性能报表维度如表 2-3 所示。

表 2-3 白屏时间 / 渲染性能报表维度

维度	简介	用例
终端	系统、应用版本、浏览器信息等	终端与性能关系密切，往往要分类监测和优化
页面标识	用于区分页面的标识符	使用者可关注特定页面或做页面间的对照
技术栈	标记对应页面采用哪种技术栈	不同技术栈负责人筛选查看各自关注的指标
网络类型	宽带、Wi-Fi、蜂窝等	细分网络类型，分类看待服务性能

2.7.2 错误统计

对于服务端的错误日志收集而言，很早就有解决方案，如今依托大数据平台，也不乏云端解决方案。相比而言，客户端的错误日志收集起步较晚，并且面临的环境比服务端更为苛刻。客户端的错误统计主要针对崩溃和执行异常这些影响较大的场景。这部分的重要工作是多场景的适配与报表的抽象统一。

类似于 JS 语言，不同的引擎堆栈信息格式并不相同。为了从堆栈中抽取更多的有用信息，我们对一些主要场景进行了堆栈适配，并在最终报表呈现时，对一些无意义的格式差异使用内部标准形式进行归一化展示。

此外，在 H5 技术场景下，一般生产环境上的代码都是经过构建的，可读性非常差，不利于开发人员排障。我们在堆栈适配的基础上引入了 SourceMap 功能，使开发人员可以直接定位到构建前的原始代码。

2.7.3 访问量统计

页面访问量：页面被浏览的次数，是反映网站/应用使用情况的一个主要指标。通过对页面访问量进行分析，可以辅助完善操作流程设计、评估用户热度、监测渠道效果、预测未来趋势等。

终端统计：主要分析用户使用的设备型号、系统信息、应用/浏览器信息等。这一系列指标对于把握未来技术方向、合理设定兼容目标等具有重要意义。

访问流与转化率：访问流偏重于分析访问量的来龙去脉、各环节的比重等，比如用户第一步到达哪些页面，各有多少流量，这些流量如何流向第二步，等等；而转化率更直接地关注某个目标的达成情况、每步操作的流失情况等，转化率示意如图 2-27 所示。

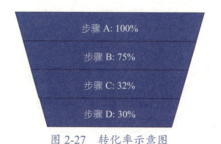

图 2-27　转化率示意图

2.7.4 排障支持

1. 轨迹重现

如果有客户报障，因为客户不是专业人员，描述可能不精确，或者客户自己的记忆都存在偏差，就会给问题的排查带来很大挑战。

为了解决这类问题，我们将信息按匿名访客标识组织成时间序列，并进行可视化展现。在收到客户报障并获得其标识信息后，排障人员可以查看对应时段从客户设备上收集到的信息，包括性能统计、报错、特定业务埋点等多种信息，这对排障具有重要作用。

2. 全链路追踪

在排查问题时，有时我们会希望各个组件、各个环节收集到的信息能够串联起来。但往往事与愿违，尤其是客户端与服务端之间常常是割裂的。

为解决这一问题，携程实现了全链路追踪功能。从客户端的一个请求到经过的服务，以及服务发起的 SOA 请求、数据库 SQL 操作等，均可通过标识信息关联起来。这样，我们就可以看到一个完整的视图，从而消除盲点。

2.8　本章小结

　　本章围绕移动大前端，主要介绍了针对不同平台和场景的开发框架、统一的数据收集系统，以及集成发布系统，基本贯穿了移动大前端的开发与发布。这些都是携程内部目前主要使用的系统和开发框架，并且经过几年的持续迭代，系统和框架的成熟度，以及业务开发人员使用的满意度都比较理想。希望上述介绍，可以对读者在调研或者决策一些大前端相关技术选型时提供一些参考。

第3章 用户接入

> 太宗闻言,称赞不已,又问:"远涉西方,端的路程多少?"三藏道:"总记菩萨之言,有十万八千里之远。途中未曾记数,只知经过了一十四遍寒暑。日日山,日日岭,遇林不小,遇水宽洪。还经几座国王,俱有照验印信。"叫:"徒弟,将通关文牒取上来,对主公缴纳。"当时递上。太宗看了,乃贞观一十三年九月望前三日给。太宗笑道:"久劳远涉,今已贞观二十七年矣。"牒文上有宝象国印,乌鸡国印,车迟国印,西梁女国印,祭赛国印,朱紫国印,狮驼国印,比丘国印,灭法国印;又有凤仙郡印,玉华州印,金平府印。太宗览毕,收了。
>
> ——吴承恩《西游记》

在用户访问互联网网站和系统时,一个请求从用户端传递到数据中心,可能也会经过几百甚至上千公里的物理距离,下面从技术角度介绍携程是如何处理这个过程中所经历的种种"磨难"的。

携程的用户遍布全球各个国家和地区,他们会通过宽带、3G、4G 等网络接入环境和运营商,以及不同接入设备来访问携程的网站和系统,如何处理好用户接入层,是决定用户访问网站的稳定性和性能的关键因素,本章将分别介绍携程的 Web 端和 App 端在用户接入层的实现方法和经验。

3.1 GSLB 技术

携程拥有多个数据中心,每一个数据中心都会提供部分应用程序服务,如何将用户的访问调度到最合适的数据中心是基于 GSLB 技术实现的。GSLB 是 Global

Server Load Balance 的缩写，意思是全局负载均衡。GSLB 调度的规则包括：基于一定比例的负载均衡调度、网站的运行状况和响应能力、用户的接入运营商链路，以及数据中心的距离等。

GSLB 技术对类似于携程的多数据中心网站的作用包括以下几个方面。

- 提升网站可用性，GSLB 技术可以通过一定的健康检测机制，在出现单个数据中心故障时，将用户访问定向到其他数据中心进行响应，从而确保网站服务的高可用性、灾难恢复性和业务连续性。
- 提升网站可扩展性，GSLB 技术可以将用户请求分发到多个数据中心以实现负载分摊，允许从多个不同地理位置的数据中心提供服务，提高数据中心的工作效率。
- 提升用户访问性能，GSLB 技术可以将用户的请求导向距离最近的数据中心，降低用户到数据中心之间的物理层面上的网络耗时，提高网站响应速度，从而提升用户体验。

3.1.1　GSLB 系统概述

典型的 GSLB 技术可以使用智能 DNS 实现，用户在访问网站时，首先需要通过 DNS 解析获得网站的 IP 地址，通常宽带用户会使用本地运营商提供的 Local DNS 发起 DNS 解析，而使用智能 DNS 发起 DNS 解析，可以根据配置的多种策略灵活地将所请求解析的域名解析到不同数据中心的网站 IP 地址上，以达到全局负载均衡（GSLB）的目的。

基于智能 DNS 的 GSLB 技术应该具备以下功能。

- 根据用户地理位置及运营商线路路由到最合适的数据中心。
- 监控每一个数据中心的运行状况，计算可用性和负载状况。
- 使用管理策略控制和优化多数据中心部署。
- 满足国家/地区的特定限制和监管要求。

3.1.2　DNS 工作方式

智能 DNS 使用 DNS 协议引导用户流量，下面分析一下典型的用户通过域名访问网站时获取网站 IP 地址的步骤。

当客户端 Web 浏览器通过 Internet 连接到 Web 服务器时，通常会进行如图 3-1

所示的 DNS 解析步骤。

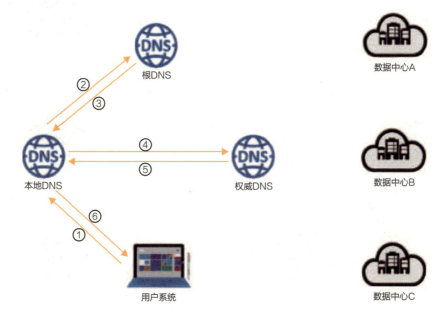

图 3-1　DNS 解析步骤

①客户端 Web 浏览器尝试使用 URL（如 http://www.ctrip.com）连接该网站，并通过本地 ISP 提供的 DNS 发起域名解析。

②本地 ISP DNS 服务器在 Internet 的根 DNS 服务器中查询权威 DNS 服务器。

③根 DNS 服务器返回 ctrip.com 的权威 DNS 服务器地址。

④本地 ISP DNS 服务器查询 ctrip.com 的权威 DNS 服务器。

⑤ctrip.com 的权威 DNS 服务器返回本地 ISP DNS 服务器域名 www.ctrip.com 对应的 IP 地址（从本地 ISP DNS 服务器向权威 DNS 服务器进行查询，称为递归 DNS 查询）。

⑥本地 ISP DNS 服务器将查询到的 IP 地址返回给客户端 Web 浏览器，浏览器在得到具体的 IP 地址后，与其建立通信。

3.1.3　GSLB 工作原理

用户是通过本地 ISP DNS 服务器检索得到域名对应的 IP 地址的，智能 DNS 也是通过 DNS 解析过程分配给用户最合适的 IP 地址的。

在智能 DNS 的场景下，客户端 Web 浏览器解析域名的步骤如图 3-2 所示。

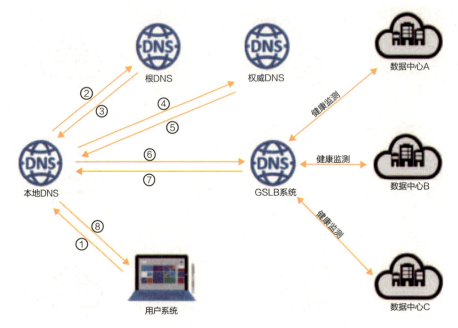

图 3-2 客户端 Web 浏览器解析域名的步骤

①客户端 Web 浏览器在本地 ISP DNS 服务器中查询 www.ctrip.com 域名对应的 IP 地址。

②本地 ISP DNS 服务器在 Internet 的根 DNS 服务器中查询权威 DNS 服务器。

③根 DNS 服务器返回 ctrip.com 的权威 DNS 服务器地址。

④本地 ISP DNS 服务器查询 ctrip.com 的权威 DNS 服务器。

⑤ ctrip.com 的权威 DNS 服务器返回本地 ISP DNS 服务器域名 www.ctrip.com 对应的 CNAME，如 www.ctripgslb.com（由智能 DNS 提供的 Zone）。

⑥本地 ISP DNS 服务器通过根 DNS 服务器查询到 ctripgslb.com 的权威 DNS 服务器，并向 ctripgslb.com 的权威 DNS 服务器查询 www.ctripgslb.com 的解析结果。

⑦ ctripgslb.com 的权威 DNS（智能 DNS），根据预先配置的路由规则，并通过用户 ISP DNS 的地理位置（通常用户的 ISP DNS 服务器与真实用户位于相同的地理位置），以及健康监测的结果，返回最合适的 IP 地址作为解析结果。

⑧本地 ISP DNS 服务器将查询到的 IP 地址返回给客户端 Web 浏览器，浏览器在得到具体的 IP 地址后，与其建立通信。

3.2 CDN

除了 GSLB 技术可以使用户连接到最合适的数据中心 IP 地址，还有一些技术可以提升用户的访问性能和用户体验，其中 CDN 就是一种典型手段。携程在 CDN 上也有很多应用场景。

CDN 是 Content Delivery Network 的缩写，意思是内容分发网络，也称为内容传送网络。CDN 是指地理上分布的服务器组，它们共同工作以实现 Internet 内容的快速传递。CDN 支持快速传输和加载互联网内容，包括 HTML 页面，以及 JS 文件、样式表、图像和视频。

CDN 不托管内容且无法取代 Web 服务器，但它确实有助于在网络边缘缓存内容，从而提高网站性能。它利用缓存减少自身数据中心的带宽消耗，有助于防止服务中断和提高安全性。

CDN 中的几个重要概念如下所述。

- Edge Server（边缘服务器）：用户直接请求的服务器，此服务器会缓存用户大量请求的内容，往往这类服务器会离用户特别近。边缘服务器尽量和访问用户处于同一网络、同一地理位置，以达到最快的通信速度。
- Middle Server（中间层服务器），或者称为 Parent Server（父节点服务器）：这类服务器的特点是存储容量特别大，在边缘服务器上无法缓存的内容，会缓存在中间层服务器中，而这类服务器和边缘服务器会通过优化的网络进行通信，以保证通信质量，从而快速获取内容。
- Origin Server（源站服务器）：真正能提供内容的服务器，即在用户请求内容，而边缘服务器和中间层服务器都没有缓存内容时，用户的请求所最终到达的服务器。
- Last Mile（"最后一公里"）：用户到边缘服务器的通信距离。
- First Mile（"第一公里"）：源站服务器到 CDN 的第一服务节点的通信距离。

图 3-3 所示为一个用户通过 CDN 访问网络内容的调度路径，由于前一节已经阐述过 GSLB 的工作原理，此处省略了 DNS 解析的过程，实际上 CDN 会按照请求用户所在的地理位置及运营商线路进行调度，让用户访问"最后一公里"的边缘服务器。

图 3-3 CDN 调度路径

3.2.1 CDN 静态加速

CDN 静态加速是指将目标内容缓存在 CDN 边缘服务器和中间层服务器来提升用户访问性能的机制，这些内容主要是静态的 HTML 页面内容、JS 文件、样式表文件、图像文件、音频文件、视频文件和可以下载的内容等。

CDN 判断是否能对内容进行缓存主要是基于 HTTP 协议中的头信息定义的，其中最重要的就是 Expires 和 Cache-Control。

Expires 是指缓存过期的时间，超过这个时间就代表资源过期了。但是由于使用了具体时间，如果时间表示出错或者没有转换到正确的时区，就可能造成缓存生命周期出错。另外，Expires 是 HTTP/1.0 的标准，现在更倾向于使用 HTTP/1.1 中定义的 Cache-Control。如果二者同时存在，则 Cache-Control 的优先级更高。

Cache-Control 由多个字段组合而成，主要有以下几个取值。

（1）max-age：指定一个时间长度，在这个时间段内缓存是有效的，单位是秒。例如，设置 Cache-Control:max-age=31536000，即缓存有效期为 365 天（31536000 / 24 / 60 / 60），在第一次访问这个资源时，服务端会返回 Expires，并且过期时间是一年后。

（2）s-maxage：同 max-age，覆盖 max-age、Expires，但仅适用于共享缓存，在私有缓存中会被忽略。

（3）public：表明响应可以被任何对象（发送请求的客户端、代理服务器等）缓存。

（4）private：表明响应只能被单个用户（可能是操作系统用户、浏览器用户）缓存，是非共享的，不能被代理服务器缓存。

（5）no-cache：强制所有缓存了该响应的用户，在使用已缓存的数据前，发送带验证器的请求到服务器中。

（6）no-store：禁止缓存，每次请求都要向服务器重新获取数据。

使用 CDN 静态加速需要严格遵循 HTTP 协议中定义缓存时间的头信息设定，通常配置 CDN 需要遵循给出的过期时间进行缓存，缓存时间的设置是否正确与缓存命中率的高低密切相关。对于敏感且不需要进行缓存的内容，可以将 Cache-Control 的值设置成 no-cache。正确地设置缓存时间会减少大量重复的请求，减轻源站服务器的压力。

对于缓存在 CDN 的数据而言，在 max-age 规定的时间内发生了变化，CDN 都会提供刷新缓存的服务，频繁地使用刷新服务本身对于 CDN 系统并不友好，所以通常的做法是，在用户访问 URL 时使用基于版本的 query string 方式定义不同的 URL，CDN 会根据 query string 进行不同的缓存。

3.2.2　CDN 动态加速

CDN 动态加速是对访问网站的速度进行优化的网络技术。CDN 静态加速会将文件缓存在与用户相距"最后一公里"的边缘服务器上，而 CDN 动态加速主要通过优化 CDN 内部网络链路、优化 TCP/IP 协议栈参数、内部使用专线互联等技术手段，在用户请求到达边缘服务器后，经过 CDN 内部网络快速到达源站服务器，并将源站服务器的响应返回给用户。

CDN 动态加速的主要技术手段如下所述。

- 智能选路：通常用户在访问源站服务器时，会经过 ISP 运营商网络，ISP 运营商网络因多家网络互相连接而有多条路径，所以出于成本或者链路带宽的考虑，用户直接访问源站服务器不一定是最优路径。智能选路是指 CDN 在除去"最后一公里"和"第一公里"的内部网络中，不断使用检测手段，计算出网络的最快路径，并将用户请求通过最快路径传送到源站服务器。
- 长连接：在用户和边缘服务器建立连接后，CDN 内部网络会建立一个 TCP 长连接通道，并复用这个连接和源站服务器进行通信。
- TCP 优化：CDN 内部网络是高效网络，会对 TCP 协议栈中针对弱网络的参数进行优化。
- 专线连接：对于特殊场景而言，在 CDN 内部网络中会使用特殊的网络通道，避免 Internet 网络拥塞。

通过上述技术手段，CDN 动态加速主要解决源站部署在单一运营商网络的情况，而携程面对的是互联网上通过不同运营商接入的全球用户。

3.2.3　CDN 动态域名切换

市场上有很多家 CDN 服务提供商，但是一部分大型互联网公司会采用自建 CDN。针对不同的地区、不同的网络环境，各种 CDN 的性能表现可能是不同的，例如，一些 CDN 服务提供商针对国内用户的性能提升比较出色，而另外一些 CDN 服务提供商针对国外用户的性能提升更有优势，所以出现了一种被称为"融合 CDN"的概念，用于对各家不同的 CDN 服务提供商进行优势互补，以及在特定服务提供商出现问题时提供备选方案并快速切换。

传统的 CDN 服务是通过将业务域名 DNS 指向 CDN 服务提供商提供的 CNAME 实现的，所以在切换 CDN 服务提供商时，就需要调整 DNS。这种方式会受到 DNS TTL 的影响，导致生效时间较长，并且 GSLB 是根据用户的 Local DNS 定位用户的地理位置的，可能会因为用户的 Local DNS 配置不正确，造成偏离用户真实地理位置的情况发生。

针对此痛点，携程自主研发了一套动态域名切换方案，其实现原理是在用户请求 basepage 时，由服务端根据用户的 IP 地址进行判断，选择用户所在区域的最合适的 CDN 服务提供商，并在 basepage 中动态生成对应的资源域名。

具体来说，对于中国的访问者而言，在 basepage 中生成的资源域名可能是：

https://cn.static-ctrip.com/foo.js

https://cn.static-ctrip.com/foo.css

https://cn.static-ctrip.com/foo.png

对于欧洲的访问者而言，在 basepage 中生成的资源域名可能是：

https://eu.static-ctrip.com/foo.js

https://eu.static-ctrip.com/foo.css

https://eu.static-ctrip.com/foo.png

其中 cn.static-ctrip.com 和 eu.static-ctrip.com 分别指向不同的 CDN 服务提供商，在出现问题时，可以通过修改 basepage 中对应的资源域名的方式进行快速切换，并且这种切换可以立即对用户生效。

3.3　App 端接入

随着 App 越来越普及，通过携程旅行 App 使用携程服务的用户比例已经远远大于使用 Web 端浏览器的用户比例。

App 端接入的场景有以下几个特征。

（1）用户的网络接入环境更复杂、更多变，不仅需要考虑宽带、3G、4G 网络，还需要考虑由网络漫游和用户不断移动而切换基站的场景，同时 DNS 劫持的现象也比较严重。

（2）连接协议选择性更大，不同于浏览器以 HTTP/HTTPS 协议进行访问，App 端可以直接使用 TCP 建立长连接，并且可以控制连接的目标数量。

携程在 App 端用户接入上的主要实现方式为"配置下发 + 性能探测"，并以域名解析作为保底方案。App 端会预置一份服务端的 IP 地址列表，并在建立连接时对地址列表中的 IP 地址进行性能探测，从而选择性能最好的目标建立长连接，同时在建立长连接后，会不断监控性能和可用性指标，一旦发现指标不够理想，就重新进行探测并建立连接。

3.4 负载均衡

在携程大规模的网站架构下，单台服务器的性能无法满足应用的需要，所以需要有集群的概念。集群是指由多台功能相同的服务器组成的集合，每台服务器都具备同等的业务逻辑处理能力。

典型的集群是基于负载均衡技术实现的，通过设置虚拟服务器 IP（VIP），将后端多台真实服务器的应用资源虚拟成一台高性能的应用服务器，通过负载均衡算法，将大量来自客户端的应用请求分配到后端服务器中进行处理。负载均衡器持续地对服务器上的应用状态进行检查，并自动对无效的应用服务器进行隔离，形成一个简单、扩展性强、可靠性高的应用解决方案，解决了单台服务器处理性能不足、扩展性不够、可靠性较低的问题。

随着 Web 2.0 和 B/S 技术的迅猛发展，HTTP 应用逐渐成为当今的主流应用，而负载均衡技术也有了很大的发展。从传统的基于四层网络进行请求的简单转发，发展到目前基于七层内容进行请求的转发和处理。尤其是在 HTTP 协议的优化和加速方面，一些技术逐渐发展成熟，如 TCP 连接复用、内容缓存、TCP 缓冲、HTTP 压缩、SSL 加速等。这些技术的应用有助于进一步优化用户访问的响应时间、节约广域网链路带宽和服务器资源。

携程的网站系统负载均衡的典型架构如图 3-4 所示。

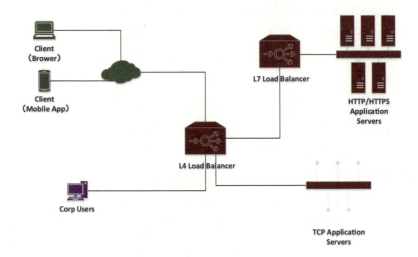

图 3-4　携程的网络系统负载均衡的典型架构

3.4.1　负载均衡器工作原理

负载均衡器作为网络设备，主要功能是将收到的客户数据包进行修改并转发到后端真实服务器，以实现负载均衡的目的。数据包的修改方式与负载均衡器和后端真实服务器所在的网络环境有着密切的关系，主要分为以下 3 种。

| 1. 路由模式 |

路由模式，或称为网关模式，会将到达负载均衡器的数据包的目标 IP 地址改变，然后转发到后端服务器。这种部署模式比较常见，这是因为后端服务器网关指向负载均衡器，能获取用户的真实 IP 地址。其缺点是会对已有的网络架构进行较大改动，使后端服务器所有的流量都经过负载均衡器，当同网段服务器访问 VIP 时，需要在后端服务器上配置主机路由。负载均衡器无法对此模式启用连接复用。路由模式的图解如图 3-5 所示。

| 2. 单臂模式 |

单臂模式，或称为全 NAT 模式，会将到达负载均衡器的数据包的源 IP 地址和目标 IP 地址都改变，然后转发到后端服务器。这种部署模式最为常见，它对现有网络改动最小，只有访问 VIP 的流量才会经过负载均衡器。其缺点是后端服务器无法获取用户的真实 IP 地址。单臂模式的图解如图 3-6 所示。

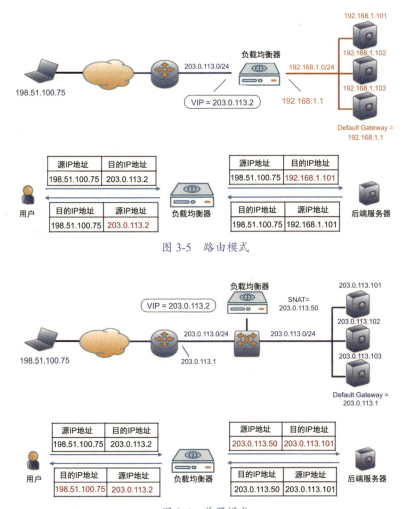

图 3-5 路由模式

图 3-6 单臂模式

3. DSR 模式

DSR 模式，或称为三角传输模式，会将到达负载均衡器的数据包的目标 MAC 地址改变，然后转发到后端服务器。在这种模式下，后端服务器响应数据不经过负载均衡器，适合请求数据量小但响应数据量大的场景，如数据库查询、视频点播等，后端服务器能获取用户的真实 IP 地址。其缺点是后端服务器需要配置回环网卡，并禁用回环网卡的 ARP 广播，配置较复杂；后端服务器响应数据不经过原来的路径，会产生路径不一致的问题，需要在网络中特意设置防火墙；和路由模式一样，负载均衡器无法对此模式启用连接复用。DSR 模式的图解如图 3-7 所示。

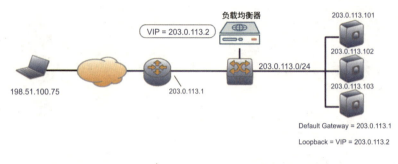

图 3-7　DSR 模式

3.4.2　负载均衡优化手段

对 HTTP 应用进行优化，主要由五大手段组合而成。

- TCP 连接复用。
- 内容缓存。
- TCP 缓冲。
- HTTP 压缩。
- SSL 加速。

1. TCP 连接复用（TCP Connection Reuse）

TCP 连接复用技术可以将前端多个客户的 HTTP 请求复用到后端与服务器建立的一个 TCP 连接上。这种技术能够大大减小服务器的性能负载，缩短客户端与服务器之间新建 TCP 连接所造成的延时，并最大限度地降低客户端对后端服务器的并发连接数，减少服务器的资源占用。

在一般情况下，客户端在发送 HTTP 请求前需要先与服务器进行 TCP 三次握手，建立 TCP 连接，然后发送 HTTP 请求。服务器在收到 HTTP 请求后进行处理，并将处理的结果返回给客户端，然后客户端和服务器互相发送 FIN，并在收到 FIN 的 ACK 确认后关闭连接。在这种情况下，一个简单的 HTTP 请求可能需要十几个

TCP 数据包才能处理完成。

在采用 TCP 连接复用技术后,客户端(如 ClientA)与负载均衡器之间会进行三次握手并发送 HTTP 请求。负载均衡器在收到请求后,会检测服务器是否存在空闲的长连接,如果不存在,则服务器会建立一个新连接。当 HTTP 请求响应完成后,客户端会与负载均衡器协商关闭连接,而负载均衡器会保持与服务器之间的这个连接。当其他客户端(如 ClientB)需要发送 HTTP 请求时,负载均衡器会直接向与服务器之间保持的这个空闲连接发送 HTTP 请求,避免了由于新建 TCP 连接造成的延时和服务器资源耗费。TCP 连接复用的图解如图 3-8 所示。

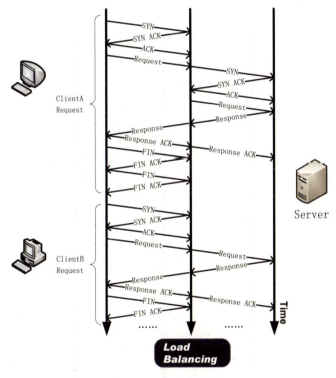

图 3-8　TCP 连接复用

2. 内容缓存(RAM Caching)

内容缓存技术可以将应用服务器中的一些经常被用户访问的热点内容缓存在负载均衡器的内存中。当客户端访问这些内容时,负载均衡器会根据客户端请求,从缓存中读取客户端需要的内容并将这些内容直接返回给客户端。由于客户端需要的内容是直接从负载均衡器的内存中读取的,因此这种技术能够提高网络用户的访问速度,大大减轻后端服务器的负载。

3. TCP 缓冲(TCP Buffer)

TCP 缓冲技术可以解决后端服务器网速与客户端网速不匹配所造成的服务器资源浪费问题。由于服务器与负载均衡器之间的网络带宽速率高、时延短,因此将服务端的请求缓冲在负载均衡器的缓冲区中,可以防止客户端较慢的网络连接速度和较长的时延造成的服务端连接阻塞问题。

采用 TCP 缓冲技术,可以提高服务端的响应时间和处理效率,减少通信链路问题对服务器造成的连接负担。另外,由负载均衡器处理网络阻塞造成的数据包重传,可以使每一个客户端的流量得到较好的控制。TCP 缓冲的图解如图 3-9 所示。

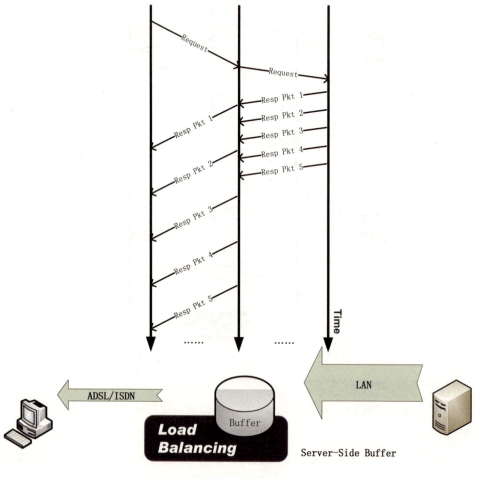

图 3-9　TCP 缓冲

客户端与负载均衡器之间采用的链路具有较长的时延和较低的带宽，而负载均衡器与服务器之间采用时延较短和带宽较高的局域网连接。

4. HTTP 压缩（HTTP Compression）

HTTP 协议在 v1.1 中新增了压缩功能，如果客户端浏览器和服务器都支持压缩功能，则通过客户端和服务器进行协商，对客户端的响应内容进行压缩处理，可以大幅节省响应内容在传输时所需要的带宽，并加快客户端的响应速度，如图 3-10 所示。但是，压缩算法本身需要耗费大量的 CPU 资源，因此，负载均衡器对 HTTP 压缩功能进行支持，可以减少 Web 服务器的资源耗费，提高其处理效率。另外，由于负载均衡器一般采用硬件的方式进行压缩，因此，压缩的效率更高。此外，对于一些不支持 HTTP 压缩功能的老版本 Web 服务器而言，通过启用负载均衡器的压缩功能，可以实现系统的优化和加速。

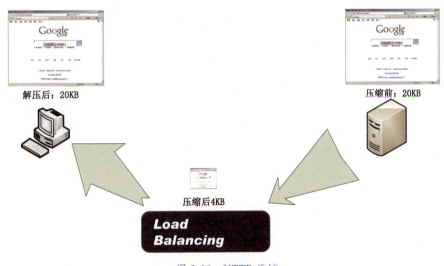

图 3-10　HTTP 压缩

5. SSL 加速（SSL Acceleration）

在一般情况下，HTTP 采用明文的方式在网络上传输信息，可能会被非法窃听，尤其是用于认证的口令信息等。为了避免出现这样的安全问题，一般采用 SSL 协议对 HTTP 协议进行加密，以保证整个信息传输过程的安全性，如图 3-11 所示。

在 SSL 通信中，首先采用非对称密钥技术交换认证信息，并交换服务器和浏览器之间用于加密数据的会话密钥，然后利用该密钥对通信过程中传输的信息进行加密和解密。

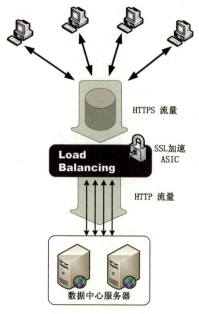

图 3-11　SSL 加速

SSL 是一种需要耗费大量 CPU 资源的安全技术。目前，大多数负载均衡器均采用 SSL 加速芯片进行 SSL 信息的处理。这种方式与传统的采用服务器的 SSL 加密方式相比，可以提供更高的 SSL 处理性能，从而节省大量的服务器资源，使服务器专注于业务请求的处理。另外，采用集中的 SSL 处理，还可以简化对证书的管理，减轻日常管理的工作量。

3.4.3　负载均衡算法

常用的负载均衡算法有轮询算法、加权轮询算法、最少连接算法、加权最少连接算法等。

（1）轮询算法的图解如图 3-12 所示。

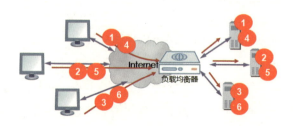

图 3-12　轮询算法

- 新的连接被依次轮询并分发到各台后端服务器上，比如，第一个连接被分发到第一台服务器，第二个连接就被分发到第二台服务器，依次类推。
- 轮询算法适用于服务器组中的所有服务器具有相同的软、硬件配置且平均服务请求相对均衡的情况。

（2）加权轮询算法的图解如图 3-13 所示。

图 3-13　加权轮询算法

- 根据服务器的不同处理能力，给每台服务器分配不同的权值，使其能够接受相应权值数的服务请求。假设 3 台服务器的加权比例为 2∶5∶3，则在 6 条流经过时，第一台服务器分担 1 条流，第二台服务器分担 3 条流，第三台服务器分担 2 条流。
- 加权轮询算法可以确保高性能的服务器得到更高的使用率，避免低性能的服务器负载过重。

（3）最少连接算法的图解如图 3-14 所示。

图 3-14　最少连接算法

- 最少连接算法对内部网络中的每台服务器都有一个数据记录，记录其正在处理的连接数，当有新的服务连接请求时，就会把请求分配给当前连接数最少的服务器，使均衡更加符合实际情况，负载更加均衡。

- 最少连接算法适用于长时处理的请求服务，如 FTP。

(4) 加权最少连接算法。

- 将加权与最少连接算法配合，根据连接数与加权比例计算出当前的新连接应该发往哪个服务器。

3.4.4　负载均衡会话保持

会话保持是负载均衡中常见的问题之一，也是一个相对复杂的问题。会话保持，又称粘滞会话（Sticky Sessions），是指负载均衡器上的一种机制，可以识别客户端与服务器之间进行交互的前后关联性，在实现负载均衡的同时还可以保证有关联的访问请求尽可能被分配到之前分配的同一台后端服务器上。

在负载均衡器上有以下几种会话保持方式。

1. 用户源 IP 地址会话保持（四层）

用户源 IP 地址会话保持就是将同一个用户源 IP 地址的连接和请求作为同一个用户，根据会话保持策略，在会话保持有效期内，将这些来自同一个用户源 IP 地址的连接和请求都转发到同一台服务器中。这个方式的主要缺点是，当用户在企业网络内部访问互联网资源时，需要通过代理服务器访问；一些移动终端在采用 4G 方式访问互联网资源时，运营商会通过代理网关访问互联网资源。但无论是通过代理服务器还是通过代理网关，发起连接请求的源 IP 地址都相对固定，这样就会造成负载均衡器将这些来自同一个源 IP 地址的访问请求都保持到同一台服务器中，如果访问的源 IP 地址不够离散，就会造成后台服务器负载不均衡。

2. HTTP Cookie 会话保持（七层）

在 HTTP Cookie 模式下，负载均衡器负责插入 Cookie，后端服务器无须进行任何修改。当用户进行第一次请求时，用户的 HTTP Request（不带 Cookie）会进入负载均衡器，负载均衡器会通过负载均衡算法选择一台后端服务器，并将请求发送至该后端服务器；后端服务器的 HTTP Response（不带 Cookie）会被返回给负载均衡器；负载均衡器会在将 HTTP Response 返回给用户的同时，按照算法添加后端服务器信息并插入 Cookie 中。

当用户请求再次发生时，HTTP Request 会携带上次负载均衡器插入的 Cookie 信息，负载均衡器会读出 Cookie 里的会话保持数值，将 HTTP Request（带有与上面同样的 Cookie）发送到指定的服务器中，然后由后端服务器进行请求回复。

HTTP Cookie 方式对于非 HTTP 协议无效，如果用户禁用了 Cookie，这种方式也会无效。

3. HTTP URL 哈希会话保持（七层）

在 HTTP URL 哈希模式下，用户请求的 URL 会根据某个哈希因子及后台存在的服务器数量计算所得到的结果，选择将请求分配到哪台服务器。HTTP URL 哈希会话保持的特点是在后台服务器的健康状态不发生改变时，每一个特定的哈希因子被分配到的服务器是固定的。HTTP URL 哈希会话保持的最大优势是可以没有会话保持表，而仅仅根据计算的结果确定将请求分配到哪台服务器，尤其在一些会话保持的表查询开销已经远远大于哈希计算开销的情况下，采用 HTTP URL 哈希会话保持可以提高系统的处理能力和响应速度。

HTTP URL 哈希会话保持通常用于后台采用 Cache 服务器的应用场景，针对 URL 进行哈希计算，将同一个 URL 的请求分配到同一台 Cache 服务器。这样，对于后台的 Cache 服务器群而言，每台 Cache 服务器上存放的内容都是不一样的，提高了 Cache 服务器的利用率。

3.5 软负载系统 SLB

SLB 是由携程自研的软负载系统，其底层基于开源软件 Nginx 实现，用于处理携程 99% 以上的七层路由请求，并且不断迭代新功能以适应携程的需求。目前，SLB 已在携程的多个国内数据中心和多个海外云中心部署了近百个集群，负责处理近万个域名的路由转发，后端 Upstream 节点高达十多万个，请求日处理量高达几百亿个。下面从几个方面介绍 SLB。

3.5.1 SLB 的产生背景

在研发 SLB 前，携程使用的是硬件负载均衡器，当时的应用部署架构是单机多应用，即在每台服务器上部署多个应用。而这些应用可能不存在紧密关系，并且可能属于不同的团队，所以这种架构存在着明显的问题。比如因资源共享引起的应用耦合、人员耦合问题。

其实携程面临的这些问题并不是突然爆发的，而是经过了十多年的演进和积累，最终不得不令人正视。从本质上来讲，这些问题的根源是应用间的耦合，最好的解决方案就是单机单应用。因为单机单应用实现了应用间的天然物理隔离（部署在不同的服务器上），从而极大地降低了运维复杂度，不用再担心包括部署、排障、沟通、配置和个性化等在内的问题会在不同应用间互相影响。

单机单应用是一种被广泛应用的部署架构，但对于携程而言，这是一个系统性的大工程，需要在底层基础设施、配套系统工具、流程规范，以及开发人员的思维转变等方面投入大量的人力和时间。所以我们首先需要考虑如何在单机多应用的情况下，实现应用解耦，也就是实现应用粒度的运维，然而这对承担应用路由的硬件负载均衡器提出了更高的要求。

对于基于 HTTP/HTTPS 协议的单机多应用来说，区分同一台服务器上的不同应用依靠的是请求中的 Domain 和 Path 信息，为了实现对不同应用进行独立的管理，这就要求硬件负载均衡器必须工作在七层模式下。而硬件负载均衡器从设计上来说重点考虑的是四层模式下的高吞吐、高性能和稳定性，应用于七层模式灵活度不够，并且管理的 API 本身性能也不够理想，无法支持高频的配置变更。

为了解决在路由运维方面的灵活性和效率问题，携程决定打造自己的软负载系统 SLB，以替代硬件负载均衡器的七层路由职责。经过讨论，携程确定了 SLB 的职能目标，即可以进行高并发、实时、灵活、细粒度调整的七层路由规则。另外，SLB 还需要实现由面向机器运维到面向应用运维的转变，以及由硬件支撑到软件支撑的进化。

3.5.2　SLB 的架构设计

本节介绍 SLB 的架构设计，会分别从总体架构、系统架构、建模、生效流程 4 方面介绍。SLB 总体架构如图 3-15 所示。

从图 3-15 可知，用户请求先到达硬件负载均衡器，硬件负载均衡器将请求转发到 SLB，SLB 负责将请求转发到具体的应用服务器[1]。在请求到达 SLB 前采用的是四层协议，即 TCP 协议；在 SLB 将请求转发到应用服务器时采用的是七层协议，通常是 HTTP 协议。所以 SLB 通常也被称为七层负载均衡器或应用层负载均衡器。根据 SLB 的用途可以抽象出以下几个核心功能。

1　服务器：这里的服务器是一种泛义说法，可以是物理机、虚拟机，也可以是容器实例，下文同理。

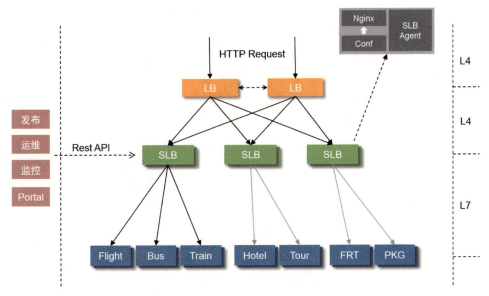

图 3-15　SLB 总体架构

- 路由：根据请求信息确定处理请求的目标应用。通常根据 HTTP 协议中的 Domain 和 Path 信息映射到目标应用。
- 负载均衡：因为应用通常部署在一组服务器上，所以 SLB 需要根据权重或其他策略确定向不同服务器转发请求的数量。
- 健康检测：当应用的一组服务器中的某台服务器出现问题时，SLB 需要检测到问题服务器，并暂停向其转发请求，待该服务器恢复正常后再恢复向其转发请求。
- 集群管理：SLB 需要提供对应用的一组服务器的管理功能，可以新增或删除一组应用服务器，可以人为暂停或恢复向一台服务器转发请求，可以在一组服务器中新增或减少成员，也就是通常所说的集群的新建和删除、集群的缩扩容、服务器的拉入和拉出。

SLB 使用 Nginx 作为底层实现设备。Nginx 是一款支持高吞吐的软负载开源产品，已被广泛使用，并且易于维护和扩展。在此基础上，我们研发了携程的软负载系统 SLB，其系统架构如图 3-16 所示。

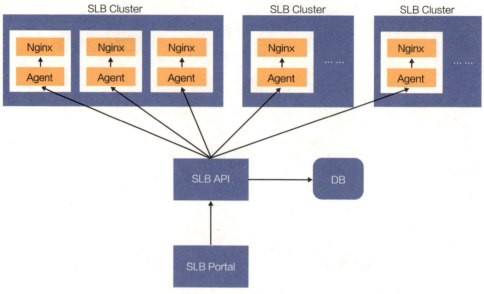

图 3-16 SLB 系统架构

SLB 由 4 个子系统构成，具体如下所述。

- Nginx：开源软件，负责根据策略接收请求和转发请求。
- Agent：Agent 会和 Nginx 在服务器上进行配对部署。Agent 负责接收外部策略，并将其转换为 Nginx 可以理解的 Conf，控制 Nginx 生效，同时负责收集日志、聚合信息、管理 SSL 证书、更新 WAF 规则等。
- SLB API：对外负责提供 API，通过 API 的方式接收请求，将请求转换为元数据存储在 DB（Database，数据库）中；对内负责和 Agent 通信，通过 API 调用告知 Agent 需要执行的指令。
- SLB Portal：图形管理界面，通过界面形式供管理人员和应用开发人员使用。

前面介绍了 SLB 的总体架构和系统架构，下面介绍 SLB 的建模。建模对任何一个产品都是至关重要的，可以说是一个产品的灵魂所在，这是因为后续产品构建的所有操作和产品可以提供的功能都是由数据模型决定的。数据模型还决定着产品质量、灵活性和可扩展性。在介绍 SLB 的数据模型前，先介绍一下 DevOps。DevOps 并不是让所有研发人员都成为专业的运维人员，而是让研发人员可以进行运维。软负载系统属于基础设施，在很多公司中都是由专业运维人员进行操作的。如果其他人员有相关需求，就需要提交给运维人员。而携程的大多数应用都是在 SLB 上进行配置的，如果也由运维人员进行操作，就会形成巨大的瓶颈，极大地降低效率。所以在进行 SLB 建模前，就提出了一个要求：普通研发人员可以操作，无风险，并且互不影响。

为了达到这一目标，需要将 SLB 的数据模型和研发人员的现有知识体系进行融会贯通。因为应用是广大研发人员所熟知的一个概念，所以就围绕应用建立 SLB 的数据模型，同时这个数据模型可以转换成 Nginx 的 Conf，如图 3-17 所示。

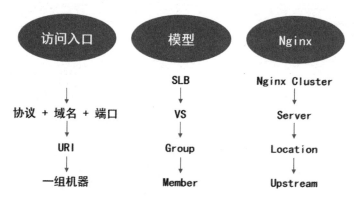

图 3-17　SLB 的数据模型设计

将研发人员所熟知的应用、域名、URI、Path、服务器集群等映射到 SLB 的数据模型上。

- SLB：一个具体的 SLB 集群，易于管理。
- VS：Virtual Server，协议 + 域名 + 端口，代表一个 VS 实例。
- Group：一个应用在 SLB 中的一个投影，即一个应用在 SLB 的所有配置构成的一个 Group 实例。
- Member：Group 下面的一个成员节点，可以接收请求，对应一组服务器中的一台服务器。但这是一个逻辑概念，比如，一台服务器上部署了多个应用，就会在多个 Group 中产生多个 Member，虽然它们对应同一台服务器，但在 SLB 中它们互不影响，也没有任何关系。

下面看一个具体的 SLB 的数据模型案例，如图 3-18 所示，右侧的 JSON 对象就是一个 Group 实例，一个应用在 SLB 上的所有配置变更将变成对这个 JSON 对象的增删改查（CURD）操作，左侧就是对应的 Nginx Conf。

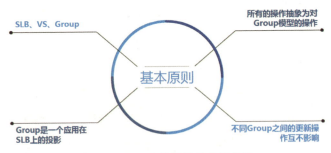

图 3-18　SLB 的数据模型案例

通过上述介绍,可以构建 SLB 的数据模型建模原则,如图 3-19 所示。

图 3-19　SLB 的数据模型建模原则

- 抽象出 SLB 的核心模型:SLB、VS、Group。
- Group 是一个应用在 SLB 中的一个投影。
- SLB 中所有的操作抽象为对 Group 模型的操作。
- SLB 中不同 Group 之间的更新操作互不影响。

只要解决了对一个 Group 的所有操作问题,就解决了对千千万万个 Group 的操作问题,同时就解决了不同应用操作耦合的问题,从而实现让研发人员可以进行运维操作的目标。

通过前面的介绍可知，用户绝大多数的操作会转化为对 Group 对象的操作，而这些操作最终如何在 Nginx 上生效呢？对此，我们设计了多版本化、操作日志、两阶段提交机制。SLB 配置生效流程如图 3-20 所示。

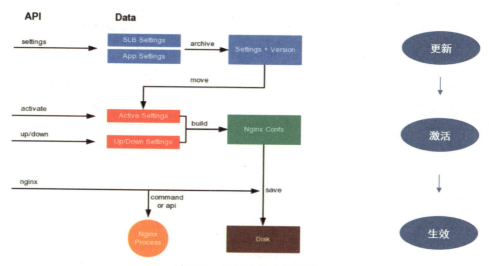

图 3-20　SLB 配置生效流程

- 多版本化：Group 的配置在系统中会被存储起来并关联一个版本号，用户的每次变更都会生成一个新的配置并进行重新存储，同时版本号加 1。因此，Group 的所有历史配置都可以被追溯到。
- 操作日志：用户进行的任何一次操作都会被记录一条操作日志，并关联应用的 Group 配置和版本号。因此，用户进行的所有操作都可以被追溯到。对于 Group 配置的所有版本，都可以找到操作人。
- 两阶段提交：用户对 Group 进行的每次变更，并不会即时生效，而是会由用户确定并激活生效。这种做法的好处是减少用户操作的风险，并且多次变更、一次生效有助于减小 SLB 的压力。

3.5.3　SLB 实现的几个难点

在研发 SLB 的过程中，曾面临各种各样的难题，需要逐一攻克。下面介绍 3 个比较典型的难点，包括配置文件变更的效率问题、健康检测瓶颈问题、多用户运维冲突问题。

1. 配置文件变更的效率问题

Nginx 的配置基于一个文本文件，如果要变更配置，就需要更改此文件的内容，然后重新加载。同理，对 Group 配置进行的变更，最终会转换成对此文件的写操作。如果一次变更对应一次写操作，假设有 1000 个应用同时进行扩容操作，就会对这个配置文件产生 1000 次写操作，假设一次写操作花费 1 秒，由于文件只能按顺序写，则最后一次写操作可能需要等待 1000 秒，这种实现方式显然是无法令人接受的，并且 SLB 在这种高频更新下也无法工作。所以简单地把一次 Group 变更转换成一次 Nginx 的配置文件更新是行不通的（携程 Nginx 变更的日操作次数超过 10 万次，SLB API 日请求次数高达几百万次）。

为了实现 Group 变更互不影响，并确保所有 Group 变更保持在一个稳定的返回时间内，SLB 确定了核心业务流程。

- 将一段时间内（如 2 秒内）的所有 Group 变更操作缓存在一个任务队列中。
- 对任务队列中的所有操作进行合并，最终只对 Nginx 的配置文件进行一次更新，如图 3-21 所示。

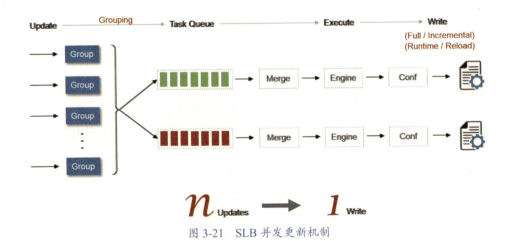

图 3-21　SLB 并发更新机制

2. 健康检测瓶颈问题

SLB 的另一个核心功能是健康检测，需要以一定频率对应用服务器进行心跳检测，并在连续失败多次后对服务器进行拉出操作，在成功后再对该服务器进行拉入操作。大多数公司采用了节点独立检测，如图 3-22 所示，造成了带宽浪费和服务器压力增大。携程研发了独立健康检测系统 Health Checker，实现了节点共享检测，如

图 3-23 所示，可以把检测结果在 SLB 节点间进行传播共享。

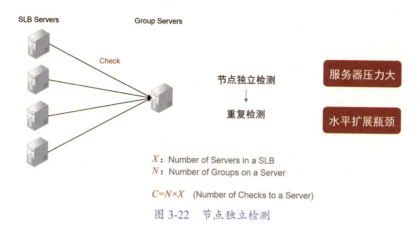

图 3-22 节点独立检测

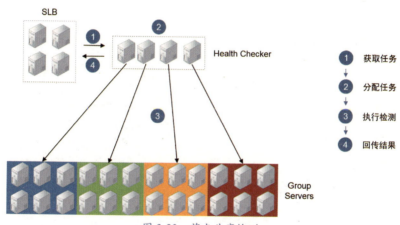

图 3-23 节点共享检测

目前，携程独立健康检测系统运行良好，负载携程十多万个节点的健康检测任务。由节点独立检测变更为节点共享检测时的 SLB 单一服务器网络连接释放状况如图 3-24 所示。

3．多用户运维冲突问题

一个 Group 可能会被多种角色变更，如应用开发人员、专业运维人员和发布系统人员等。这就产生了一个新的问题，即当一种角色对一个 Group 的服务器进行拉出操作后，另一种角色是否可以对这些服务器进行拉入操作呢？比如，发布系统人员在发布完成后，准备进行拉入操作，却发现运维人员对这台服务器进行了拉出操作，这时发布系统应该如何决策？这不仅造成系统的困扰，也会使不同的角色产生联系，甚至相互耦合。为了解决这个问题，我们决定采用多状态机制，其原理如图 3-25 所示。

图 3-24　节点共享检测的效果

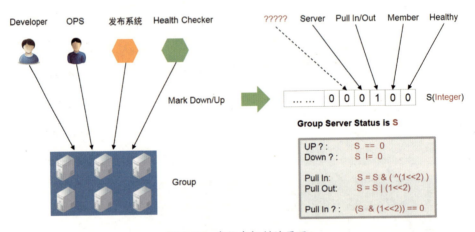

图 3-25　多状态机制的原理

- 为每种角色分配一个服务器状态。
- 一种角色对一个服务器状态进行了失效操作，就只能由该角色对其进行恢复操作。
- SLB 在所有角色都认为这台服务器有效时，才会认为这台服务器可接入流量。

3.6　API Gateway

API Gateway（网关）是携程重要的基础组件之一。目前，API Gateway 负责处理几乎全部的用户 API 请求，包括来自移动 App、H5 站点、微信、支付宝、小程序、集团子公司、合作伙伴的请求。

携程的 API Gateway 在 2014 年研发上线，主要是为了解决移动端无线耦合的问题。当时后端无线服务只有一个应用,所有的业务逻辑被存放在一个应用进程中,导致各部门的业务和人员耦合在一起,产生了低效、扩展受限、风险高等问题。最终,携程决定将这个应用解耦,并将业务逻辑拆分到各个业务部门中,所以开始研发 API Gateway。API Gateway 在上线后,将无线流量接管、进行收口,顺利推动了无线解耦工作,并通过后续的不断研发来满足新需求,从而应用到更多的场景中。

下面从两个方面介绍 API Gateway。

3.6.1 API Gateway 的架构设计

在 API Gateway 上线后,客户端发往后端服务的请求不再直接发往后端服务,而是统一发往 API Gateway,再由 API Gateway 分发给正确的后端服务。携程的 API Gateway 部署架构如图 3-26 所示。

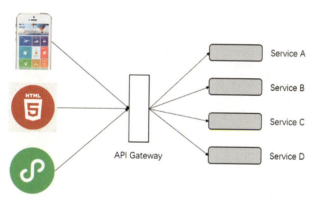

图 3-26　API Gateway 部署架构

API Gateway 的优点:一是内外网解耦,即外网客户端和内网服务解耦,在保持外网客户端不变的情况下,可以通过这个中间层调整内网服务的实现,如多版本比较、服务升级、服务拆分合并,还可以对请求进行一些加工,如增加 Header 等;二是规范化,由于请求是由 API Gateway 统一接收和分发的,会促使客户端在发送请求和接收请求时实现规范化,并且各部门采用相同的技术,有助于服务治理、降低复杂度、统一开发人员技术栈、降低人力成本;三是安全,由于 API Gateway 具有收口作用,所有的安全问题可以在此集中解决,从而保护内网,如集成反爬功能和认证功能;四是限流、熔断,在 API Gateway 上实现限流、熔断,限流可以避免内网被突发流量压垮,熔断可以在服务出现问题时给予服务恢复的机会;五是监控告警,可以在 API Gateway 上进行流量监控和流量告警。

通过上面的介绍可以总结出 API Gateway 的核心功能。

- 路由分发。
- 反爬、认证。
- 请求加工。
- 跨域处理。
- 限流、隔离、熔断。
- 监控告警。

携程的 API Gateway 最初是基于 Netflix Zuul 研发实现的，用于解决 HTTP API 请求，可以被称为 HTTP Gateway，后来又借鉴其实现，使用 Netty 研发了 TCP Gateway，用于处理携程私有 TCP 协议的 API 请求。目前，携程已经研发了七大类 Gateway，分别具有不同的用途。在这个过程中，有几点值得和大家分享，分别是 SOA 协作集成、Filter 机制、动态部署。

首先介绍 SOA 协作集成。SOA 的本意是面向服务架构，同时是携程微服务框架的名称。API Gateway 最重要的功能就是将请求转发给内网服务，而内网服务中最多的就是 SOA 服务。为了减少开发人员的学习成本和使用成本，同时加快 API Gateway 的上线速度并使其被快速使用，我们将 API Gateway 的路由功能集成到 SOA 治理系统中，开发人员可以轻松地将一个已有的内网服务通过 API Gateway 开放给外网使用，如图 3-27 所示。

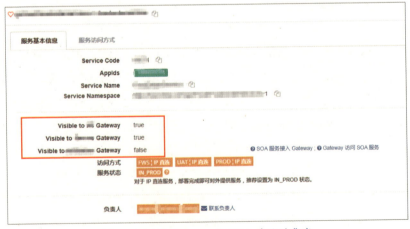

图 3-27 API Gateway 与 SOA 系统的集成

API Gateway 使用 Filter 机制将功能拆分成不同的 Filter，如图 3-28 所示。

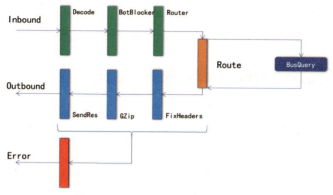

图 3-28 API Gateway 的 Filter 机制

根据请求的生命周期，Filter 机制将 Filter 分成了 4 种类型，分别用于在请求的不同阶段插入功能。

- Inbound（预处理）：用在向后端服务转发请求前，如反爬功能。
- Route（路由）：将请求向后端服务转发的执行者，如限流、熔断功能。
- Outbound（后处理）：用在向后端服务转发请求后、开始接收响应的阶段，如在响应中增加一些 Header。
- Error（错误）：在上述阶段发生错误后，跳转到此阶段进行处理。

通过研发或更新 Filter，可以实现 API Gateway 功能的增加或更新。API Gateway 实现了 Filter 的动态加载机制，极大地提升了变更效率，如图 3-29 所示。将 Filter 的源码文件存储在磁盘上，在需要更新 Filter 功能时，只需要更新磁盘上的源码文件即可。API Gateway 会检测到被更新的 Filter 源码文件，从而将 Filter 源码文件加载到内存中，再动态编译成 Class 类文件。在得到 Class 类文件后，会对其进行实例化并得到新的 Filter 实例，再使用新的 Filter 实例替换正在使用的实例，最终实现 API Gateway 功能的动态更新。

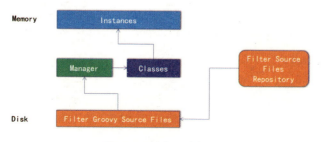

图 3-29 动态加载机制

为了最大效率地使用 API Gateway 的 Filter 动态加载机制，携程研发了 Filter 管理发布系统，使 API Gateway 实现了分钟级发布和回滚，如图 3-30 所示。

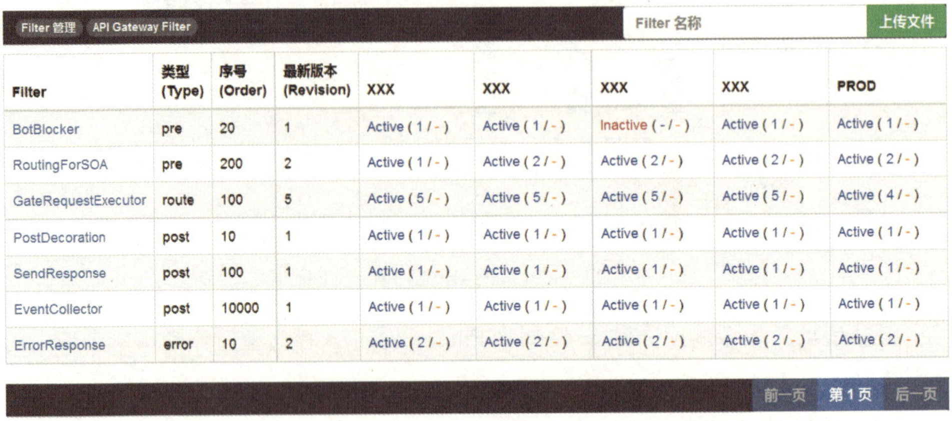

Filter 管理 API Gateway Filter | Filter 名称 | 上传文件

Filter	类型 (Type)	序号 (Order)	最新版本 (Revision)	XXX	XXX	XXX	XXX	PROD
BotBlocker	pre	20	1	Active (1 / -)	Active (1 / -)	Inactive (- / -)	Active (1 / -)	Active (1 / -)
RoutingForSOA	pre	200	2	Active (1 / -)	Active (2 / -)	Active (2 / -)	Active (2 / -)	Active (2 / -)
GateRequestExecutor	route	100	5	Active (5 / -)	Active (5 / -)	Active (5 / -)	Active (5 / -)	Active (4 / -)
PostDecoration	post	10	1	Active (1 / -)	Active (1 / -)	Active (1 / -)	Active (1 / -)	Active (1 / -)
SendResponse	post	100	1	Active (1 / -)	Active (1 / -)	Active (1 / -)	Active (1 / -)	Active (1 / -)
EventCollector	post	10000	1	Active (1 / -)	Active (1 / -)	Active (1 / -)	Active (1 / -)	Active (1 / -)
ErrorResponse	error	10	2	Active (2 / -)	Active (2 / -)	Active (2 / -)	Active (2 / -)	Active (2 / -)

前一页 第 1 页 后一页

图 3-30　Filter 管理发布系统界面

图 3-31 所示为 Filter 的发布机制，可以对 API Gateway 的 Filter 进行管理，并加入版本信息。从 Filter 列表中可以看到所有的 Filter 信息，包括类型、优先级、各个环境使用的版本等。打开一个具体的 Filter 条目，可以对其进行运维操作，对某个环境进行灰度上线、发布或回滚。所有操作都可以实现秒级或分钟级生效，效率远远高于传统发布的效率。

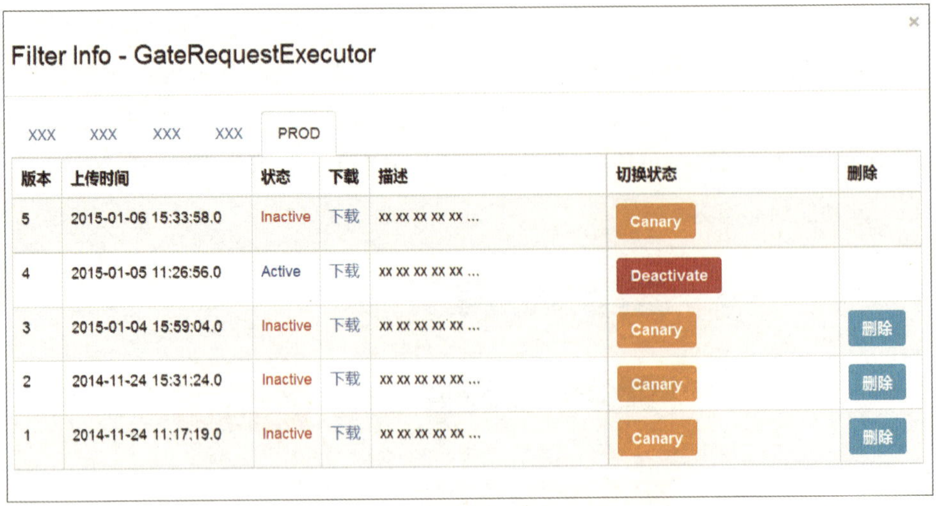

Filter Info - GateRequestExecutor

XXX XXX XXX XXX PROD

版本	上传时间	状态	下载	描述	切换状态	删除
5	2015-01-06 15:33:58.0	Inactive	下载	xx xx xx xx xx ...	Canary	
4	2015-01-05 11:26:56.0	Active	下载	xx xx xx xx xx ...	Deactivate	
3	2015-01-04 15:59:04.0	Inactive	下载	xx xx xx xx xx ...	Canary	删除
2	2014-11-24 15:31:24.0	Inactive	下载	xx xx xx xx xx ...	Canary	删除
1	2014-11-24 11:17:19.0	Inactive	下载	xx xx xx xx xx ...	Canary	删除

图 3-31　Filter 的发布机制

3.6.2 API Gateway 在携程的使用

前文已经提到，API Gateway 目前已经发展为七大类，分别被用于不同的场景。

- HTTP Gateway：核心网关，用于处理用户的 HTTP API 请求，如 H5 站点。
- TCP Gateway：核心网关，用于处理用户的 TCP 请求，如移动端 App。
- PCI Gateway：支付网关，用于处理和支付相关的高安全性请求。
- Ctrip Group Gateway：携程集团网关，用于处理携程集团分公司之间的 API 请求。
- WebSocket Gateway：小程序网关，支持 WebSocket 协议，用于处理微信、支付宝的小程序的 API 请求。
- Affiliation Gateway：同盟商网关，用于处理公司合作伙伴的 API 请求。
- Message Gateway：消息网关，可以将消息通过订阅的方式暴露。

API Gateway 的一个重要功能是构建访问标准，例如，Ctrip Group Gateway 建立了携程集团三大分公司之间的访问标准，组成了内联网，如图 3-32 所示。

图 3-32　携程集团内联网设计

API Gateway 的另一个重要功能是性能优化。为了提升请求速度、成功率、稳定性，API Gateway 和无线框架一起构建了 App 请求的 TCP 隧道，将 HTTP 请求包装成私有的 TCP 请求在 App 和 API Gateway 之间进行传输，如图 3-33 所示。

App 请求的 TCP 隧道的工作机制如下所述。

- 前端开发人员在移动 App 中通过 AJAX 方式发送一个 HTTP 请求。
- 无线框架会劫持这个请求，将其包装成一个私有 TCP 协议请求，并发往 TCP Gateway。

- TCP Gateway 在收到请求后，会将请求剥离、还原成一个 HTTP 请求，并发往目标服务。
- 目标服务在收到 HTTP 请求后，会处理并返回一个 HTTP 响应。
- HTTP 响应经历相同的包装和剥离过程。

图 3-33 App 请求的 TCP 隧道

通过上面的机制可以看出，前端开发人员和后端服务开发人员处理的都是 HTTP 请求和响应，而网络通信使用的是 TCP 私有协议，所以整个过程对开发人员透明，没有增加开发人员的工作。此机制的优势包括 3 个方面：一是可以避免 DNS 劫持；二是可以提高性能，因为省略了 DNS 解析且使用了可控长连接；三是可以提高请求成功率，因为完全接管了网络通信，可以进行灵活多变的路由选择并使用重试机制。

3.7 本章小结

本章结合携程的实际场景，介绍了大型互联网在用户接入层的一些实现机制，以及携程在实现过程中的一些经验，希望读者能够了解以下内容。

- 从用户端到网站数据中心的访问途径，以及 GSLB 技术和智能 DNS 的实现原理。
- 如何通过 CDN 技术提升网站访问体验，以及携程在使用 CDN 技术上的经验。
- 负载均衡在大型网站架构中的用途、实现原理及优化方法。
- 七层负载均衡在携程的使用场景和配套管理手段的实现。
- 服务网关的作用及其在携程的设计与使用状况。

第4章 呼叫中心

"自古守边,不过远斥堠,谨烽火。蓟镇以险可恃,烽火不修久矣。缘军马战守应援,素未练习分派,故视烽火为无用。今该议拟呈会督抚参酌裁订。凡无空心台之处,既以原墩充之,有空心台所,相近百步之内者,俱以空心台充墩。大约相去一二里,梆鼓相闻为一墩,每墩设军五名,计减滥设墩军,不下数千,省费不赀。墩之相去,惟以视见听闻为准,不相间断,近台者听守台百总调度。不近台者听信地百总调度,烽号赏罚,立为哨守条约,分给官军习学遵行。"

——戚继光《练兵实纪》

高效、高质量的通信自古以来都是人们所追求的目标,围绕军事、政令、个人通信等需求,人们尝试过通过各种技术手段提升通信的效率。从古代的烽火台、直道、驿站,到现代的无线电、电话、手机等,人们不断地开发各种新技术,其目的就是从时间上拉近通信双方的距离,保证信息的有效传递。

自携程创立以来,呼叫中心就一直扮演着非常重要的传递信息的角色,并与公司一同发展壮大。经过近20年的迭代,携程的呼叫中心系统已经演进到第五代,即携程自主研发的基于FreeSWITCH的软交换系统、交互式语音应答系统、微信Server、邮件系统、无线IM Server的全渠道、全媒体客服云系统。

那么,基于现有可扩展架构的这套客服云系统为携程的客服业务提供了什么样的支撑呢?下面从几个方面进行介绍。

- 多渠道。

目前，该系统支持传统电话、VoIP 电话、IM、微信公众号、邮件等通信渠道的接入。

- 多地域。

目前，携程的坐席人员分布在全国及国外各地，包括国内的上海、南通、合肥、如皋、信阳等城市，以及国外的英国、韩国、日本等国家。

- 多业务。

目前，该系统支撑着携程超过 200 个场景及大约 20000 个坐席人员的服务业务落地。

- 多语种。

目前，该系统支持中文、英语、日语、韩语、法语、俄语等多语种。

- 海量会话。

目前，该系统支持的电话日均通话量在百万次以上，而 IM 会话日均消息量在千万条以上。

上述场景的背后是一套什么样的架构体系在提供服务支撑呢？携程为何会选择建设这样一套架构体系呢？本章内容将给出答案。

传统的客服运营通常面临六大痛点，即沟通形式单一、信息碎片化、智能化程度低、效率低下、移动性不足、成本高昂。在企业发展壮大的过程中，传统的客服运营会逐渐成为制约企业业务发展的瓶颈。鉴于此，携程研发了一套基于云和容器化的软呼叫中心及客服平台，并且引入了场景化的 AI 能力，以期在源头上消除上述六大痛点。

目前，携程的客服云系统如下：

客服云系统 = 软交换云平台（公有云 / 私有云）

+ 全渠道坐席（Call/Chat/IM/SNS）

+ 全媒体坐席（Voice/Txt/Pic/Video）

+ 多模式（集中 / 在家 / 移动）

+ AI 引擎（客服机器人 / 语义解析……）

+ CRM、工单系统、知识库

4.1 软交换系统 SoftPBX

4.1.1 携程软交换系统现状

SoftPBX 是携程平台研发中心云客服团队自主研发的一套呼叫中心电话系统，该系统以开源软交换 FreeSWITCH 和 OpenSIPS 为核心，同时还包含 CTI 系统、录音系统、坐席状态监控系统等。目前，该系统已稳步运行多年，可以全面支撑携程各业务线客服的呼叫中心应用场景，同时在上海、南通、法兰克福进行了多 IDC 部署，坐席人员分布在上海、南通、合肥、信阳等城市，以及英国、韩国、日本等国家，日均呼叫量超过百万。

4.1.2 软交换架构与信令路径

SoftPBX 的基础架构如图 4-1 所示，在此以电话呼入为例说明其通信过程。

（1）携程客户、供应商通过公共交换电话网（PSTN）呼入携程，经网关（Gateway，GW）到达会话管理服务（SoftSM）。

（2）SoftSM 将呼叫引导到携程语音菜单（SoftIVR），由用户根据 SoftIVR 语音播报，并使用按键选择不同的业务，然后 SoftIVR 将电话转移请求发送给 SoftSM。

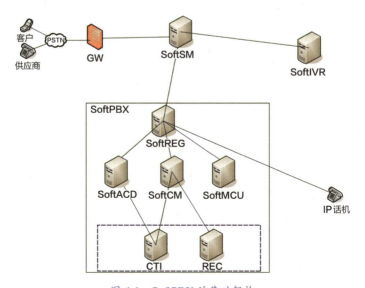

图 4-1 SoftPBX 的基础架构

（3）SoftSM 将呼叫引导到对应业务，如机票、酒店、度假等所在的电话系统

（SoftPBX）。

（4）当呼叫到达指定的 SoftPBX 系统时，由 SoftPBX 将呼叫转移到对应的业务技能组进行电话自动分配（SoftACD），直到被坐席人员接听。

其中各组件定义如下所述。

- SoftSM（Session Management）主要负责多套系统及不同服务间的呼叫寻址路由。
- SoftIVR（Interactive Voice Response）主要负责语音导航播报。
- SoftREG（Register）主要负责坐席电话的注册服务（如 IP 话机、软电话、WebRTC 等），同时负责系统内的呼叫路由。
- SoftACD（Automatic Call Distribution）主要负责进线呼叫的排队和坐席技能组的呼叫分配。
- SoftCM（Communication Management）主要负责通话双方的媒体处理（本系统对呼叫进行了信令传输和媒体分离）。
- SoftMCU（Multipoint Control Unit）主要负责多方通话，如电话会议、IVR 敏感信息采集等。
- CTI（Computer Telephony Integration）是 CTI 中间件服务，主要负责呼叫协议转换（非标协议转 CSTA 协议），以及电话、坐席状态变化事件的分发等。
- REC（Recorder）主要负责坐席人员与客户通话过程中的呼叫录音。

4.1.3 组件规划与分布

SoftPBX 的核心实现如图 4-2 所示，由于 FreeSWITCH 本身是单体式部署的，所以我们基于 FreeSWITCH 的各个模块将 SoftPBX 的各功能组件进行了独立封装，将它们划分为注册、分配、媒体、会议等功能组件，这是为了满足携程大体量、高复杂度业务的需求，尤其对于机票、酒店等呼叫量大的复杂业务而言，FreeSWITCH 原生的单体式结构是无法满足需求的。

下面是 SoftPBX 的一些核心组件介绍。

- 基于 OpenSIPS，我们开发了 SoftSM 和 SoftREG，该服务主要使用了 OpenSIPS 的呼叫路由功能和 SIP 客户端注册功能，由 OpenSIPS 处理 SIP 信令，而媒体的交换由 SoftCM 完成。

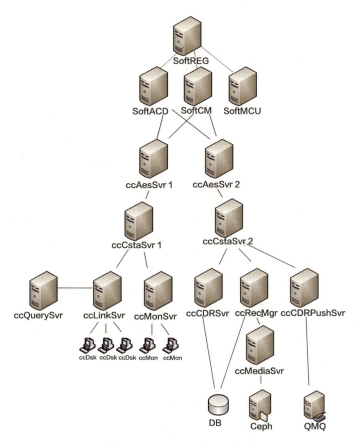

图 4-2 SoftPBX 的核心实现

- 基于 FreeSWITCH，我们开发了 SoftACD、SoftCM 和 SoftMCU，其中，SoftACD 主要使用了 FreeSWITCH 的电话分配功能，并对原 mod_callcenter 进行了重构，保留了坐席状态切换机制和电话分配方式，同时增加了电话组间溢出、电话异地分配等功能。
- ccAesSvr（Application Enablement Server）是一个 PBX 中间件服务，该服务的主要功能是对 FreeSWITCH ESL 接口中的非标消息及 API 进行封装，实现 CSTA 协议（Computer Supported Telecommunications Applications）中的部分功能。
- ccCstaSvr 主要对基于 CSTA 协议的呼叫、坐席数据进行实时计算，如呼叫排队、通话状态、坐席状态等，同时对数据进行简化和抽象后分发给不同的服务进行消费，并将各服务的请求转发给 ccAesSvr，下面介绍的几个组件都是其消费者。
- ccLinkSvr 是坐席 PC 软电话（ccDsk）的服务，该服务只处理信令、请求等事件信息，如坐席登录、坐席登出、发起呼叫、呼叫转移、三方会议等。
- ccMonSvr（Agent Monitor）是坐席监控软件（ccMon）的服务，该服务实时接收坐席、呼叫的相关数据，并将数据进行汇总、统计后发送给 ccMon，便于现场管理人员调整坐席资源。
- ccRecMgr（Recorder Manager）是录音服务，该服务通过监视坐席分机的实时状态对电话呼叫进行录音。目前的录音模式是观察者（Observe）模式，当该服务首次收到某个分机的呼叫事件时，如外呼或振铃事件，就会向 PBX 发起录音请求，在 PBX 收到请求后，一旦该分机有通话行为，就会将该分机的语音包发送到 ccRecMgr 指定的 IP 地址和端口上，即 ccMediaSvr 所在的服务器，而 ccMediaSvr 则负责接收语音包，并在通话结束后，将语音文件上传到 Ceph 服务器，同时将录音文件信息及路径写入数据库中。
- ccCDRSvr（Call Detail Record）是坐席、呼叫数据的记录服务，该服务主要负责将呼叫中心的坐席登录数据、电话呼叫数据写入数据库中。
- ccCDRPushSvr 的作用类似于 ccCDRSvr，区别在于后者会将数据保存到数据库中，而前者则会将数据推送至消息队列，供其他系统及业务侧进行消费。

综上所述，从功能实现方面来看，FreeSWITCH 虽然自带 CDR 功能和录音功能，但我们并没有使用其原生的功能，这样做是基于以下几点考量的。

（1）FreeSWITCH 是开源项目，功能越多，Bug 可能越多，而只使用媒体交换功能，可以在一定程度上保障 FreeSWITCH 的稳定性和单机处理能力。

（2）将 CTI 和录音剥离，虽然会增加一定的开发工作量，但分层更清晰，可以提高系统的扩展能力，实现多功能、多服务，以及高内聚、低耦合。

（3）在高可用（HA）方面，不同的服务可以采用不同的 HA 策略，如 SoftCM 用于处理呼叫媒体切换，为了保证当服务出现故障时，呼叫不中断，使用"Corosync+Packmaker"的方式，通过浮动 IP 热备服务，实现对其他服务透明。CTI 服务主要处理信令，因此采用了负载均衡的方式，在服务器断开后，会调用服务自动连接到另一台服务器，以保障正常工作。而录音服务比较消耗服务器资源，并且对网络 IO 消耗比较大，因此采用了"N+1"的方式，由一台服务器备份多台服务器，可以在故障时自动切换。

4.1.4 应用场景

场景一：电话客服

电话客服是 SoftPBX 的主要应用场景，携程在 SoftPBX 的基础上，为坐席人员开发了对应的桌面软电话（见图 4-3），以便于坐席人员接听、拨打电话，提高工作效率，同时保证在客户来电时快速地关联客户信息，了解客户需求。

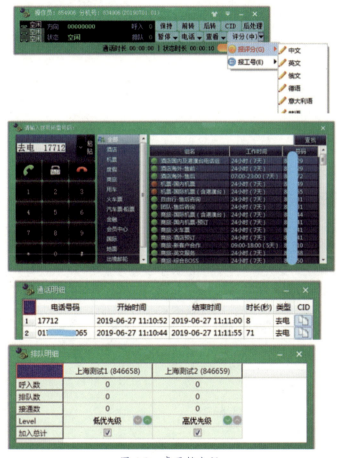

图 4-3　桌面软电话

场景二：网络电话

目前，到国外旅游的客户越来越多，当客户身处国外且需要服务时，让客户在第一时间联系到携程客服，并且不增加客户的通信成本，一直是携程追求的目标。携程旅行 App 为客户提供了网络电话入口（见图 4-4），以便于客户联系客服人员。

图 4-4 网络电话入口

场景三：呼叫转接

保护客户信息一直是携程业务运营的重中之重，为了有效地保护客户信息，防止信息泄露，携程对呼出方和呼入方的号码进行了保护（见图 4-5）。另外，这样也方便从通信链路上对第三方供应商的服务质量进行监管，并且在客户和供应商发生分歧时，可以有效地介入。

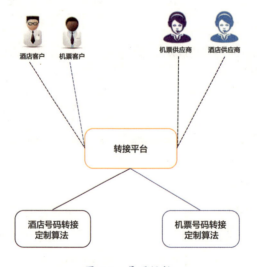

图 4-5 号码保护

4.2 交互式语音应答系统 SoftIVR

4.2.1 什么是交互式语音应答

IVR（Interactive Voice Response，交互式语音应答）是呼叫中心领域的一个核心产品，如 Avaya、Genesys、华为等商用 IVR 产品，可以应用于与语音相关的各种场景中，如语音导航、自助服务、用户分层、外呼回呼等。

SoftIVR 是携程云客服平台研发部研发的一套软件，用来替代商用 IVR 产品，目前应用于携程各呼叫中心、携程极联云客服等。

用户呼入携程呼叫中心，如 10106666，会听到类似的语音播报："欢迎致电携程，酒店请按 1，国内机票请按 2，港澳台及国际机票请按 3，旅游度假请按 4，用车服务请按 5，火车票、汽车票、船票请按 6，购物礼品卡、金融请按 7，会员中心请按 # 号键，Other language please press nine。"这就是基于 SoftIVR 构建的 IVR 流程为用户提供携程 IVR 主菜单的语音导航服务，如图 4-6 所示。

图 4-6　IVR 流程示例

4.2.2 SoftIVR 架构与特点

携程自研的 SoftIVR 平台是一套涵盖 IVR 完整生态的软件，包含 IVR 流程中从开发、测试至运行、维护所涉及的一系列组件。

SoftIVR 基础架构如图 4-7 所示。

- LBService：SoftIVR 平台负载均衡服务，此组件实现了将呼叫分配给不同的 MediaService 的功能。
- MediaService：SoftIVR 平台媒体服务，此组件实现了呼叫语音媒体处理、呼叫控制的功能。
- Middleware：SoftIVR 平台中间件，此组件协同 MediaService 实现了呼叫语音媒体处理、呼叫控制的功能。

- Cache：SoftIVR 平台缓存，此组件实现了呼叫实时数据的存储功能。
- RouteService：SoftIVR 平台路由服务，此组件实现了将进入 SoftIVR 平台的呼叫路由到不同 IVR 业务流程应用的功能。
- Flow：SoftIVR 平台 IVR 业务流程应用，此组件实现了通过各种 IVR 流程模板来控制 IVR 业务流程流转的功能。
- Log&Auth：SoftIVR 平台统一流程日志服务、配置权限控制服务。
- Portal：SoftIVR 平台配置，此组件提供了 SoftIVR 平台的配置管理界面。

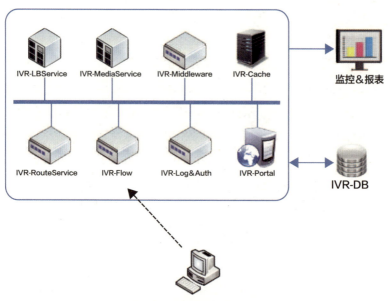

图 4-7　SoftIVR 基础架构

SoftIVR 平台功能组件架构如图 4-8 所示。

- 接入层：SoftIVR 平台的总入口，负责呼叫的信令传输、媒体接入，呼叫处理的分配，呼叫媒体和呼叫控制的最终处理。
- 服务层：为应用层提供基础服务，协同接入层实现 IVR 各种系统功能。
- 应用层：包含 SoftIVR 平台的流程开发环境（FlowIDE、SDK）、测试环境（TestTool）、维护环境（配置管理、监控）、实现各种 IVR 业务的应用（定制 IVR 流程、动态 IVR 流程、报表）。应用层面向的是 IVR 流程的开发者和运维者。

图 4-8　SoftIVR 平台功能组件架构

携程的日均电话呼入量非常高，所以作为电话入口的 SoftIVR 平台在架构层面就需要支撑高并发、高可用场景，其主要架构特点如下所述。

（1）高可用。

- 实现上海、南通双 IDC 部署，当某个 IDC 出现故障时，另一个 IDC 可以继续提供服务。
- 双路由保障。当第一路由异常时，能够自动切换到第二路由。
- 集群化部署。服务节点可以横向扩展，实现集群化部署。
- 多重保底机制。在通信机制上采用重试、溢出、降级服务、默认保底策略等，保证服务可靠运行。

（2）高性能 & 可扩展。

- 分层解耦。架构上可分为接入层、媒体处理层、流程处理层等，各分层间完全解耦。
- 水平扩展。各分层间可以按需扩展，扩展时不会对其他层产生影响，实现平滑扩容。
- 使用缓存提高性能。使用 Redis 等缓存中间件，降低数据库访问压力，提高服务性能。

- 采用消息队列。对内和对外通过消息队列进行数据传递，降低组件依赖性，便于快速扩展业务。

（3）灵活 & 便捷。

- 可视化。通过封装可视化组件，在进行流程的开发和运维时可以实现所见即所得，更简单、更轻便。
- 即时生效。流程编辑和配置发布后即刻生效，无须对应用或者服务进行重载或重启。
- 支持灰度发布。允许同时运行多个流程版本，允许对不同流程版本进行流量控制。

4.2.3 信令传输流程与核心组件

SoftIVR 平台包含一系列组件，本节会对一次电话呼叫从进入 SoftIVR 平台到离开 SoftIVR 平台的整体流程进行简要介绍，并选取其中两个组件进行讲解。

SoftIVR 平台呼叫处理的流程如图 4-9 所示。

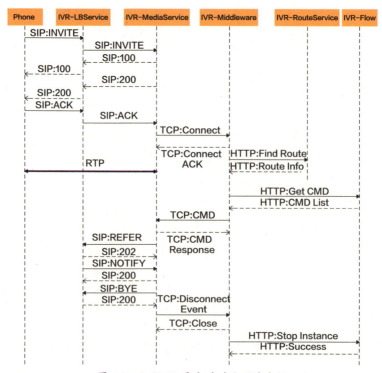

图 4-9 SoftIVR 平台呼叫处理的流程

（1）LBService 基于开源软件 OpenSIPS 构建，会按照预先设计的分配策略，将呼叫分配给不同的 MediaService。分配策略包含负载均衡策略、优先第一路由策略等。

（2）MediaService 基于开源软件 FreeSWITCH 构建，在呼叫抵达 MediaService 后，它将发起向 Middleware 的 TCP 长连接，将呼叫的控制权转移至 Middleware。MediaService 与 Middleware 基于 ESL 外联模式进行交互。

（3）Middleware 向 RouteService 发起 HTTP 请求，RouteService 查询 DB 并在获取该呼叫对应的 Flow 地址后返回给 Middleware。

（4）Middleware 向 Flow 发起 HTTP 请求，Flow 查询 DB 并在获取该呼叫本次请求对应的命令后返回给 Middleware。

（5）Middleware 向 MediaService 发起 TCP 请求，请求 MediaService 执行 Flow 命令，MediaService 在执行完 Flow 命令后将结果返回给 Middleware。

（6）重复步骤 4 和步骤 5。

（7）当通话双方中的一方结束通话时，MediaService 会断开和 Middleware 的 TCP 连接。

（8）Middleware 向 Flow 发起 HTTP 请求，通知 Flow 呼叫结束。

（9）Flow 进行实例销毁。

下面对 Middleware 的实现（简称 MPP，Media Process Platform）进行简要介绍。MPP 协同 MediaService 实现了呼叫语音的媒体处理和呼叫控制的功能。媒体处理包括播报录音文件、播报 TTS、语音采集、DTMF 采集等；呼叫控制包括呼叫转移、呼叫挂断等。MPP 模块构成如图 4-10 所示。

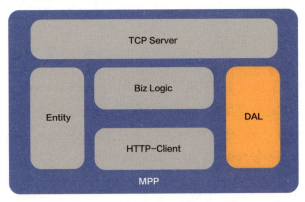

图 4-10　MPP 模块构成

各模块的具体实现如下所述。

（1）TCP Server：MPP 与 MediaService 的通信模块。该模块是一个独立的 Project，以 jar 包的形式供其他项目引用。该模块采用 Netty 开源通信框架来搭建 TCP Server 服务，并且基于 ESL 实现 MPP 与 MediaService 之间的通信（ESL：Event Socket Library，是开源软件 FreeSWITCH 提供的一套交互 API）。

（2）Entity：数据模型定义模块。该模块也是一个独立的 Project，以 jar 包的形式供其他项目引用。该模块定义了 MPP、RouteService、Flow 用到的数据模型，如请求对象、响应对象、操作命令对象、公用常量等。

（3）DAL：数据库访问层功能模块。该模块负责对数据库进行 CURD 操作，并基于 MyBatis 实现对 DB 的操作。

（4）HTTP-Client：RESTful 接口调用工具模块，是基于 Apache HttpClient 库实现的发送 POST 请求的工具。

（5）Biz Logic：业务逻辑模块。该模块主要实现 MPP 与 MediaService、MPP 与 RouteService、MPP 与 Flow 进行交互的业务逻辑处理，以及实现电话控制的 HA 等。

App 也是 SoftIVR 的一个组件，主要用于 SoftIVR 的流程处理，其核心是 Flow 的设计和控制流。

Flow 即 IVR 业务流程应用，IVR 流程最终都是在 Flow 中落地以实现不同的 IVR 业务场景的，如语音导航流程、自助服务流程等。

为了方便 Flow 的快速开发，我们在 App 内实现了 Flow Server 组件，Flow Server 对流程进行了抽象，对流程开发者屏蔽了流程激活、实例启动、实例终止、流程节点跳转实现的细节，并封装了与 MPP 的交互 API。所以，流程开发者可以基于 App 组件快速定制各种 IVR 业务流程。

App 模块构成如图 4-11 所示。

各模块的具体实现如下所述。

（1）Entity：数据模型定义模块。该模块是一个独立的 Project，以 jar 包的形式供其他项目引用。该模块定义了 App 各子模块用到的数据模型。

（2）Flow Server：通用流程服务模块，也是独立的 Project，以 jar 包的形式供其他项目引用。该模块主要包含以下两个子功能模块。

- Flow Service：流程服务接口，为 SAL 的访问控制层提供流程操作服务，如启动流程实例、删除流程实例、触发流程消息、读写流程变量等操作。

- Event Bus：Flow Service 与流程进行信息交互的桥梁，基于事件模式，对交互数据进行维护。

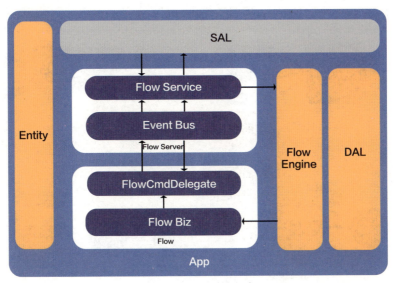

图 4-11　App 模块构成

（3）Flow Engine：流程引擎。该模块基于开源、轻量级工作流业务管理平台 Activiti 实现，负责管理流程的节点信息，并提供对数据库进行 CURD 操作的接口。

（4）DAL：数据库访问层功能模块。该模块负责对数据库进行 CURD 操作，并基于 MyBatis 实现对 DB 的操作。

（5）SAL：提供 RESTful 接口服务的访问层模块，是独立的 Web Project，以 war 包的形式供其他流程项目引用。该模块基于开源框架 Spring、Spring MVC 实现。

（6）Flow：独立的 Web Project，该模块主要包含以下两个子功能模块。

- FlowCmdDelegate：流程命令代理，是所有 IVR 命令（如呼叫转移、呼叫挂断）代理类的基类。该模块会根据各业务流程节点所设置的参数，生成各种 IVR 命令，并传送至 Event Bus。
- Flow Biz：业务逻辑模块。该模块主要基于 Flow Server 流程定义来控制流程流转，包括根据流程定义 bpmn 文件提供具体流程、实现各流程节点间的跳转逻辑，比如，在执行"放音收号"命令后，根据 MPP 返回的客户按键信息，判断下一步跳转至哪一个流程节点。

4.2.4 应用场景

前文已经提及，IVR 可以应用于与语音相关的各种场景中，如语音导航、自助服务、用户分层、外呼回呼等，如图 4-12 所示。

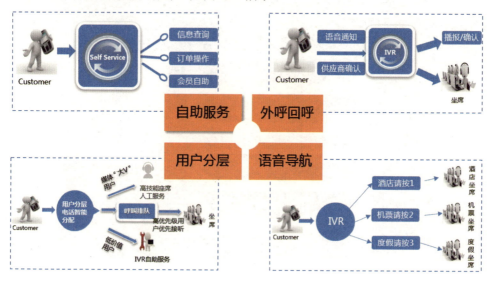

图 4-12 SoftIVR 应用场景

场景一：语音导航

传统的语音导航都是通过按键交互实现的，如上文提到的场景。

随着 ASR（Automatic Speech Recognition，自动语音识别）、语义识别等技术的发展，传统语音导航也在向智能语音导航发展，即使用语音交互的模式替代之前的按键交互的模式。智能语音导航的优势在于，可以"解放"用户的手，让用户用语音替代按键操作；采集内容的灵活性得到极大的拓展，因为按键交互仅能采集按键，语音交互可以采集开放性的内容；在复杂、多层级的 IVR 菜单导航场景下，可以将菜单扁平化，使用户可以快速导航至其需要进入的业务节点。智能语音导航的挑战在于对 ASR、语义识别的准确率有极高的要求。

场景二：自助服务

在早期的呼叫中心中，IVR 主要具有导航的功能，即在用户呼入企业呼叫中心后，IVR 会把用户导航给相关业务的人工坐席。

随着 TTS（Text To Speech，文本转语音）等技术的发展，以及人力成本的持续上升，越来越多的业务被迁移到 IVR 中实现。IVR 可以提供 7×24 小时的服务，用户不需要在人工坐席处排队，这样就能在节省企业呼叫中心成本的同时，提升用户的满意度。

目前，携程有多个业务线都提供了 IVR 自助服务，如酒店 IVR 自助，用户可以在 IVR 中完成酒店订单的信息查询、取消、催确认或重发确认短信等操作，并且如果用户在 IVR 自助中碰到困难，也可以快速转接至人工坐席处继续处理。

场景三：用户分层

海量用户是大型企业的特点之一，个性化的用户服务是做好精益服务的立足点。对于呼入呼叫中心的用户而言，我们可以根据用户的主被叫号码、用户关联的订单信息等进行用户的分层。例如，不同渠道的来电用户可能由不同的专属客服技能组坐席人员接听，在识别出此类用户后，可以在 IVR 中直接路由至坐席队列，节省用户在 IVR 菜单中的选择时间；也可以基于来电用户的历史订单、用户类型等信息，识别出当前呼入用户的层级，不同层级的用户对应不同服务技能的坐席人员。所以，用户分层无论对提升坐席人员的工作效率还是对提升用户的服务体验，都有很大的帮助。

场景四：外呼回呼

除了用户呼入业务，呼叫中心还涉及大量的自动外呼业务。例如，携程使用于 B（Business，商户）端，呼叫酒店供应商进行酒店房态的确认；携程使用于 C（Customer，客户）端，在机票航班变更时呼叫用户进行机票变更的确认等。当呼叫接通后，自动外呼系统会自动将呼叫转移至相应的 IVR 流程中，由 IVR 进行通知播报或用户信息采集，这就是外呼回呼的使用场景。

4.3 全渠道客服云系统

4.3.1 全渠道客服云系统的意义

为了提高客服的在线服务质量，从 2017 年开始，携程云客服平台研发部开始规划设计新一代的全渠道客服云系统 IM+，如图 4-13 所示。IM+ 将多种沟通渠道整合于一体，使客服人员能够全方位地触达用户，提供比原客服系统更为全面、便捷的服务，进而实现优质的客户体验。目前，本系统已经应用于携程内部和一些 B 端企业中。

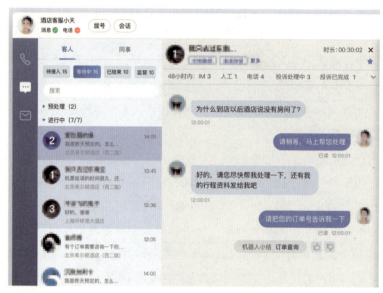

图 4-13　全渠道客服云系统 IM+

目前，IM+ 已经上线运行，并成功接入携程内部的 200 多条业务线，平均每日在线客服人员约 4000 人，平均每日人工会话次数超过 10 万次，客服人员整体效率提升很大。

IM+ 支持客户通过多种渠道联系客服人员，属于全渠道客服终端，如图 4-14 所示。目前，IM+ 已接入的渠道包括电话、IM、邮件、微信公众号，后续还会接入社交媒体（如国内的微博、国外的 Kakao、Twitter 等），提供更为强大的用户触达能力。

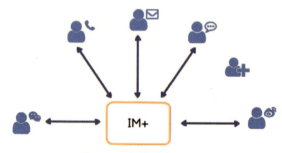

图 4-14　全渠道客服终端

除了承接传统的客服人员对客户提供服务的形式，IM+ 还支持多种角色之间进行沟通，如 C2B、C2O、O2B，形成了一个如图 4-15 所示的沟通模式。其中，C（Customer）表示客户端，B（Business）表示商户端，O（Operator）表示携程客服端。

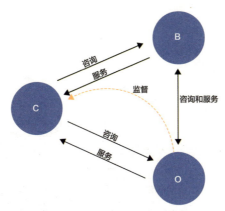

图 4-15　多种角色的沟通模式

4.3.2　客服云整体架构

IM+ 客服云整体架构分为五大部分，即通信接入、会话调度、会话管理、终端站点、监控与报表，如图 4-16 所示。IM+ 的核心功能是将多种渠道接入的客户需求汇聚到需求池中，并通过标准或定制的动态任务调度机制，从客服、供应商资源池中获取最佳服务，保证高质量的用户服务体验。监控与报表模块可以提供实时查看服务质量、月度 / 年度服务质量报告等服务，我们在分析大量数据后，可以进行后续的产品改进和服务质量追踪。

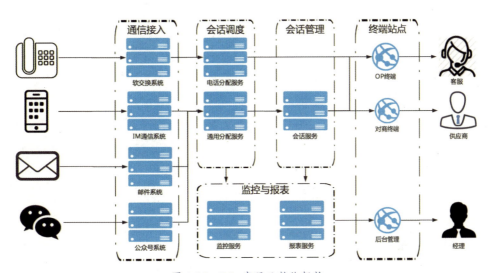

图 4-16　IM+ 客服云整体架构

4.3.3 服务端架构

服务端架构可以抽象为通信接入、会话调度、会话管理 3 个层,如图 4-17 所示。

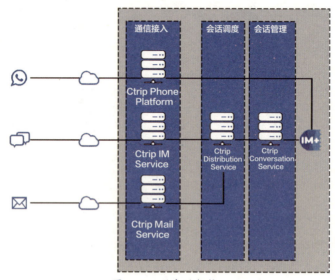

图 4-17 服务端架构

通信接入层负责将不同通信渠道接入系统中,为了兼容原电话服务系统,电话渠道的客户采用直连 IM+ 的方式,微信和邮件渠道的客户在统一接入通信接入层后再进入任务分发层中。

会话调度层负责处理用户分流与排队分配。

在完成会话调度后,用户请求进入会话管理层,此时会话被推送到 IM+。

服务端架构的核心是会话调度层,在正常状态下,客户的数量远远大于客服资源能同时服务的数量,会话调度层的作用是通过内置的调度规则引擎将队列中的客户会话请求快速、准确地分配给合适的客服人员。会话调度在本质上是一个任务调度的过程。为了实现高可用和横向扩展,我们采用了分布式调度模型,该模型会在后面的任务调度部分进行具体介绍。

会话调度层可以抽象为用户分流、任务调度、会话分配 3 个步骤,下面对这 3 个步骤进行介绍。

1. 用户分流

内置的调度规则引擎实现了用户分流,可以避免咨询内容不同的客户互相阻塞和影响。在资源池中,客服部门以某种技能(如语言、业务范围、产品等)为维度,将若干个客服人员组成技能小组来提供服务。分流规则是根据客户的特征和诉求来匹配合适的技能组。整个匹配过程就是逐级启动不同的规则,将用户分流到不同的通道中,如同一个多级的瀑布,如图 4-18 所示,用户从入口进入后,会经过第一级瀑布,若满足规则,就进入对应的通道中排队;若不满足规则,就进入下一级瀑布,以此类推,直到最后。若所有规则都不满足,就进入保底通道。

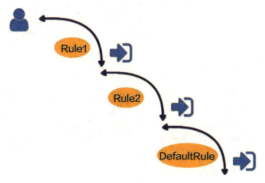

图 4-18　用户分流

2. 任务调度

在用户分流的过程中,系统在确认了每一个会话所属的排队通道后,会将会话标记权重后进行排队。权重是根据用户特征和时间算法来确定的,同时排队系统会根据权重决定服务的优先级。

排队系统具有如下特点。

- 实时性要求高。
- 必须保证互斥。
- 任务顺序性要求高。
- 动态任务队列。
- 任务耗时长。
- 下游资源有限。

IM+ 采用了与传统排队系统所用的中央分布式调度架构不同的去中心化分布式调度架构来进行任务调度,如图 4-19 所示。在这个架构下,集群中的服务会通过主动观察通道状态,采用分布式锁来协调服务之间的工作。每一个调度服务包含一个 Watcher 和若干个 Worker。系统默认为每一个通道配置 3 个 Worker,Watcher 会持续观察每一个通道所对应的 Worker 数量,当 Worker 数量不足 3 个时,会主动在自己的服务中增加一个Worker。每一个通道的Worker需要分布在集群不同的服务器上，以保证高可用。如果集群中有服务器宕机，其他服务器上的Watcher就会立刻补上缺少的Worker。这样不仅满足了排队系统的调度需求，也简化了系统架构。

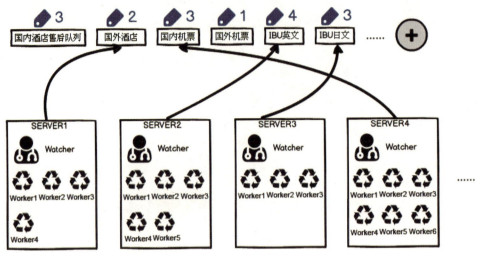

图4-19 任务调度

3．会话分配

任务调度中的Worker负责从排队通道中选取权重最高的会话，并将会话参数加载到规则引擎中。规则引擎则负责执行SNC循环。所谓SNC，是指Select、Notify、Confirm。

首先按照预先设定的分配规则，选择可用的客服资源，此过程为"Select"，在这个过程中不锁定资源。这是因为客服人员的状态是实时变化的，所以接下来需要通知会话管理服务，询问是否能接受，此过程为"Notify"。最后，会话管理服务会根据客服人员的状态做出接受或者拒绝的反馈，此过程为"Confirm"，在此过程中会完成资源锁定。如果此轮SNC循环没有成功，规则引擎就会重新开始下一轮SNC循环，直到分配完成或者超过最大分配次数为止，如图4-20所示。

在图4-20中，客服人员能否接受一个会话取决于4种状态。

首先是个人状态，该状态由客服人员自己手动设置，类似于QQ的在线、离开、忙碌等状态。

其次是会话状态，因为每一个客服人员可同时服务的人数是有上限的，当进行中的会话数量达到上限时，会话状态为满。

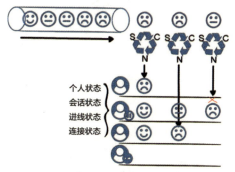

图 4-20 会话分配

再次是进线状态,进线状态可以针对每种渠道单独设置,例如客服人员可以只接受 IM 的进线,而不接受邮件的进线。

最后是连接状态,对于携程内部坐席场景而言,连接状态是非常敏感的,会话不会分配给离线的坐席。

4.3.4 应用场景

场景一:即时通信

IM+ 除了可以连接携程旅行 App 的 IM 通信渠道,还可以连接微信公众号等其他渠道。用户在所有渠道上的咨询请求,都可以统一分配到客服坐席端。客服人员可以通过文字、图片、卡片、文件等形式回复客户咨询的问题,还可以在右侧客户信息面板中,查看客户当前咨询的订单、历史订单与咨询轨迹等信息,有助于客服人员更迅速地理解客户所咨询的问题。此外,IM+ 还提供转接功能,当客服人员认为自己无法处理客户的问题或者客户所咨询的问题不属于自己的业务范畴时,可以把当前会话转交给其他客服人员进行处理,如图 4-21 所示。

场景二:邮件

IM+ 邮件功能可以对公共邮箱中的邮件进行统一智能分拣处理。分拣功能包括垃圾邮件过滤、机器人自动处理、分配人工处理。这样不仅解决了以往使用 Outlook 进行人工处理的效率低下的问题,而且系统默认提供多种邮件模板,可以让各业务部门自己定义所需的邮件模板,改善用户体验,如图 4-22 所示。

场景三:电话

IM+ 融合了常用的坐席电话功能,如接听、拨打、转接等,除了传统的 PSTN 方式,客服人员还可以使用 VOIP 呼叫用户,极大地方便了在国外没有电话号码的用户。系统在通话过程中，还可以根据来电号码，自动匹配用户注册的携程账号，这样客服人员就能够在打电话的同时给用户发送图片、产品卡片等无法用语言描述的内容，如图4-23所示。

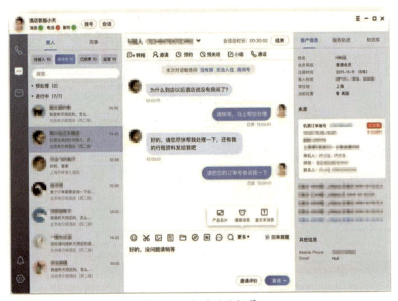

图4-21 即时通信场景

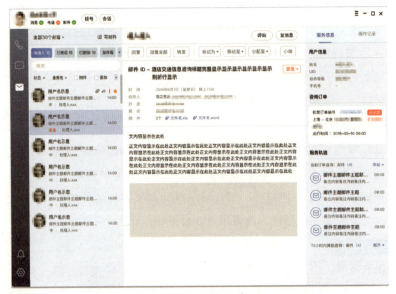

图4-22 邮件场景

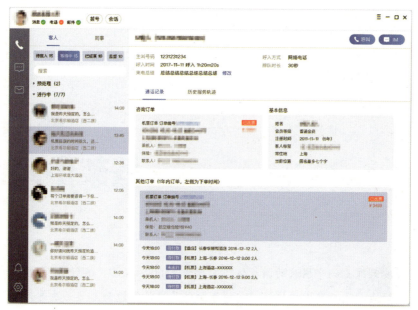

图 4-23　电话场景

4.4　本章小结

客服系统是异常复杂且庞大的结构化体系平台,所以在一章中全面论述其技术体系架构几乎是不可能完成的任务。受篇幅限制,本章仅选取了部分核心架构和核心模块功能进行阐述。通过学习本章内容,希望读者能了解到以下内容。

(1) 携程优秀的呼叫中心核心技术的发展路线。

(2) 携程在整合客服系统应用资源方面进行的一些探索。

(3) 携程为打造以客户为中心的服务场景所构建的技术体系。

Ctrip Architecture Distilled
携程架构实践

第 5 章
框架中间件

引力波天线是一个横放的圆柱体，长度为 1500 米左右，直径为 50 米左右，整体悬浮在距地面两米左右的位置。它的表面也是光洁的镜面，一半映着天空，一半映着华北平原。它让人想起几样东西：三体世界的巨摆、低维展开的智子、水滴。这种镜面物体反映了三体世界的某种至今也很难为人类所理解的观念，用他们的一句话来讲就是：通过忠实地映射宇宙来隐藏自我，是融入永恒的唯一途径。

——刘慈欣《三体 II 黑暗森林》

《三体 II 黑暗森林》中虚构的引力波天线，是人类向宇宙其他文明广播三体星系位置的工具。它对人类隐藏了直接与其他文明进行点对点通信的复杂性，并通过相对简单的接口（广播星系位置数据），实现"将人类意图（毁灭定位点）告知任何感兴趣的消费者"这一复杂操作。

本章介绍的框架中间件（Middleware），在某种意义上与引力波天线存在一定的相似之处。

中间件的概念来源于操作系统，是指在操作系统的基础上，为其他应用软件提供服务的一种基础软件，被形象地称作"软件胶水"或"数据管道"。例如，中间件可以简化应用间的通信方式，使不同进程不再需要调用复杂的系统函数也可以完成，甚至以更多的方式进行数据传输；中间件也可以为上层应用提供更友好的接口，以便应用程序更方便地操作系统设备。所以，从这个意义上来讲，"胶水"的概念，一方面是指中间件能够"黏合"不同的应用，另一方面是指中间件能够"黏合"应用和操作系统。中间件示例如图 5-1 所示。

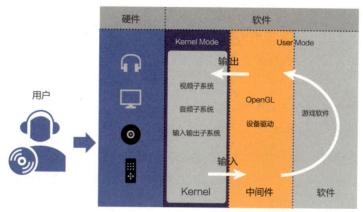

图 5-1　中间件示例

互联网领域的中间件，主要是指在分布式系统中被广泛使用的中间层软件，一般用于提供通信及数据管理服务。那么，使用中间件有哪些优势，为什么分布式系统需要使用中间件来与其他系统进行通信和数据访问呢？

主要原因在于中间件对调用方提供了更好的封装性（Encapsulation）。

（1）封装了底层操作的复杂性。中间件可以根据公司基础设施及用户需求等实际情况，提供经验配置，并使用边界条件的降级策略对调用方进行透明封装，这样，用户就不再需要面对这些复杂性了。

（2）封装了公共业务模型的具体实现。对于调用方来说，很多中间件 API 和 JDK 中对应数据结构的 API 并无明显区别，它们属于同一种业务模型，学习成本很低。但这种封装扩大了既有模型的作用范围（从线程到进程），提升了调用方的业务逻辑表达能力，降低了用户系统架构改造的成本和负担。

（3）良好的封装性带来了更好的模块性（Modularity）。中间件在某种程度上可以被认为是对公共业务逻辑的封装，直接使用定义清晰的中间件接口，一方面简化了业务逻辑架构，有利于业务逻辑缺陷更容易地暴露出来；另一方面将公共业务逻辑的缺陷封装在中间件中，有利于对这些缺陷进行修复，不再需要全局参与。

在携程庞大的业务规模背后，是数以万计的应用程序、海量的计算实例、千亿级别的数据交互频次及 PB 级别的数据处理。这些数据的通信和处理，都是通过框架架构团队提供的中间件来进行的。本章会从以下几个方面，向读者介绍相关中间件是如何支撑目前的业务规模的。

（1）服务化：远程过程调用（RPC）是分布式系统间进行数据交互的基本形式，

这部分内容会重点探讨服务治理在携程实践过程中遇到的问题。

（2）消息队列：系统依赖关系解耦的利器。发布/订阅的数据交互模式可以将生产者和消费者的业务逻辑耦合程度降到最低，同时带来"削峰填谷"的额外架构优势。

（3）配置中心：分布式配置数据管理和配置变更推送中间件系统，提供了权限管理、版本管理，以及配置灰度、引用、继承等一系列相关能力。

（4）数据访问：企业级的数据访问行为对稳定性、性能及安全性具有较高要求，通过学习这部分内容，读者会了解到分布式系统对数据访问的复杂需求及解决方案。

（5）缓存层：如果说数据库是数据访问的最后一道壁垒，那么缓存层的职责就是保护最后这道壁垒的稳定性。所以，缓存层的高可用至关重要。

5.1 服务化

搭建一个服务化的架构体系可以为系统带来独立的扩展性，隔离故障和资源访问，提升系统的可维护性。如果想要整个架构体系成功地落地实施，就必须有一套成熟、可靠的中间件框架对其提供支持。本节主要介绍以下内容。

（1）服务化中间件框架的特点及其在大型企业系统中存在的必要性。

（2）服务化中间件框架的组成架构和各个部分的实现方式。

5.1.1 为什么需要服务化中间件框架

服务化的架构体系提倡将原本单一的应用程序划分成一组应用程序。每一个应用均针对特定的业务场景和需求进行构建，并且能够进行独立的开发、测试、部署和升级。同时，为了应对不同的场景和业务流程，这些应用还可能使用不同的技术栈进行搭建。在拆分后，原本应用内的方法调用就需要被转变为应用间的远程过程调用（RPC）。在一对进行远程通信的应用中，发起调用的应用被称为调用方或客户端，接受调用的应用则被称为被调用方或服务端。应用间的调用关系会形成一张复杂的远程调用网络。

例如，酒店的查询服务、订单提交服务使用 Java 语言开发，会依赖基于 .NET 平台开发的用户信息认证服务。汽车票的前端 Node.js 站点应用会依赖使用 Java 语言开发的汽车票查询服务，同时也会依赖基于 Go 语言搭建的大数据人工智能服务。

提到应用间的远程过程调用，就不可避免地涉及以下几个问题。

（1）如何将代码中的业务数据转化为远程过程调用时用于传输的数据（即序列化），并且可以在另一端再转化回来（即反序列化）。

（2）应用如何获取自己依赖的服务的调用地址和传输数据格式。

（3）如何确保应用依赖的服务是高可用的。

（4）服务端应用如何管理自身的工作状态。

（5）如何降低应用用于发起调用的代码量和复杂度。

（6）远程过程调用如何进行认证、授权、流量控制和服务降级。

为了解决这些问题，我们都需要什么呢？

（1）一个对象序列化解决方案。它不仅需要具备准确性和高性能，还需要兼顾跨平台通信所带来的的复杂性。

（2）一个服务注册中心。它可以提供服务的注册和发现功能。

（3）一个服务健康检测机制。它可以使外部实时感知服务的工作状态。

（4）一个高度封装的客户端实现。应用通过其暴露的简单接口就可以发起远程过程调用。

（5）一个服务治理系统。用户可以在系统中管理服务的各项配置。

综上所述，为了在企业级生产环境中完成远程过程调用所描述的功能，应用需要一个复杂的多组件解决方案。这就是服务化中间件框架需要完成的任务。

5.1.2　服务化中间件框架的基本架构

通过上一节内容可知，服务化中间件需要包含一系列支持应用间远程过程调用的功能。从客户端到服务端再到外围的支持系统，我们可以整理出服务化中间件框架的基本组成部分：服务端框架、客户端框架、服务注册中心和服务治理系统。

服务化中间件框架的基本架构如图 5-2 所示，展示了各个组件的工作环境和相互依赖关系。

服务端框架工作在服务端应用内，将代码里的一个接口暴露为一个服务并允许其他应用调用。它支持使用不同的数据传输格式（如 XML、JSON、Google Protocol Buffer 等）进行调用以适应不同的业务场景。它还会与注册中心进行通信，告知其自身的调用地址。同时，它集成了一系列外围服务治理类功能，如健康检测、认证授权、限流、熔断、服务降级等。

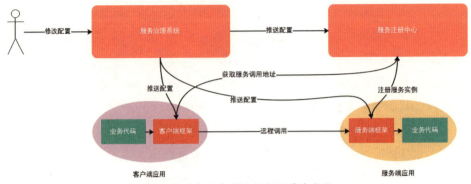

图 5-2　服务化中间件框架的基本架构

客户端框架工作在客户端应用内,将其他应用的一个服务接口映射到应用内,形成一个本地的方法调用。其中封装了支持不同数据传输格式的序列化器、与注册中心交互的服务发现机制、在不同服务实例间分配流量的负载均衡器等。此外,它也需要包含用于客户端错误处理的熔断和服务降级机制。

服务注册中心可以说是其中功能最单一的一个组件。它对外提供服务注册与发现功能,虽然功能简单,但是在企业级的运行环境内,线上同时运行的可能有上千个服务、上万个服务实例,还有上万甚至更多的客户端实例。服务注册中心需要保证在极大的请求量下仍旧能够稳定工作,保证数据的准确性和一致性,并且可以实时地将服务注册信息的变更推送给客户端框架。

服务治理系统可以说是所有组件中最独立的,而且是所有组件中唯一提供用户使用界面的。从表面上看,它的用户是各个应用的开发和运维人员。它为用户提供了服务信息管理、服务实例管理、服务配置管理等治理功能。但其内部也会时刻与工作在应用内的框架组件进行交互,推送服务配置信息。

应用内与应用外、面向用户和面向开发人员、不同的组件相互配合,共同构成了服务化中间件。本节介绍了各组件的基本功能和组件间的相互关系。下面会对与服务治理直接相关的服务注册中心、服务治理系统两个组件进行详细的介绍和分析。

5.1.3　服务注册中心设计解析

目前,携程的服务注册中心已经经历了 3 次迭代。

第一代服务注册中心的应用处于全面使用域名进行服务访问的时期,服务注册中心不需要接受服务实例自身的注册请求，只需要从服务治理系统中拉取用户配置的服务在各个环境的请求 URL，并分发给对应的客户端。

第二代服务注册中心的上线处于从域名访问到 IP 直连访问的过渡时期。第二代服务注册中心的整体架构比较简单，使用的是二级缓存的架构：后端存储使用 ETCD 为注册数据增加了有效期设置的功能；前端服务定期从 ETCD 中同步服务注册数据，并向客户端提供服务实例数据；服务实例通过注册和心跳请求维持数据的有效性。这一代服务注册中心的缺点是前端服务实例间、服务实例与 ETCD 间没有实时交互，导致服务注册数据无法及时地同步到所有的节点，使得客户端从不同注册节点上获取的服务实例数据不一致。并且，整个系统的数据同步全部依赖后端存储，在没有完全掌握 ETCD 的内部机制时，使用一个不熟悉的外部依赖会为系统带来很大的不确定性。

随着使用 IP 直连访问的服务越来越多，第二代服务注册中心的压力也逐渐变大。于是，携程开始了第三代服务注册中心的研发。本节会重点介绍这一代服务注册中心的设计与实现。

在设计第三代服务注册中心时，携程参考了 Netflix 公司开源的服务注册系统 Eureka。一个注册中心集群由多个节点组成。各个节点的地位相同，无主次之分。由于服务实例注册信息的动态性，这些信息并不会被持久化地保存到后端存储中，而是会被保存在各个节点的内存中。服务的注册和心跳请求会被接收请求的节点分发至其他节点，从而保证集群数据的一致性。同时基于内存的读写可以为整个系统提供一个很好的响应性能。后端数据库主要用于保存一些服务实例的配置数据。

第三代服务注册中心（开发代号：Artemis）对外提供的服务主要分为两部分：基于域名访问的配置管理服务和基于 IP 直连的服务注册与发现。Artemis 架构如图 5-3 所示。

对于服务端框架而言，它进行服务注册的第一步就是获取一个 Artemis 节点的连接信息。通过调用配置管理服务，服务端框架可以获取当前可用的全部 Artemis 服务注册节点的列表，然后，它会从中随机选择一个进行连接。后续所有的服务注册和心跳请求都会被发送给这个节点。而对于客户端框架而言，整个流程是类似的。首先它需要从配置管理服务中获取全部服务发现节点的列表，然后固定与选择的节点进行交互以获取实时的服务实例信息。

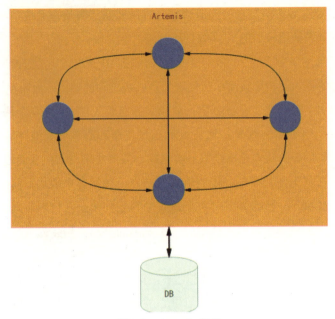

图 5-3　Artemis 架构

综上所述,在整个服务注册中心中,有两个功能对服务注册中心的稳定运行起着举足轻重的作用:一个是对节点列表与节点状态的管理,另一个是对服务实例信息的分发。

为了进行数据的分发并对外提供可用的节点列表,Artemis 的每一个节点都需要掌握集群内所有节点的工作状态。

第一步是获取集群内所有节点的列表,此处是通过动态配置系统实现的。动态配置系统中会保存所有节点的访问地址。Artemis 节点列表配置如图 5-4 所示。

Key	Value
artemis.service.cluster.nodes	http://192.168.1.1:8080/artemis-service/;http://192.168.1.2:8080/artemis-service/;http://192.168.1.3:8080/artemis-service/;http://192.168.1.4:8080/artemis-service/;

图 5-4　Artemis 节点列表配置

在获取集群内所有节点的列表后,每一个节点都会定期访问其他节点的健康检测地址以获取其当前的工作状态数据。工作状态数据包含当前节点是否可用,以及注册和发现功能是否对外开放。节点会根据获取的信息更新自己内部的可用节点列表。这个列表会被提供给客户端框架和服务端框架,供它们来访问。

服务端框架对 Artemis 的请求共有 3 种：注册、反注册和心跳，分别用于新增服务实例、删除服务实例和维持服务实例数据的有效性。注册的服务实例有一个固定的存活时间（TTL）。如果在这段时间里没有收到新的注册或心跳请求，服务实例就会被自动删除。

当一个 Artemis 节点收到服务端框架的请求时，它首先会更新自己内部的实例存储信息，然后将这条数据异步推送给其他的节点。如果某个节点的推送失败了，那么这条信息就会被放入一个队列中。一个后台运行的线程会定期从队列中取出失败的推送数据并进行重试，直到推送成功或数据因超过其有效期而被移出队列。Artemis 节点数据分发示意如图 5-5 所示。

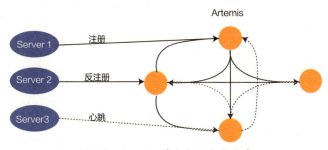

图 5-5　Artemis 节点数据分发示意

截至 2019 年 7 月，在携程生产环境线上运行的 Artemis 节点超过 50 个，保存了超过 4000 个服务的 50000 多个服务实例的注册信息，接入的客户端数量超过 60000 个。Artemis 的稳定运行为携程的服务化提供了坚实的支持。

5.1.4　服务治理系统功能解析

服务治理系统是连接用户与服务化中间件框架的桥梁。用户可以在服务治理系统中创建服务，管理服务的元数据和相关配置。服务治理系统负责将数据推送给相应的框架组件，并在用户应用中生效。

携程的服务治理系统分为两部分：一部分是面向用户的 Web 应用（用户界面），另一部分是面向框架组件的核心数据接口服务（核心数据 API）。

用户界面部分包含服务元数据管理、服务运维、服务配置管理、服务运行监控等功能。

服务元数据管理负责服务基本信息的创建、编辑与删除。服务的基本信息包括服务的 ID、类型、关联的应用信息、归属部门、负责人、访问方式和当前状态等。其中部分信息在创建服务时就被固定了，如 ID、类型等，其他信息允许用户在服务运行过程中自行修改。

服务运维则包含了服务在运行时的各项管理功能，如服务实例管理、服务路由管理等。

服务实例管理可以说是用户最常用的功能。用户不仅可以查询服务的实例列表，确认服务的健康检测状态是否正常，也可以对服务的各个实例进行拉入、拉出操作，控制其是否接入用户流量。拉入、拉出操作一般在应用发布、服务器故障维护等情况下进行。这就存在一个问题，不同类型的拉入、拉出操作之间是否会发生冲突呢？如果一个服务实例只有一个工作状态，在服务器故障维护时进行的拉入操作就可能重置在应用发布时所设置的拉出状态，导致未完成发布的应用接入生产流量，影响用户的访问。所以针对这个问题，我们将实例的工作状态拆分为 4 部分：服务器状态、实例状态、发布状态和健康状态，分别对应服务器的维护，服务实例的人为拉入、拉出操作，应用发布操作，健康检测的拉入、拉出操作。这样一来，不同的操作之间就不会互相干扰了。

服务路由管理是服务请求分配的一个高级功能。在默认情况下，客户端的请求会在所有服务实例之间进行轮询分配。但在一些场景下，如数据中心故障、蓝绿发布、应用迁移等，服务负责人需要定制请求分配的规则。这就是自定义服务路由需要实现的功能。服务路由管理支持 3 种路由类型：全局路由、操作路由和请求路由。顾名思义，全局路由定义的是对所有服务请求的分配方式；操作路由定义的是对某个或某几个特定服务请求的分配方式；而请求路由定义的是允许业务代码在发起请求时告知客户端框架当次请求所使用的分配方式。每条路由规则都可以绑定一个或多个服务实例分组并为其分配权重。所有的路由规则都会被推送至客户端。在发起请求时，客户端会根据选定的路由规则和实例分组权重确定最终接收请求的服务实例，并向其发起调用。

服务配置管理可以控制框架组件中各个功能的开关与参数，包括前文提到的限流、熔断、认证授权等功能。限流支持服务和操作两个级别，全局、客户端应用和 IP 三个维度。熔断配置的主要内容是相应的阈值参数。认证授权支持配置应用标识和客户端 IP 地址两种黑白名单。

服务端框架和客户端框架在运行时都会记录大量的监控信息。服务运行监控功能就是对这些信息进行汇总展示，为服务负责人提供一个快速查看服务运行数据的入口。目前，监控信息包括请求量、请求和响应数据大小、请求响应时间及请求并发量等。用户可以从各个方面了解自己所负责的服务的运行情况。

介绍完用户界面，下面介绍核心数据 API。API 负责与内部的客户端和服务端框架、注册中心及外部各个依赖系统对接。API 与用户界面共享一套数据模型和后端存储，并通过 RESTful API 对外提供数据访问接口。API 主要有以下几类：服务元数据 API、服务实例管理 API、服务路由管理 API、服务配置管理 API 等。客户端和服务端框架会通过这些 API 定时拉取服务的配置信息；外部系统可以通过这些 API 获取服务的列表、查询应用关联的服务、获取并更新服务的实例状态等。

整个服务治理系统所包含的功能模块如图 5-6 所示。

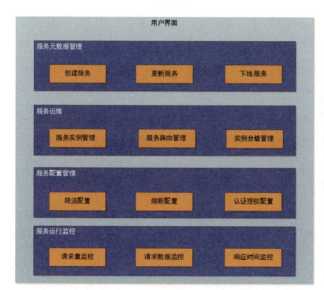

图 5-6　服务治理系统功能模块

本节从以下几个方面介绍了服务化中间件框架。

（1）服务化中间件框架构建的必要性及其在服务化架构体系中承担的任务。

（2）服务化中间件框架的基本架构。

（3）携程的服务注册中心的设计和服务治理系统的功能。

希望读者在完成本节的学习后，可以对服务化中间件框架，尤其是服务治理系统这一部分有个比较清楚的了解。感兴趣的读者可以自己尝试编写一个类似的服务注册中心或服务治理系统。

5.2 消息队列

消息队列的发布/订阅模型常被用于服务间的解耦。在众多开源实现（Kafka、RocketMQ、RabbitMQ、QMQ 等）中，均采用分布式架构来支撑弹性扩展、高可用、高吞吐能力。本节主要介绍以下内容。

（1）消息队列的特性与使用场景，以及主流消息队列的实现。

（2）QMQ 的整体架构，以及实现高可用、高可靠、高吞吐的方法。

5.2.1 消息队列的特性与使用场景

消息队列通常具备如下特性：异步、松耦合、数据分发、流量削峰、可靠投递。

1. 异步

消息生产者系统发送一条消息类似于发送一条短信或一封电子邮件，无须等待消费者确认消费，就可以继续处理剩余的业务逻辑，极大地提高了系统的吞吐量。

2. 松耦合

生产者和消费者不需要知道对方的存在，只需要事先定义好消息格式即可，不需要关心彼此的实现细节。相比于 RPC 调用方对被调用方的强耦合（被调用方异常或响应慢会对调用方产生回压，甚至引发雪崩效应），消息队列能为业务提供更强的稳定性。

3. 数据分发

数据分发是消息队列的基本功能之一。不同的消费组全量拷贝同一主题的消息队列，并且彼此间互不干扰。换言之，生产者生产的一批消息，可以全量镜像分发给不同的订阅组。例如，对于一个常旅列表变更服务提供方而言，机票、酒店、火车票等业务无须重复轮询常旅服务，就能获知变更事件。

4. 流量削峰

流量削峰代表消息队列的积压能力。很多业务具备潮汐效应，即特定时间段会出现流量波峰，但其余时间段流量相对较低，如果消费者对业务的实时性要求不高，则可以借助消息队列的积压能力，对整个生产流量进行"削峰填谷"，无须部署和生产者峰值相对应的机器数目，达到节省成本的目的。当然，这样也很好地保护了下游集群免受洪峰攻击。

5．可靠投递

可靠投递就是不丢数据的投递。这是很多分布式系统都必须面对的问题，或者说是难题。后文会介绍详细的解决方案。

具备上述特性的消息队列，我们并不陌生，两次 RPC 再加一次转储，就可以简单实现消息从投递到消费的流程。消息队列的收发模型如图 5-7 所示。

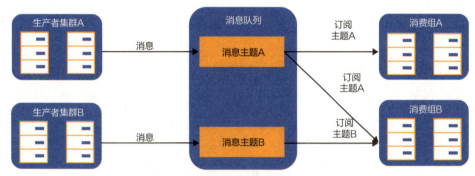

图 5-7　消息队列的收发模型

每一个系统都有自己擅长或者适用的领域与业务场景，消息队列也不例外。一般在下面几类业务场景中推荐使用消息队列。

（1）上下游业务解耦。在订单支付完成后，核心流程就完成了，但一般还会给用户发放优惠券、积分奖励等，这些不是关键的路径服务，往往可靠性偏低，而引入消息队列，能极大提升核心系统的可靠性与稳定性。

（2）延迟通知。用户通过携程旅行 App 购买了一张飞机票，出票系统可以给用户发送一条延迟消息，在飞机起飞前 4 小时提醒用户办理登机手续。

（3）大数据离线分析。用户的行为日志会通过实时系统进入消息队列，当业务处于低峰期且资源相对充裕时，大数据离线任务就开始分析消息，进行用户画像分析。

（4）缓存同步。类似于实时价格变动等事件，可以通过消息队列广播给消费者，以实现内存缓存实时刷新的功能，摆脱了数据库轮询带来的性能瓶颈与低实时性缺陷。

5.2.2　主流消息队列

主流消息队列包括 Kafka、RocketMQ、RabbitMQ，如表 5-1 所示。

表 5-1 主流消息队列

MQ 产品	Kafka	RocketMQ	RabbitMQ
服务端语言	Scala	Java	Erlang
通信协议	基于 TCP 自定义	基于 TCP 自定义	AMQP
消息存储	磁盘文件	磁盘文件	磁盘文件
单机吞吐量	十万级	十万级	万级
可用性	非常高	高	高
HA	主从，自动切换	主从	主从
顺序与事务消息	支持	支持	仅支持事务

Kafka 拥有成熟的生态（日志系统、流式系统、大数据平台等）、活跃的社区和巨大的实例集群。Kafka 将一个 Topic 分成多个 Partition（分片／分区），每一个 Partition 是一个 Broker 上的物理文件，通过 Append Only 的方式实现文件顺序写的高性能，可以线性提高集群中单 Topic 的吞吐量。Kafka 写入消息如图 5-8 所示，会存在一个潜在风险：当 Broker 上所有 Topic 的 Partition 总和过多时，可能会产生随机写。

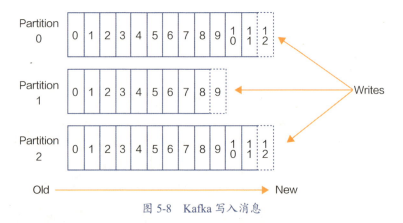

图 5-8 Kafka 写入消息

顺序访问与随机访问的性能差异体现在硬盘物理机制上。在每次随机访问机械硬盘时，需要消耗磁头寻道和盘片旋转等待这两部分时间；SSD 使用的是半导体闪存介质，随机访问和顺序访问差异不大。表 5-2 所示为在开发机上的一组测试磁盘访问速度的数据，该测试使用 fio 测试工具、每次访问 4kB 的数据，该组数据表明顺序访问与随机访问的性能差异明显。

表 5-2 磁盘访问速度

硬盘\吞吐	顺序写	随机写	顺序读	随机读
SATA	125M	548K	124M	466K
SSD	592M	549M	404M	505M

RocketMQ 吸取了 Kafka 的多 Partition 消息文件可能导致随机写的教训，采用单一消息文件（Commit Log），将所有 Topic 的消息在物理上全部顺序追加到 Commit Log 文件中。虽然这样的确能增加消息写入的吞吐量，但消费方在消费历史（因为操作系统 Page Cache 机制的存在，正在发生 IO 的条件是未命中 Page Cache，所以实时消费基本上不会引入 IO）消息时，却引入了随机读。而 RocketMQ 是一主多从的架构，只有主节点提供写操作，从节点比较空闲，所以 RocketMQ 通过将历史消息消费通过重定向到从节点的方式来缓解引入的随机读。

无论是 Kafka 还是 RocketMQ，都存在一个约束：一个 Partition 只能绑定在一个 Consumer（消费者）上。这个约束对生产者和消费者而言是一个耦合：消费者的集群上限是 Partition 的数目；Partition 的均衡性可能导致消费组中的个别机器负载高、积压多。

场景一很容易理解，举个例子，Topic（ctrip.fx.kafka.example）设置了 3 个 Partition（0,1,2），如果消费组（kafka.example.group）初始化两台机器，一台消费一个 Partition，另一台消费两个 Partition，则当消费能力不够后，消费组扩容到 3 台机器，每台机器各自消费 1 个 Partition；如果消费能力依然不够，则简单通过水平扩容消费者的方案不再生效，如图 5-9 所示。此时 Kafka 或 RocketMQ 只能通过增加 Partition 来进行 Rebalance，但 Rebalance 只对新生产的消息生效，原本积压在队列中的消息不会被 Rebalance，这就会破坏顺序消息的顺序性，以及在清理完积压后会对新进队列的消息引入一个积压耗时。

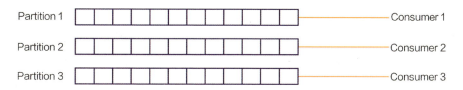

图 5-9 绑定 Partition 导致 idle

场景二，由于生产者是选定某个字段（如 userid）作为 Partition Key 来决定将消息投递到哪个 Partition，因此 Partition Key 的分布可能会影响每一个 Partition 中消息量的大小。当 Partition Key 的分布不均匀时，将出现如图 5-10 所示的场景：Consumer 3 的消费速度达不到生产速度，导致队列积压；Consumer 1 和 Consumer 2 相对空闲。

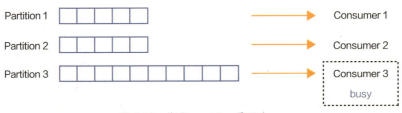

图 5-10　绑定 partition 导致 busy

上述两个场景出现的根本原因在于绑定 Partition，而携程采用的消息队列落地方案可以解决这个问题。

5.2.3　携程消息队列 QMQ

目前，携程有 3 套消息系统共存：Hermes、Kafka 和 QMQ。Hermes 和 QMQ 均是由携程集团自研并开源的消息系统，前者将 MySQL 作为消息持久化存储，后者将磁盘文件作为消息持久化存储。本节介绍携程消息队列落地方案之一：QMQ。

5.2.3.1　QMQ 的相关特性

QMQ 作为消息队列落地方案，在 2013 年诞生于 Qunar，除了具备消息队列的通用功能，还为满足公司业务特殊属性需求开发了自有特性。

1. 生产者消息可靠投递与事务消息

订单类业务对可靠性要求极高，当业务系统宕机或网络暂时不可用时，如何确保消息成功投递，是一个不得不面对的问题。QMQ 给出的解决方案是在生产者侧引入一个持久化存储（目前支持 MySQL、SQL Server 和 MongoDB），如图 5-11 所示。在发送消息前，先将消息持久化到存储中，然后异步发送消息，当 Broker 返回消息发送成功的响应结果后，再将消息从存储中删除；如果生产者突然宕机，则负责补发的 Watchdog 会代理消息发送的工作。

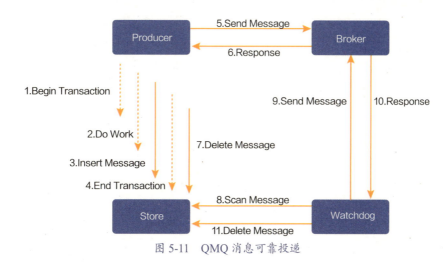

图 5-11 QMQ 消息可靠投递

QMQ 的事务消息依赖存储的本地事务。实现分布式事务还可以通过两阶段提交（Two-phase Commit），但两阶段提交对于本地事务而言，通信交互过多、流程过于复杂、性能较低，并且最主要的是公司的业务系统基本上都已经依赖 MySQL 等存储。

2. 延迟消息

很多业务场景都依赖这一特性，比如超过 30 分钟未支付的订单会自动取消、飞机起飞前 2 小时会提醒用户办理登机手续。多样化的使用场景，使得 QMQ 需要具备延迟消息的特性。

3. 定时重试

某些业务系统具备特定的流程，即状态机，只有当某个前置条件满足时才能消费此条消息，显然直接丢弃此条消息可能并不满足业务需求。因此，QMQ 给消费者提供了一种定时重试的功能，让业务自行决定此消息在多长时间后会被重新消费。

4. 同机房生产与消费

生产者采用同机房投递的策略，避免跨机房流量的产生；消费者默认多机房消费，这样消费者不用关心生产者的机房部署结构；核心链路上的业务支持单元化，即只消费本单元内的消息，这样能很好地实现单元与单元的有效隔离。

5. 消息检索与追踪

消息检索与追踪是一件很有挑战性且非常有必要的事情，可以实现离线任务按时间回溯选择性重发、端到端耗时长尾问题排查、未消费问题排查与重发、死信重发等，如图 5-12 和图 5-13 所示。

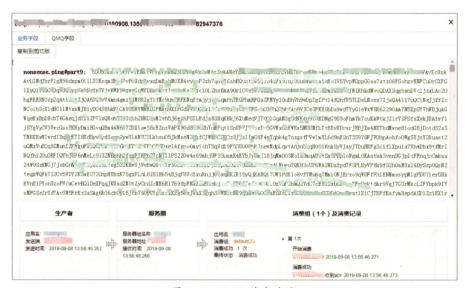

图 5-12　QMQ 消息检索

图 5-13　QMQ 消息追踪

5.2.3.2　QMQ 基本架构

QMQ 服务端包含 3 个核心组件：Meta Server、Broker 和 Delay。QMQ 的基本架构如图 5-14 所示。

Meta Server 是一个元信息管理服务，用于消息路由控制与下发、维持 Broker 与 Delay 的心跳，以及上下线管理、消费者进度管理。当 Meta Server 检测到 Broker 或 Delay 的心跳失联后，会将其标记为已下线，从而将其从下发的路由列表中移除。

Broker 是 QMQ 的存储核心，用于接收消息并持久化到磁盘文件、创建消息索引、管理消费进度、响应拉取请求。Broker 的 HA 采用主从模式，只有 Master 能接收读写请求，借鉴微软的 PacificA 实现主从切换，当 Master 意外宕机后，能自动选举出新的 Master 继续服务。

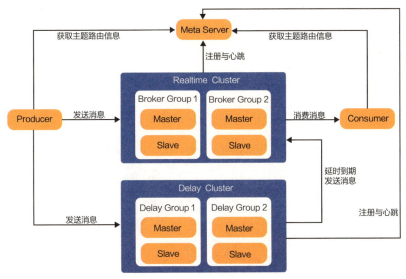

图 5-14　QMQ 的基本架构

Delay 用于接收延迟消息并持久化到本地磁盘，当超过延迟时间后，消息将被投递至 Broker。Delay 的 HA 也采用主从模式，通过副本保证消息的灾备。

将延迟的逻辑从 Broker 中剥离为一个独立服务（RocketMQ 集成在 Broker 的逻辑中），主要是基于下面两点考虑：①延迟和实时是两种消息类型，隔离能减少相互影响，提高稳定性和可靠性；②在到达延迟时间时，消费者路由可能发生了迁移，如果逻辑被耦合在 Broker 中，则 Broker 会有一次重定向的逻辑。同时 Broker 间没有交互，架构更清晰。

5.2.3.3　QMQ 存储模型

QMQ 充分借鉴了 Kafka/RocketMQ 的优缺点，设计了独特的无序消费存储模型，如图 5-15 所示，有序模型和后两者类似。

Message Log 存储所有主题的消息，消息会被顺序写入此文件中，避免发生类似于 Kafka 多 Partition 文件可能造成文件随机写性能下降的问题。

Consumer Log 是以 Topic 为维度组织的 Message Log 的索引文件。索引记录固定长度，记录了此 Topic 的第 x 条消息在 Message Log 中的物理偏移量和消息大小。

QMQ 的无序存储模型不存在 Q 与单一 Consumer 的绑定关系，而是一个消费组（Consumer Group）中的消费者合力消费一个 Q，因此消费组能够无缝地动态扩容来提升消费能力。没有了绑定关系，每一个消费者的 ACK 和 Pull 都是离散的，将无法只用 Q 的 ACK 与 Pull（两个 Offset）高效地管理每一个消费者的消费进度。于是，QMQ 抽象了一层 Pull Log 来记录 Consumer 在 Consumer Log 中的逻辑偏移，当 Consumer 重启后，通过读取 Pull Log 的记录便能找到未被消费的消息位置，继续消费。

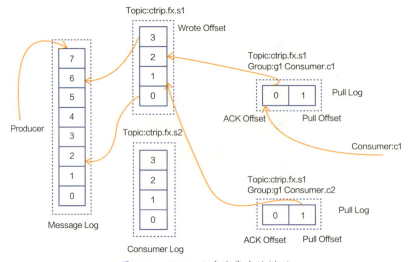

图 5-15　QMQ 无序消费存储模型

当消费者拉取积压已久的消息，未能命中 Page Cache 时，就会产生读磁盘操作，这种情况对所有文件系统都是一种沉重的负担。但 QMQ 类似于 RocketMQ，所有 Topic 都向一个文件中顺序写入消息，索引文件对应的物理偏移基本上都是块离散的，即一个物理块中的消息可能是多个主题，可能导致一次读磁盘操作的有效数据比例不高，加剧系统负担。问题的根源在于索引文件对应的物理偏移是块离散的、非连续的。QMQ 的解决办法就是给 Message Log 排序，如图 5-16 所示，然后在排序后的消息文件上创建索引文件。这样，对于排序后的消息文件而言，相同主题的消息是块连续的，能充分利用操作系统的预读特性（4KB/page）。这种方式虽不能完全解决问题，但可以大幅提升读取效率。

图 5-16　QMQ 重排消息文件

本节介绍了消息队列的定义、特性、主流的消息队列对比，以及携程的 QMQ 解决方案，由于篇幅有限，无法面面俱到，因此缺少一些细节与最佳实践。

5.3 配置中心

5.3.1 为什么需要配置中心

在回答这个问题前，我们需要想清楚什么是配置。Mac 的默认词典定义 Configuration 为 "An arrangement of elements in a particular form, figure, or combination"。

从 Configuration 的原义上，我们可以得知，配置是一种有形的安排。它需要依托于某种格式，同时具有控制力。这些含义在计算机领域，似乎没有发生太多的改变，只是在表现形式上有了一些区别。

宋顺在 Apollo 的介绍文档中，对配置的属性进行了总结，如下所述。

（1）配置是独立于程序的只读变量：首先，配置是独立于程序的，同一份程序在不同的配置下会有不同的行为；其次，配置对于程序是只读的，程序通过读取配置来改变自己的行为，但是程序不应该去改变配置。常见的配置包括 DB Connection Str、Thread Pool Size、Buffer Size、Request Timeout、Feature Switch、Server URLS 等。

（2）配置贯穿应用的整个生命周期：配置贯穿了应用的整个生命周期，应用在启动时通过读取配置进行初始化，在运行时根据配置调整行为。

（3）配置可以有多种加载方式：常见的加载方式有程序内部 hard code、配置文件、环境变量、启动参数、基于数据库等。

可以看到，上述 3 点就是"依托于某种格式"与"控制力"的具体含义。

由于配置最终会影响到程序的行为，那么如何保障在复杂网络环境及配置关系下，应用程序能够正确读取并对配置做出预期内的响应，就成了考验应用架构设计能力的事情。这就是配置治理需要重点关注的问题。

（1）权限控制：由于配置能改变程序的行为，不正确的配置甚至能引起"灾难"，所以对配置的修改必须有比较完善的权限控制。

（2）不同环境、集群配置管理：同一份程序在不同的环境（如开发、测试、生产）、不同的集群（如不同的数据中心）中经常需要有不同的配置，所以需要有完善的环境、集群配置管理。

（3）框架类组件配置管理：框架类组件配置是一类比较特殊的配置，如 CAT 客户端的配置。虽然这类组件是由其他团队开发、维护的，但是在运行时是在业务实际应用内的，所以本质上可以认为，框架类组件也是应用的一部分。这类组件对应的配置也需要有比较完善的管理方式。

我们通常希望"格式"是规范的，"控制力"能够受到相应的约束与监督并能够被及时调整。这就是配置需要治理的原因。那么回到开始的问题，为什么需要配置中心？其实很简单，就是因为配置需要治理。而配置中心解决的就是配置的治理问题。

5.3.2 配置中心的特性

除了支持基本的增删查改操作，针对配置治理这一需求，配置中心还需要具备哪些特性呢？这些特性又是针对哪些问题，哪些场景的呢？

（1）高可用：通常配置是程序逻辑中非常重要的部分，它在很大程度上决定了程序的行为。为了避免无法预期的结果，很多程序在没有配置的情况下，会直接报错并终止。因此，配置中心必须保证极高的可用性。

（2）配置热发布：在大多数场景下，应用程序的重新发布意味着业务的中断，这个成本不可忽视。很多时候，开发者会遇到只修改配置，而不需要修改代码的情况，如果配置中心能够支持在程序运行时更新配置，就会带来极大的便利。

（3）统一管理不同环境、不同集群的配置：很多公司都会有多套环境，很多应用程序都会部署多个集群。配置是在不同环境下被手动复制更改的，所以难免出错并引发故障。而且，在不同环境下，程序的配置可能是相同的。即使程序的配置不同，它们也会符合某种规律。利用配置中心的相关功能，如设置规则、环境间配置同步等，可以有效减少类似事故的发生。

（4）权限管理、操作审计：错误的配置会使程序在运行中得到错误的结果。开发者们一般希望，配置的更改者具备相应的资质，只有对程序的行为足够了解的人才可以更改配置。正因为配置对程序有着很大的影响，所以配置是不能被随意更改的，配置的每次变动都需要有相应的记录。

（5）灰度发布：因为配置的重要性，开发者们一般希望有一个试错的机会。配置中心通常支持将配置应用到部分实例上，让开发者有机会观察配置在这部分实例上生效之后的效果，如程序是否符合预期，监控系统上有没有报错。在确定新版本的配置没有问题后，开发者可以再利用配置中心将配置应用到所有的实例上。

（6）版本管理：配置中心一般会给出配置版本的概念以支持配置的回滚。

（7）监控：重要的配置内容当然是能够被直观看到才令人放心。

（8）多语言支持：配置中心是和语言无关的概念，但只要是程序，就会有相关的语言支持需求。在通常情况下，配置中心的服务端采用同一套代码，而客户端会采用多种语言的版本，支持多种语言的接入。

5.3.3　Apollo 源码部分解析

前文介绍了配置中心需要具备的一些特性。对于这些特性的实现方式而言，大部分都是很容易的。

下面通过阅读客户端源代码的方式，了解一下国内非常热门的配置中心 Apollo 是如何实现高可用和配置热发布这两个特性的。

1．客户端缓存

Apollo 配置的可用性主要依托于客户端在磁盘对配置的缓存。

在 apollo-client/.../apollo/internals/AbstractConfigFile.java 中可以找到下面这些代码：

```
//AbstractConfigFile 这个类的成员包括 ConfigRepository,我们可以从字面获
知一个配置文件需要从一个仓库中获取

// 这里抽象得很自然，基本不需要查看文档，查看代码就能明白
protected final ConfigRepository m_configRepository;

// 这里是 AbstractConfigFile 初始化代码，会从仓库中获取配置文件并加入 properties
这个成员中
private void initialize() {
    ...
    m_configProperties.set(m_configRepository.getConfig());
    ...
}
```

至此，大家应该想到了，本地缓存在这个抽象的体系里，作为一个仓库是很自然的。

所以，Apollo 的配置代码也是这样写的：

```
public Properties getConfig() {
    ...
```

```
    // 这里的sync()方法其实也是在AbstractConfigRepository这个抽象类中
定义的
    sync();
...
}
```

在 apollo-client/.../apollo/internals/LocalConfigFileRepository.java 中可以看到最核心的代码：

```
in = new FileInputStream(file);
properties = new Properites;
properties.load(in);
```

另外，Apollo 是支持各种各样的配置格式的，如 JSON。有些读者看到这里的代码可能会产生疑惑："难道本地缓存只支持 properties 文件？"

当然不是这样的，但这里限于篇幅就不详细介绍了，大家可以查看一下 apollo/internals/PlainTextConfigFile 这个类。

2. 长连接

Apollo 的客户端和服务端会保持一个长连接，能够在第一时间通过长连接的响应（Response）获得配置更新的推送。

在 apollo-client/.../apollo/internals/RemoteConfigLongPollService.java 中，可以找到下面这些代码：

```
// 设置连接读超时为90秒
private static final int LONG_POLLING_READ_TIMEOUT = 90 * 1000;

// 发起HTTP请求，设置读超时
HttpRequest request = new HttpRequest(url);
request.setReadTimeout(LONG_POLLING_READ_TIMEOUT);

// 收到服务端配置更新推送
if (response.getStatusCode() == 200 && response.getBody() != null) {
    updateNotifications(response.getBody());
    updateRemoteNotifications(response.getBody());
    notify(lastServiceDto, response.getBody());
}
```

可以看到，在这里客户端发起了一个读超时（不是连接超时）为 90 秒的请求。配置推送就是以这样简单巧妙的方式实现的。

5.3.4 配置中心面临的新挑战

公司规模会不断扩大，行业也在不断发展变化，各种业务的接入，业内环境的变化都会给目前的配置中心带来新的挑战。

1. 容器化，Serverless，云原生

关于这些概念的具体细节，可以参考本书的其他章节。在这里我们需要清楚的是，这些架构会要求无状态的应用程序不要依赖于磁盘，而将数据放到有状态的系统上，如数据库、分布式存储系统。然而目前配置中心的高可用在很大程度上是依托于磁盘缓存的。在没有磁盘缓存的场景下，如何把配置中心的可用性做得更好，这是一个很有价值的问题。

2. 扩容

这个场景和上面的场景是类似的，若要将应用部署到新机器，但没有磁盘缓存，这时配置中心服务端连接断开了，就会非常麻烦。

3. 写配置高可用

在绝大多数场景下，配置中心只要实现读配置高可用就可以了，大部分的配置中心产品是这样做的。

配置变动本身是一个相对低频的动作，而且即使无法读到新的配置，之前的配置一般也是可以继续运行的，不会中断服务。但我们慢慢会发现，在一些场景下，写配置高可用也非常关键。例如，某一天某个机房的大量机柜断电了，某个核心应用无法运行了，它依赖的一些其他应用也无法运行了，并且在短时间内很难恢复。于是这个应用的负责人会登录配置中心界面，试图更改配置文件中的某个URL，把依赖切换到部署在其他机房的集群。结果他发现无法修改，因为配置中心的数据库也无法运行了，在更改配置时会一直提示数据库错误。也就是说，在关键时刻，配置中心根本无法发挥作用。

4. 敏感配置

敏感配置，如数据库的数据源、账号密码，不适合缓存在本地。

更多的细节，这里就不再赘述了。行文至此，我们可以看出，以往的配置可用性依赖于磁盘缓存的做法是有一定的时代局限性的。面向未来，我们要做的是让配置中心"server always on"（读写都包括在内）。

本节从以下几个方面对携程的配置中心进行了简要介绍。

（1）配置的特性，配置中心的必要性。

（2）配置中心的特性。

（3）配置中心的核心特性是如何实现的。

（4）现阶段携程的配置中心面临的挑战。

可以看到，本节并没有介绍配置中心界面的使用方式、客户端代码的调用方式、配置中心的基本功能（配置增删改查）及实现方式，感兴趣的读者可以阅读开源配置中心 Apollo 项目的使用文档，并查看相关内容。

希望读者在完成本节的学习后，能够对配置中心的概念有一个比较深入的理解，并得到一些实现关键特性的启发。感兴趣的读者可以尝试给 Apollo 提一些 Pull Request，也可以自己尝试实现一个配置中心，甚至可以尝试革新一些实现方式。

5.4 数据访问

数据是互联网公司的重要资源和核心竞争力，数据持久化及对数据的便捷访问是应用系统的基本需求。数据库是常用的数据持久化介质之一，随着企业规模的扩大和业务量的增长，为解决数据库访问规范性、数据库资源保护、安全问题预防、数据库扩展和数据访问高可用等问题，携程开发了一套具有自身特色的数据库访问中间件 DAL（Database Access Layer）。目前携程已有超过 5000 个线上应用接入 DAL，并且 DAL 框架也已经开源。本节主要介绍以下内容。

（1）数据访问层的基本职责。

（2）数据访问中间件解决了哪些问题。

（3）携程 DAL 的特点和功能。

5.4.1 数据访问层概述

三层软件架构将应用系统划分为表示层、业务逻辑层和数据访问层，数据访问层负责与物理数据库进行交互，是业务逻辑处理和数据持久化之间的桥梁。对于一个实现严谨的应用而言，数据访问层应当是唯一和数据库进行交互的部分，其系统定位如图 5-17 所示。

从业务角度来看，数据访问层应当具备两个基本功能：数据的 CURD 操作和事务（Transaction）支持。CURD 操作用来满足基本的数据增加、删除、修改、查询需求，事务则用来保证业务处理流程中的数据一致性。

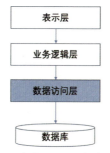

图 5-17　数据访问层的系统定位

为了统一不同厂商的数据库的访问方式，大部分主流开发语言都定义了各自的数据库访问规范。以 Java 的 JDBC（Java Database Connectivity）为例，它定义了一组数据库操作接口和类，数据库厂商可以将这些接口作为各自的 JDBC 驱动，用户可以通过标准 SQL 访问不同的数据库。JDBC 是 Java 访问数据库的基础，但如果直接通过 JDBC 访问数据库，则会存在很多不便。

首先，用户访问数据库需要先获取连接，而创建连接的开销较大，总是创建新连接会导致请求的执行效率低下，并且容易增加数据库端的压力，所以应当考虑复用已经创建的连接；用户还需要防止连接泄露，所以应当在使用完毕后及时关闭数据库连接。由此产生了数据库连接池的概念，连接池内部包含物理连接资源，用户只需要从连接池中获取连接即可。数据库连接池以数据源（DataSource）的形式暴露给用户，典型产品有 C3P0 数据源、Tomcat 数据源、Druid 数据源等。

其次，JDBC 是面向 SQL 的操作，这不符合 Java 面向对象的思想——用户希望通过对象模型操作数据库。由此产生了对象关系映射（Object-Relation Mapping，ORM）框架，ORM 框架负责将对象数据转化为 SQL 再通过 JDBC 执行，典型产品有 MyBatis、Hibernate 等。

因此，一个完备的数据访问层应当具有对象关系映射和数据源管理的能力，并在此基础上提供便捷的数据 CURD 操作接口和事务处理机制。

5.4.2　为什么要引入数据访问中间件

ORM 框架和数据源对 JDBC 底层操作进行了一定的封装和抽象，使得用户的数据库操作更加便捷。这类公共组件就属于数据访问中间件，而中间件的意义就在于封装和抽象。通过数据访问中间件，开发者无须关注数据库访问的底层实现，可以更专注于业务逻辑本身。具体来说，数据访问中间件可以解决以下问题。

1. 数据库资源管理

合理创建和销毁数据库连接，有助于保持数据库服务端的性能和应用客户端的 SQL 执行效率；数据库连接池配置参数化，有助于根据不同业务场景配置不同特性的连接池。

2. 数据安全控制

API 校验，防范 SQL 注入；数据库连接字符串集中管理，保护用户名、密码等敏感信息。

3. 读写分离

对于大部分应用而言，读操作的频率往往高于写操作，而数据库读写锁会限制读操作的性能。对读操作的性能要求较高的场景，可以考虑采用读写分离架构：主库负责写操作，从库负责读操作，主从库之间通过某种机制进行数据同步。多个数据库意味着应用需要管理多个数据源，还需要根据操作决定使用哪个数据源。数据访问中间件可以对此进行封装，内部可以根据请求的读写类型访问不同的数据源，应用则无须关注这些实现细节。

4. 分库分表

随着业务量的不断增长，存储的数据量也成倍增加，往往会使数据访问操作的性能急剧下降。为解决这种性能问题，通常使用分库分表的方案：通过一定算法对数据库表的数据进行分组，使得数据均匀分布在不同分片（Shard）上。分片可以是多个不同的数据库实例，也可以是一个数据库实例上的多张子表。如果由应用来直接实现分库分表访问数据库，则请求路由控制会是一个非常令人头疼的问题。数据访问中间件可以集中管理分片算法和不同分片的配置，自动对请求数据进行分析并路由到正确的分片，应用只需要像访问单库单表一样进行数据库操作即可。

5. 数据访问高可用

对于核心数据的存储和访问而言，必须考虑高可用，即数据库故障的自动恢复、快速转移能力。MHA 是一种常见的解决方案，简单来说就是在主库故障时，能够自动选择一台从库作为新的主库，从而继续提供服务。在这种情况下，应用端的数据源是一个动态可变的数据源。而数据访问中间件可以实现数据源的管理和动态切换功能。

5.4.3 数据访问中间件的主流方案

"ORM 框架 + 数据源"的方案可以基本满足访问单数据库的需求，但是对于大型分布式系统而言，单数据库已经不能满足日益增长的业务需求，往往需要考虑数据库的扩展和高可用等问题，因此需要更多地围绕如何解决读写分离、分库分表、数据源动态切换这类问题来设计数据访问中间件的主流方案。

在介绍主流方案之前，我们先来回顾一下单数据库访问的基本模式，如图 5-18 所示。一方面，ORM 框架负责将业务对象数据转化为可执行的 SQL 语句；另一方面，通过数据源（DataSource）配置目标数据库地址和连接池参数，以正确地执行 SQL。

而读写分离、分库分表、数据源动态切换等问题的核心是多数据源的管理和切换，因此在上述基本模式的基础上，衍生出了两套多数据库访问的主流方案：客户端（Client）模式和代理（Proxy）模式。两种方案的设计思路如图 5-19 所示。

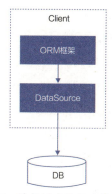

图 5-18　单数据库访问的基本模式

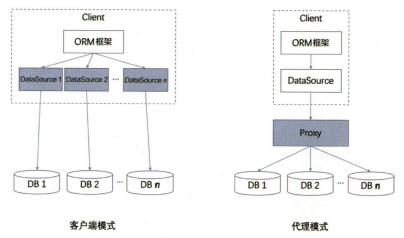

图 5-19　多数据库访问的主流方案

1. 客户端模式

客户端模式中间件内部为每一个目标数据库维护了一个数据源（连接池），数据源管理、请求路由和结果集合并等功能可以直接在业务应用服务器上完成。在这种模式下，业务应用服务器直接与目标数据库建立连接。客户端模式中间件通常会经过封装、抽象并以 jar 包的形式提供一套 SDK 给业务应用进行对接使用，而业务应用通常需要修改代码来适配。

客户端模式的优点有：①实现相对简单，本质上是对 JDBC 驱动的封装；②嵌入业务应用，无须考虑组件的高可用问题；③直连数据库，访问链路简单，性能和稳定性更加可控。

2. 代理模式

代理模式中间件独立部署了一套代理服务，业务应用将 SQL 请求发送给代理服务，再由代理服务进行 SQL 分析处理、目标数据库路由、结果集合并返回等操作。在这种模式下，代理服务可以管理访问目标数据库的所有资源，对业务应用是透明的，业务应用只与代理服务进行交互。如果代理服务实现了某种或多种数据库通信协议，则业务应用可以像访问单库一样使用前面所述的基本模式，而无须通过修改代码来适配。

代理模式的优点有：①对业务应用兼容性好，业务应用可以将代理视作某种数据库直接访问；②跨平台、跨语言支持；③服务端功能维护和升级比较容易。

5.4.4　携程数据访问中间件功能解析

携程数据访问中间件 DAL 是基于客户端模式实现的，整个框架包括 DAL 代码生成器和 DAL 客户端组件。用户可以使用 DAL 代码生成器在线生成代码和配置，并添加到自己的项目中，然后通过 DAL 客户端实现数据库的访问操作。携程数据访问中间件的总体架构如图 5-20 所示。

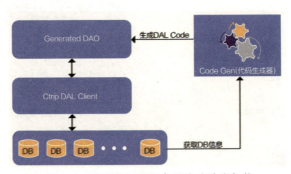

图 5-20　携程数据访问中间件的总体架构

DAL 代码生成器不仅是一个代码生成系统，还可以从企业跨部门的角度，将全公司的数据库配置资源、开发团队、团队成员、团队项目统一管理起来。DAL 代码生成器具有丰富的向导指引，操作简单明了，用户可以协同编辑、变更和保存自己团队的 DAL 项目,生成符合公司规范的代码。代码生成器解决了业务不断成长而带来的系统维护困难、开发效率低下、代码风格五花八门、代码质量参差不齐等问题。

DAL 客户端由 ORM 和 DataSource 两部分组成,结构如图 5-21 所示。

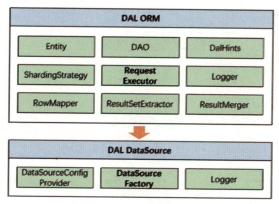

图 5-21　DAL 客户端的结构

DAL 除了提供基本的 CURD API 和事务支持功能,还具有如下功能。

1．双语言支持

携程技术栈目前处于 C# 语言向 Java 语言迁移的过程中,DAL 提供了两种语言的客户端组件,并最大限度地统一了 API 定义和实现原则,以降低用户的迁移成本。

2．多数据库差异化封装

DAL 支持 MySQL、SQL Server、Oracle 等多种数据库的访问。携程对 SQL Server 定制了一套自己的规范,与标准 SQL 不同,因此 DAL 对 SQL Server 进行了针对性的处理并将其封装,使得 DAO 层的 API 保持统一,同时对用户屏蔽了底层实现细节,使得用户可以无须关心数据库类型,统一编写业务逻辑代码。

3．读写分离

DAL 支持默认读写分离策略和智能读写分离策略。默认读写分离策略将写操作指向主库,将读操作指向从库,当存在多个可选从库时,支持随机选择和用户指定。智能读写分离策略主要针对的是对数据延迟有一定要求的场景,支持指定数据新鲜度,在执行读操作时,会在延迟小于该新鲜度的从库中选择目标数据库。

此外 DAL 也支持用户在配置文件中自定义读写分离策略,实现自己想要的效果。

4．分库分表

DAL 支持分库分表的多种需求场景及结果集合并功能。

在分片策略方面，DAL 内置了最为常见的取模策略，用户可以配置需要取模的列名、模数，以及需要分片的表名等参数，如果有特殊需求，用户也可以自定义策略实现；在分片执行方面，DAL 支持批量数据自动分组、跨分片并行执行、跨分片结果集自动合并，如图 5-22 所示。

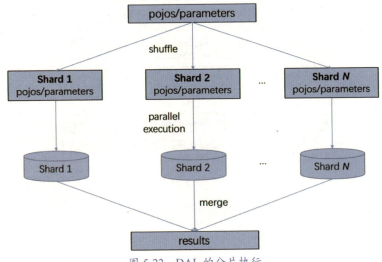

图 5-22　DAL 的分片执行

5. 全局唯一 ID 生成

分库分表是一种分布式场景，要求主键跨库唯一，原来的单库自增主键无法满足需求。对此，DAL 提供了一套全局唯一 ID 生成方案，用户经过简单配置，即可使 DAL 自动生成适用于分库分表的主键 ID，如图 5-23 所示。

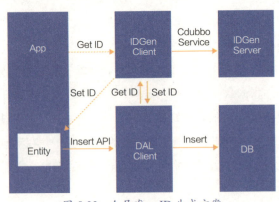

图 5-23　全局唯一 ID 生成方案

DAL ID 生成器基于 Snowflake 算法实现，分为客户端（IDGen Client）和服务端（IDGen Server），服务端负责生成 ID；客户端负责提供 API 给用户或 DAL 来获取 ID。

6. 多渠道日志监控

DAL 非常重视日志和监控功能，它设计了一套日志记录器的接口，以及若干个实现类，支持标准的 slf4j 日志接口。用户可以根据自身的日志需求选择不同渠道的日志记录器，也可以自定义日志行为。DAL 会记录组件初始化过程、连接池活动状态、SQL 请求关键要素、数据源切换动作等多方面的行为和数据。

此外，DAL 对接了携程内部多个渠道的日志、监控系统，如 CAT、CLog、ES、Dashboard 等，一方面，便于用户监测数据库操作性能指标和在线排障；另一方面，便于用户进行后续多维度的数据统计和分析。

7. 数据库连接字符串集中管理

为保护数据库用户名、密码等敏感信息，携程将全公司的数据库连接字符串进行统一管理，并进行访问权限控制。用户在经过授权后，只需要在 DAL 客户端配置数据库唯一标识，即可访问指定数据库，DAL 内部会自动完成数据库连接字符串的获取。这样一来，既实现了数据安全防护，又简化了用户配置。

8. 数据源动态切换

DAL 客户端在创建数据源后会监听服务端的数据库连接字符串变更，当因数据库集群主库故障而发生主从切换时，DAL 客户端会在收到数据库连接字符串变更通知后动态切换数据源，从而实现数据访问高可用。

在具体实现上，DAL 使用两层数据源对象，外层是一个经过封装的可切换数据源，内层包含一个物理数据源，用户获取的是外层数据源。当需要切换数据源时，DAL 会创建一个新的物理数据源，并替换当前的物理数据源，同时外层数据源对象的引用不变，因此用户可以继续使用这个数据源进行操作。

本节从以下几个方面对数据访问中间件进行了介绍。

（1）数据访问层的基本职责。

（2）分布式数据访问中间件需要解决的问题。

（3）分布式数据访问中间件的主流方案。

（4）携程数据访问中间件的功能特点。

希望读者在完成本节的学习后能够有所收获，如果大家对携程开源 DAL 有兴趣，也欢迎提出宝贵的意见和建议。

5.5 缓存层

Redis 在携程得到了广泛的应用，目前生产环境运行集群总数超过 2000 个，总内存超过 200TB，服务器数量超过 1100 个，instance 数量超过 18000 个，QPS（Queries Per Second，每秒查询率）超过 2000 万次，基本覆盖所有生产线。

携程最开始引入的是 Redis 2.x 版本，当时的 Redis 还只支持 Master-Slave 的模式，所以，携程的 Redis 是基于"哨兵＋主从"的高可用模式，并演化出了自己的 Redis 集群模式。

5.5.1 总体架构

携程的 Redis 产品（简称 CRedis），共由 3 个组件构成：Redis 客户端、控制台和治理中心，如图 5-24 所示。

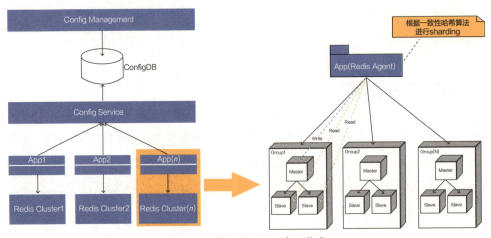

图 5-24　携程的 Redis 产品构成

1. Redis 客户端

Redis 客户端会根据收到的路由信息，处理对 Redis 的访问。Redis 客户端主要具有以下几个功能。

（1）提供对 Redis 的访问。

（2）提供对 Redis 操作的详细监控信息。

（3）动态生效治理中心下发的路由配置。

Redis 客户端不需要判断 Redis 分片的可用情况，只需要根据服务端下发的路由信息，通过一致性哈希算法定位 Key 所在的分片，对相应的 Redis 进行操作。

2. 控制台

控制台负责 Redis 集群配置的可视化操作及监控信息采集，以方便用户观察和修改 Redis 集群配置。由于控制台主要是针对用户行为的一些业务逻辑，架构并不复杂，所以在此只对其进行简要介绍。如图 5-25 所示，Redis 集群名为 Fx_CredisIntegration01，包含 3 个分片，每一个分片上有 2 个 Redis，同时，在背景中标明了 Redis 的集群信息。

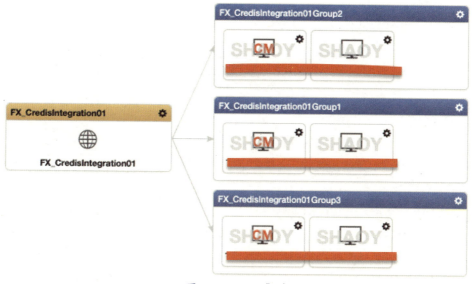

图 5-25　Redis 集群

3. 治理中心

治理中心负责保障 Redis 集群的高可用，以及下发路由信息。治理中心是整个 Redis 产品的"大脑"，一方面，它负责 Redis 集群路由的动态变更和信息下发；另一方面，它还需要保障 Redis 集群的高可用，实现故障自动恢复、秒级恢复。

5.5.2　分片和路由

分片和路由是 Redis 集群的核心概念，所有的客户端访问，都是基于治理中心（服务端）下发的路由信息及分片配置进行的。分片和路由其实是两个维度的配置，之所以将它们放在一起介绍，是因为对 Redis 的访问是由这两个维度共同控制的。

如图 5-26 所示，携程的 Redis 集群使用了"哨兵 + 主从"的高可用模式，由

Master 节点提供写入的功能，Slave 节点可以选择性地分摊读取的压力，使得集群具备了高可用的能力（基于哨兵的主从切换）。

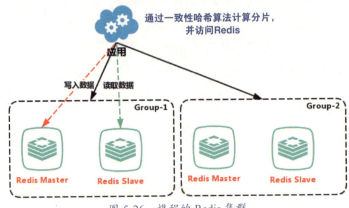

图 5-26　携程的 Redis 集群

1. 分片

CRedis 采用了简单高效的分片策略，使用树形结构来维护集群，这样做有两个好处：一方面，整体结构简单，易维护；另一方面，可以实现水平拓展（具体参考下文，水平拆分）。

在实现分片后，如何对 Redis 发起访问呢？一般来说，常用的做法有两种。

一种是以 Codis、Twemproxy 为代表的方案，由服务端决策一个 Key 的读取问题，这样做的好处是 Redis 在迁移更新时比较方便，因为 Proxy 层的存在，使得客户端不直接与 Redis 进行交互，然而这种方案也有缺陷：一方面，增加一层代理会增加一定的网络开销，在流量大的情况下，这个延迟不可被忽视；另一方面，一个 Proxy 需要代理多个 Redis，一旦 Proxy 出现问题，就会引起大面积故障。

所以，我们通常选择另一种方案，设计一个轻量级的服务端，只提供一个基础的 Redis 配置，并由客户端的哈希算法来保障 Key 的读取，这样，即使网络出现问题，客户端无法从服务中心拉取 Redis 的配置，依然可以使用本地的缓存对 Redis 进行访问。同时 Redis 服务变更具备及时推送的能力，可以保障系统的稳定性。

2. 路由

前文介绍了 CRedis 的分片方式，基于这种分片方式，客户端可以灵活地访问 Redis，操作界面只要进行一次配置的变更，就可以通过推送的方式，使得全局的客户端适配相应的策略，目前，CRedis 的路由策略主要有以下几种。

（1）读写 Master。

（2）写 Master，读当前机房 Slave。

（3）写 Master，读主机房 Slave（适用于跨机房同步场景）。

第一种路由策略主要适用于强一致性的场景，Redis 的同步是异步同步，不是一种强一致的同步方式，写入 Master 的数据可能因为主从切换而丢失。

第二种路由策略是最常见的，由 Slave 分担读取的压力（携程大部分的应用场景是读多写少），Master 主要负责写入，然而 Master 到 Slave 的同步会存在一定的延迟，所以，该策略不适用于立刻读取写入的场景。

第三种路由策略是基于携程的开源跨机房同步产品——XPipe 定制的一种策略，面对读操作多、写操作少的业务场景，跨机房的读取不仅会带来额外的网络开销，也会对机房间的专线造成很大的压力。

5.5.3 高可用

为什么需要一个高可用的系统，以及我们应当如何定义这个系统的可用性？

对于 Redis 集群而言，Redis 是否可以被正常地访问和读写，是衡量可用性的唯一指标，那么，如何才能实现高可用呢？

前文介绍过携程的 Redis 集群基于"主从 + 哨兵"的模式，所以，高可用也是基于哨兵对 Redis 的管理来实现的。哨兵能够帮助我们解决监管 Redis 的问题，然而，如何将 Redis 状态的变更及时地通知客户端，也非常重要。

一般来讲，如果 Redis 的使用规模不大，就可以在客户端直接和哨兵进行通信，从而获取当前可用的 Redis。但是，这种方法对哨兵具有强依赖性，同时，使得客户端的灵活性非常低（一切变更都基于哨兵），当集群规模达到一定程度时，无论是系统的稳定性还是灵活拓展性，以及故障发生时的修复能力，都会受到很大影响。

CRedis 基于治理中心对哨兵的状态监控来调整 Redis 的状态信息，实现高可用的 Redis 系统，如图 5-27 所示。

CRedis 的治理中心通过监听哨兵的通知来生成修复事件，同时，会触发修复事务对 Redis 的状态进行变更。然后，通过配置下发通知客户端，使变更后的配置生效，整个过程可以实现秒级完成。

而治理中心本身是一个分布式的高可用系统，通过节点的水平扩展，可以提高系统的可用性，避免网络故障或个别机器宕机导致高可用出现问题。

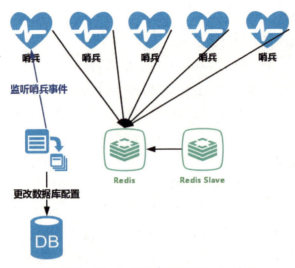

图 5-27　CRedis 实现高可用的 Redis 系统

5.5.4 水平拆分

随着 Redis 的用量越来越大，单个 Redis 的瓶颈也愈发明显，个别使用量大的集群，往往会达到单个 Redis 超过 10GB 的内存容量，在此基础上进行拆分，难免会存在很多困难。

垂直扩容：内存容量有限，内存过大会带来运维风险。垂直扩容是物理扩大 Group 中 Master 和 Slave 的 MaxMemory，这种扩容方式是不可持续的，Redis 实例内存越大，运维的风险也会越大，因为在 Redis 发生故障后，会发生主从同步，所以内存越大的实例同步数据会越慢，导致故障恢复的时间也会越长，给运维工作带来很多不确定的风险。

水平扩容：丢数据，适合缓存类场景。水平扩容会添加 Group（分片），增加集群内存总容量，但是这样会导致一致性哈希算法的节点数量发生变化，需要重新计算 Key 在 Group 的分布，比如 Key1 在水平扩容前，通过哈希计算命中 Group1，并将数据设置在 Group1 上，在水平扩容后，由于一致性哈希环上的节点数量发生变化，再次计算后命中 Group2，然而 Group2 却没有获得 Key1 的值，会出现丢数据的现象。而目前很多业务场景都要求数据无损，所以这种扩容方式只适合缓存类场景。

那么，是否存在不丢数据的水平扩容方案呢？由于现有的垂直扩容方案和水平扩容方案都无法满足业务的扩容需求，因此需要设计一套可以满足业务需求的扩容方案。新的解决方案采用拆分扩容方式，在扩容后可以保证数据不会丢失，并且可以将 Redis 实例的容量调整到可以进行安全运维的数值。

拆分扩容是根据树形数据结构原理，将 Group 作为树形结构中的节点，分为分支 Group 和叶子 Group 两种。拆分的过程是将叶子 Group 转换成分支 Group 的过程，如图 5-28 所示。

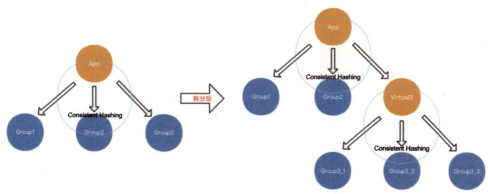

图 5-28　拆分的过程

将叶子 Group（Group3）转换成分支 Group（Virtual3），并给 Virtual3 加载 3 个叶子 Group，即 Group3_1、Group3_2、Group3_3。

叶子 Group 是物理分片，直接对应 Redis 实例；分支 Group 是虚拟分片，当哈希算法命中分支 Group，但没有找到对应的 Redis 实例时，就需要继续向下寻找，直到找到叶子 Group 为止。拆分扩容的步骤如图 5-29 所示。

图 5-29　拆分扩容的步骤

（1）Group 拆分是拆分扩容最关键的步骤，包含数据同步、创建叶子 Group、Group 角色切换、路由修改、路由推送，如图 5-30 所示。

- 数据同步：同步 Group 拆分中的所有数据，确保数据不丢失，若拆分 n 个叶子 Group，则同步 n 个 Slave。
- 创建叶子 Group：在数据同步成功后，创建叶子 Group，每一个叶子 Group 包含一个同步的 Slave。

- Group 角色切换：将拆分的 Group 切换成分支 Group，并在分支 Group 节点下挂载新创建的叶子 Group 节点。
- 路由修改：将修改的路由信息持久化存储到数据库中。
- 路由推送：通知客户端更新路由信息。

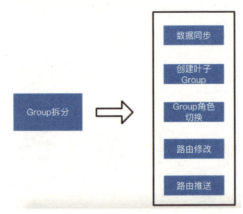

图 5-30　Group 拆分

（2）路由切换：从 Group 角色切换到客户端的路由生效期间，会发生秒级 Set 数据失败。

（3）数据整理：清理新增叶子 Group 中的冗余数据，保证 Group 拆分中的所有数据平均分布在新增叶子 Group 中，并保证数据不会重复占用空间。

（4）挂载 Slave：在新增叶子 Group 下挂载 Slave，Slave 的数量和 Group 拆分中的 Slave 数量一致。在挂载 Slave 成功后，将最新的路由信息推送到客户端。

5.5.5　跨机房容灾

Redis 在携程内部得到了广泛的应用，很多业务甚至会将 Redis 当作内存数据库使用。这就对 Redis 多数据中心提出了很高的要求：一是需要提升可用性，解决数据中心 DR（Disaster Recovery，灾备）问题；二是需要提升访问性能，使每一个数据中心都能读取当前数据中心的数据，无须跨机房读取数据，在这样的要求下，XPipe 应运而生。

为了方便描述，我们使用 DC 代表数据中心（Data Center）。

XPipe 是由携程框架部门研发的 Redis 多数据中心复制管理系统。基于 Redis 的 Master-Slave 复制协议，XPipe 可以实现低延时、高可用的 Redis 多数据中心复制，并且提供一键切换机房、复制监控、异常报警等功能。其开源版本和携程内部的生产环境版本一致。

1. 整体架构

XPipe 的整体架构如图 5-31 所示。

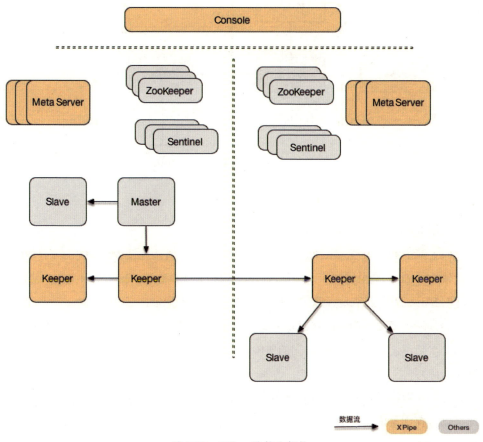

图 5-31　XPipe 的整体架构

Console 用来管理多机房的元信息数据，同时提供用户界面，供用户进行配置和 DR 切换等操作。

Keeper 负责缓存 Redis 操作日志，并对跨机房传输进行压缩、加密等处理。

Meta Server 管理单机房内的所有 Keeper 状态，并对异常状态进行纠正。

2. Redis 数据复制问题

多数据中心首先要解决的是数据复制问题，即数据如何从一个 DC 传输到另一个 DC。我们决定采用伪 Slave 的方案，即实现 Redis 协议，伪装成为 Redis Slave，让 Redis Master 推送数据至伪 Slave。我们把这个伪 Slave 称为 Keeper，如图 5-32 所示。

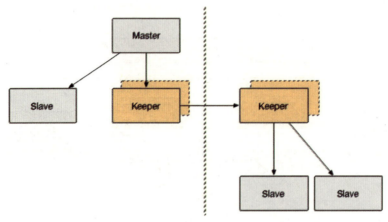

图 5-32　伪 Slave

使用 Keeper 的优势如下所述。

（1）减少 Master 全量同步：如果异地机房 Slave 直接连接 Master，则多个 Slave 会导致 Master 多次全量同步，而 Keeper 可以缓存 RDB 和 Replication Log，使异地机房的 Slave 直接从 Keeper 获取数据，增强 Master 的稳定性。

（2）减少多数据中心网络流量：在两个数据中心之间，数据只需要通过 Keeper 传输一次即可，并且 Keeper 之间的传输协议可以自定义，以便支持压缩功能（目前暂未支持）。

（3）在网络异常时减少全量同步：Keeper 将 Redis 日志数据缓存到磁盘中，这样可以缓存大量的日志数据（若 Redis 将数据缓存到内存 Ring Buffer 中，则容量有限），当数据中心之间的网络出现较长时间异常时，仍然可以继续传输日志数据。

（4）安全性提升：多个机房之间的数据传输往往需要通过公网进行，这样一来，数据的安全性就变得极为重要，Keeper 之间的数据传输可以加密（暂未实现）以提升安全性。

3. DR 切换

DR 切换流程如下所述。

（1）检查是否可以进行 DR 切换：类似于 2PC 协议，首先进行 prepare，保证流程能顺利进行。

（2）原主机房 Master 禁止写入：此步骤可以保证在迁移的过程中，只有一个 Master，解决在迁移过程中可能存在的数据丢失情况。

（3）将新主机房的 Slave 提升为 Master。

（4）其他机房向新主机房同步。

同时提供回滚和重试功能。回滚功能可以回滚到初始的状态，重试功能可以在 DBA 人工介入的前提下，修复异常条件，继续进行切换。

4．XPipe 系统高可用

如果 Keeper 意外宕机，多数据中心之间的数据传输就可能会中断，为了解决这个问题，Keeper 设置了主、备节点，备节点实时从主节点复制数据，当主节点意外宕机时，备节点会被提升为主节点，代替主节点进行服务。

提升操作需要通过第三方节点进行，我们把它称为 Meta Server，主要负责 Keeper 状态的转化及机房内部元信息的存储。同时 Meta Server 要实现高可用：每一个 Meta Server 负责特定的 Redis 集群，当有 Meta Server 节点意外宕机时，其负责的 Redis 集群将由其他节点接替；如果整个集群中有新的节点接入，则会自动进行一次负载均衡，将部分集群移交给新节点。

5.5.6　跨区域同步

区域（Region）是云计算领域通用的一个概念，一般指物理上有一定距离的不同地域，具有独立的网络环境。随着携程业务领域的不断发展，客户的需求也进一步增加，很多业务对数据同步有强依赖性，而 Redis 恰恰是携程业务广泛使用的内存数据库，如果可以将上海中心的数据同步到携程的所有站点，那么不仅会在开发方面具有很大的便捷性，而且会在快速部署上线应用方面具有不可否认的巨大优势。

如果数据传输采用专线，就会产生高昂的专线费用（1MB 的带宽，每月费用约 1 万元）；如果数据传输能够通过公网，则可以将数据传输费用降到非常低。这样就产生了第二个需求：数据传输采用公网。在这样的需求背景下，产生了下面几个问题。

（1）公网的数据传输性能不可靠，Redis 内存缓存的增量数据有限，是否会产生频繁的全量同步？

（2）数据如何从上海内网传输至公网，再传输至内网？

（3）公网的传输性能是否满足业务需求，会不会导致延时过高，甚至无法达到上海的数据产生速度？

1. Redis 全量同步

Redis 数据复制的工作原理可以参考官方手册。

从本质上来说，在 Redis Master 内存中会以 Ring Buffer 的数据结构缓存一部分增量数据；如果网络发生瞬断，Slave 就会继续从上一次中断的位置同步数据，如果网络在一段时间内无法连接，就会进行一次全量同步。

因为数据缓存在内存中，而内存有限且昂贵，所以可以将数据缓存在磁盘中。

在具体的解决方案中，会继续利用 XPipe 的特性，使用 Keeper 作为数据的缓存池（具体的 XPipe 架构参见前文）。

2. 数据从上海内网传输到公网

公网到内网的调用可以使用反向代理软件，因为 Redis 协议为基于 TCP 协议自定义的文本协议，所以我们要使用支持 TCP 协议的反向代理工具。

HTTP 协议的反向代理可以通过域名、URL 等信息进行路由，定位到目标服务器；TCP 协议的反向代理则通过暴露端口来路由到不同的服务器集群。

公司内部的 Redis 集群非常多，如果使用目前的反向代理软件，就需要在公网开放多个端口，实现不同的端口路由到不同的 Redis 集群，而单个 IP 支持的端口有限，并且过多的端口会带来更多的安全及管理问题。

基于此，我们设计了支持动态路由的 TCP Proxy，假设有 4 个点，即 S（Source）、P1（Proxy）、P2（Proxy）、D（Destination），S 需要通过 Proxy 建立到 D 的 TCP 连接，整个过程如图 5-33 所示。

图 5-33　S 通过 Proxy 建立到 D 的 TCP 连接过程

（1）S 建立到 P1 的 TCP 连接。

（2）S 发送路由信息：Proxy Route P2 D。

（3）P1 在收到信息后建立到 P2 的 TCP 连接。

（4）P1 发送路由信息：Proxy Route D。

（5）P2 在收到路由信息后建立到 D 的 TCP 连接。

整体架构如图 5-34 所示，箭头方向为数据传输方向，TCP 连接建立方向则与之相反。Proxy 本身无状态，所以默认可以实现高可用；Proxy 本身支持数据加密、压缩等功能。

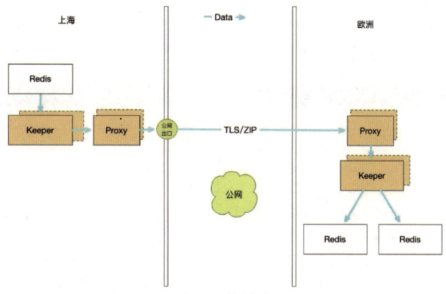

图 5-34　整体架构

用户可能会产生疑问，为什么在欧洲还需要设置一组 Proxy 集群，而不使用 Keeper 直接连接上海的 Proxy？

这主要是基于功能隔离的考虑，Proxy 专注处理加密、压缩等传输层需要考虑的问题，Keeper 只需要考虑业务相关的问题。加密、压缩算法的优化和变更不会影响 Keeper。

3．公网传输性能

一般在考虑网络问题时，需要考虑带宽、延时、丢包 3 组要素，公网传输可以说是高带宽、高延时、高丢包。网络上有很多关于 Long Fat Network 及网络性能调优的文章，这里不再赘述，而是主要描述整个实践过程。

首先，我们调整了 TCP 的发送和接收窗口，代码如下：

```
net.core.wmem_max=50485760
net.core.rmem_max=50485760
net.ipv4.tcp_rmem=4096 87380 50485760
net.ipv4.tcp_wmem=4096 87380 50485760
```

上海到欧洲的网络延时为 200 毫秒左右，在调整完成后进行 24 小时的稳定性测试,会发现有多个时间点的带宽没有记录,导致数据同步延时过高。查看当时 TCP 连接的状态(使用 ss 命令),就可以发现在发送数据时,时不时地丢包导致 TCP 发送窗口(cwnd)一直很小,问题主要在于数据发送方。

据此,我们在测试环境下比较了多种发送端的拥塞控制(Congestion Control)算法:Cubic、Htcp、Reno、BBR。在 1% 丢包率下不同算法的带宽对比如表 5-3 所示。

表 5-3　1% 丢包率下不同算法的带宽对比

算法	平均带宽
Cubic	0.15 MB/s
Htcp	0.11 MB/s
Reno	0.09 MB/s
BBR	13.6 MB/s

通过上述测试案例可知,BBR 算法的带宽比其他算法的带宽提升了几乎 100 倍,并且在其他丢包率的情况下,也有更好的表现。

因为数据发送方在上海,所以上海的服务端部署了 BBR 算法。如图 5-35 所示,在 10MB/s 的数据传输速率下,公网的 24 小时延时测试数据(单位为微秒,1 毫秒 = 10^6 微秒)的最大延迟为 200 毫秒。

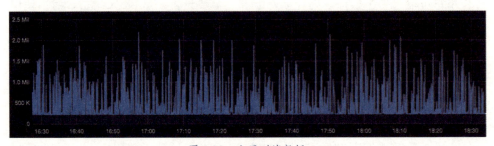

图 5-35　公网测试数据

公网和专线的对比如表 5-4 所示。

表 5-4　公网和专线的对比

	公网	专线
丢包	高(约 1%)	低(约 0.05%)
带宽	高	低
延时	中	中
价格	非常低	高,1 万元 /MByte/ 月

5.5.7 双向同步

单向同步的 Redis 固然可以解决问题,然而,大量的国外数据需要先回流到上海,再从上海同步到各个数据中心,这不仅给业务开发带来了额外的复杂性和代码的冗余性问题,也对数据本身的时效性及跨区域传输的费用产生了影响。

在 Redis 跨区域同步后,业务上有了新的需求:能否在每一个站点都实现独立地写入和读取,使所有数据中心之间互相同步,同时跨区域复制的一致性等问题是否可以由底层存储来解决?

于是,产生了如图 5-36 所示的 Redis 架构模型。

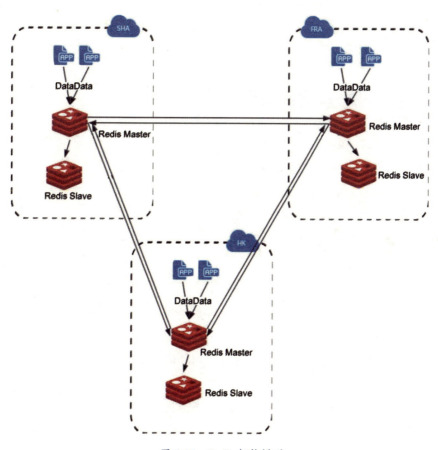

图 5-36　Redis 架构模型

每一个站点都拥有自己的 Master 和 Slave 节点,并且每一个站点的 Master 可以和其他站点的 Master 互相同步,从而达到所有站点共享一份数据的效果。

1. 技术选型

我们需要一个分布式的 Redis 存储，能够实现跨区域多向同步。面对大型分布式系统，不可避免地要提及 CAP 理论，即 C（Consistency，一致性）、A（Availability，可用性）和 P（Partition tolerance，分区容错性）。

显然，分区容错性是首要考虑因素。其次，跨区域部署就是为了提高可用性，然而对于常见的一致性协议，无论是 2PC、Paxos 还是 Raft，在此场景下都要进行跨区域同步更新，不仅会降低用户体验，在网络分区时还会影响可用性。

对于 Redis 这种毫秒级响应的数据库而言，应用当然希望在每一个站点都可以顺畅地使用，因此一致性必定会被排在最后。

那么一致性是否无法被满足了呢？事实并非如此，实际上，"最终一致"也是一种选择。经过调研，我们决定选用"强最终一致性"的理论模型来满足一致性的需求。

2. 跨数据中心双向同步共同的问题

各种数据库在设计双向数据同步时，都会遇到以下问题。

（1）复制回源：A → B → A。

数据从 A 复制到 B，B 在收到数据后，再回源复制给 A。

（2）环形复制：A → B → C → A。

我们可以通过标记来解决上一问题，然而在系统引入更多节点后，A 发送到 B 的数据，可能通过 C 再次回到 A。

（3）数据一致性。

网络传输具有延迟性和不稳定性，多节点的并发写入会造成数据不一致的问题。

（4）同步时延（鉴于案例场景是跨国的数据同步，这一项先忽略）。

3. Redis 的问题

（1）Redis 原生的复制模型，是不支持 Multi-Master 理论架构的。

开源版的 Redis 只支持 Master-Slave 架构，并不支持 Redis 之间互相同步数据。

（2）Redis 特殊的同步方式（全量同步＋增量同步），给数据一致性带来了更多的挑战。

Redis 全量同步和增量同步都基于"ReplicationId + Offset"的方式实现，在引入多个节点并互相同步后，如何对齐全量同步和增量同步的 Offset 是一个很大的问题。

（3）同时支持 Master-Slave 架构。

在新版架构上，同时支持 Master-Slave 架构，这两种架构在同步方式和策略方面的异同，会带来新的挑战。

4. 一致性的解决方案

目前，携程双向同步的项目还没有开源，所以本书不在此详述，仅针对一致性问题进行介绍。

CRDT（Conflict-Free Replicated Data Type）是各种基础数据结构的最终一致算法的理论总结，能根据一定的规则自动合并，解决冲突，达到强最终一致性的效果。

2012 年，CAP 理论提出者 Eric Brewer 撰文回顾 CAP 时也提到，C 和 A 并不是完全互斥的，建议大家使用 CRDT 来保障一致性。然后，各种分布式系统和应用均开始尝试使用 CRDT，Redis Labs 和 Riak 已经实现多种数据结构，微软的 Cosmos DB 也在 Azure 上使用 CRDT 作为多活一致性的解决方案。

我们最终也选择站在"巨人"的肩膀上，通过 CRDT 这种数据结构来实现自己的 Redis 跨区域多向同步。

5. CRDT

CRDT 的同步方式有两种。

（1）State-Based Replication：发送端将自身的"全量状态"发送给接收端，接收端执行 Merge 操作，以达到和发送端状态一致的结果。State-Base Replication 适用于不稳定的网络系统，通常会有多次重传，并要求数据结构支持 associative（结合律）/commutative（交换律）/idempotent（幂等）。

（2）Operation-Based Replication：发送端将状态的改变转换为操作发送给接收端，接收端执行 Update 操作，以达到和发送端状态一致的结果。Operation-Based Replication 只要求数据结构满足 commutative 的特性，不要求满足 idempotent 的特性。Operation-Based Replication 在收到 Client 端的请求时，通常分为两步进行操作。

- prepare 阶段：将 Client 端操作转译为 CRDT 的操作。
- effect 阶段：将转译后的操作广播到其他 Server 端。

两者在实现上的界限比较模糊。一方面，State-Based Replication 可以通过发送增量数据减少网络流量，从而实现和 Operation-Based Replication 比较接近的效果；另一方面，Operation-Based Replication 可以通过发送 compact op-logs 将操作全集发送过去，解决初始化时的同步问题，从而实现类似于 State-Based Replication 的效果。

携程的系统借助了两种同步方式，以适用于不同的场景。

（1）State-Based Replication 通常基于"全量状态"进行同步，这样会造成网络流量太大，同步的效率低下。在同步机制已经建立的系统中，我们更倾向于使用 Operation-Based Replication，以达到节省流量和快速同步的目的。

（2）Operation-Based Replication 是基于 unbounded resource 的假设进行论证的学术理念，在实践过程中，不可能有无限大的存储资源将某个站点的全部数据缓存下来。

这样就带来一个问题，如果需要新增节点或者网络断开过久时，我们的存储资源不足以缓存所有有价值的操作，就会使得复制操作无法进行。此时，我们需要借助 State-Based Replication 对多个站点的状态进行 Merge 操作。

6. CRDT 的数据结构

Redis 的 String 类型对应的操作有 Set、Delete、Append、Incrby 等，这里只介绍 Set 操作（Incrby 会是不同的数据类型）。

首先介绍 CRDT 如何处理 Redis String 类型的同步问题。Redis 的 String 类型对应于 CRDT 中的 Register 数据结构，其中有两种比较符合我们的应用场景。

（1）MV（Multi-Value）Register：数据会保留多份副本，客户端在执行 Get 操作时，会根据一定的规则返回值，这种类型比较适合 Incrby 的整型数操作。

（2）LWW（Last-Write-Wins）Register：数据只保留一份副本，以时间戳最大的一组数据为准，在 Set 操作中，会使用这种类型。

前文提及的两种不同的同步方式对 LWW Register 的实现方式会稍有不同。对于 Operation-Based Replication 而言，每次的 Redis 操作，以 Set 为例，都会按照以下步骤进行。

（1）将 Set 操作转译为对应的 Update 操作，携带关于 CRDT 的更详细的信息，如时间戳、源站点 ID、逻辑时钟等。

（2）在本地应用此操作。

（3）将操作传播给其他相关联的 Redis。

对于 State-Based Replication 而言，并不会将每次的操作都进行转发，而是会选择性地通过增量快照或者全量快照的形式，将内存中的状态直接发送给其他节点。同样，对于 Redis 的 Set 操作，步骤如下所述。

（1）在本地执行 Set 操作，将 K/V 转化为 CRDT Register 的形式存储在本地内存中。

（2）将内存以快照的形式发送给其他站点。

（3）在收到快照后，解压并使用 CRDT Register 对应的 merge() 函数，与本地的数据库进行合并操作。

携程对 Redis 的应用可谓到了极致，本节介绍了 Redis 的集群化管理、跨机房容灾，以及跨区域（国家）的数据同步和双向同步。希望可以帮助大家更好地使用 Redis，也希望我们的实践能够"抛砖引玉"，让市场上出现更好的作品。

5.6 本章小结

本章给大家介绍了携程正在使用的框架中间件的部分实现细节。很多问题在开源社区都存在相应的解决方案，但一方面企业内部难免存在自身特殊需求，另一方面即使存在共性问题，解决方案的侧重点也不相同，因此我们对部分框架中间件存在较强的自研需求。在解决自身问题的过程中，我们大量参考了开源社区同类产品的设计思路和实现技巧，所以读者在阅读本章部分细节内容时，可以尝试联想和对比同类产品的实现思路，体会其中的异同，相信会带来更多收获。在参考开源产品的同时，携程也把部分经历了生产环境检验的框架中间件产品进行了开源，以回馈开源社区，欢迎感兴趣的读者关注并参与进来。

Ctrip
Architecture
Distilled
携程架构
实践

第6章
数据库

在介绍数据库的运维前,我们先来看一段电影《萨利机长》的剧情概要:

2009年1月15日下午,在纽约长岛繁忙的拉瓜迪亚机场中,一架客机缓缓驶出停机坪。这架客机是全美航空的空客320型飞机,航班号是1549,执飞的任务是从纽约飞往西雅图,中间经停北卡罗来纳州的夏洛特。连同机组人员在内,这个航班上有155人。

在收到塔台允许起飞的命令后,1549次航班顺利地从跑道起飞,机长萨伦伯格让一旁的副驾驶、49岁的杰夫接过了操控权,对杰夫说:"哈德逊河今天看上去真漂亮。"

在90秒后,飞机突然发生一阵剧烈的晃动,飞机撞到鸟群了!在一阵晃动后,萨伦伯格看了一眼仪表盘,最坏的情况发生了:这架空客320型飞机的两个引擎同时失去了动力。而此时的飞机已爬升到1500多米的高度,飞行速度为400千米/小时。

"呼救!呼救!呼救!这里是1549次航班,我们撞上了鸟群,两个引擎都失去了动力,我们准备返回拉瓜迪亚机场!"在第一时间,萨伦伯格想到的是把飞机驶回拉瓜迪亚机场。

而1549次航班此时离地面只有400多米的高度了,来不及返回拉瓜迪亚机场了。经过短暂的思考,萨伦伯格最终决定在哈德逊河上迫降。

失去动力的空客320型飞机,此时就是一架几十吨重的滑翔机,而萨伦伯格年轻时的滑翔机驾驶经验此时派上了用场,他争取让飞机以一个完美的姿态切入哈德逊河的河面:切入角度要保持在11度左右,同时不能让飞机失控。

30米,30米,10米——"轰!"

当萨伦伯格和杰夫从巨大的冲击中清醒过来时,看到的是周围的一片水面,他们意识到,迫降成功了。1549次航班上的155人全部生还。

——《萨利机长》

这简短的电影剧情概要,与本章要介绍的内容有着密切的关联。飞机驾驶和数据库运维有着很多相似的地方。

(1)二者都在高速场景下运行,监控告警、故障排查和问题解决往往只有几分钟时间。

(2)二者都要有高可用及容灾方案。例如,飞机的两个引擎失去动力,就需要启动容灾方案。

(3)飞机注重日常维护和巡检,数据库也类似,只要有告警,就需要及时解决。

(4)飞机的安检严格,数据库也有严格的准入制度,不允许写入性能差的语句。

(5)飞机装有黑匣子,数据库也类似,需要使用全量语句跟踪,便于进行问题排查。

(6)飞机出现故障是灾难性的,数据库也类似,其故障影响范围比较广。

携程网是一个典型的面向交易系统的网站,有大量面向事务及事务/分析混合的数据存储场景。为满足业务需求,携程实时数据存储平台提供了包括关系型、缓存型、文档型及面向实时计算的大数据存储产品。携程采用了业内流行的开源组件和解决方案,并进行定制化改造和自动化运维工具开发,形成了一个完备的数据存储平台。同时面对不断涌现的新的数据存储技术,携程也在积极探索和实践。携程正在使用的数据库产品如图6-1所示。

图6-1 携程正在使用的数据库产品

SQL Server:携程之前一直将SQL Server作为数据库。SQL Server的性能较强,管理和运维比较方便,所以携程积累了大量的运维经验。其主要不足在于SQL

Server 是一款商业化产品，无法根据源代码进行定制化开发，并且目前没有很好的解决方案来解析 SQL Server 日志，这给数据的订阅传输带来较大的困难。目前，携程已经不允许新增 SQL Server 数据库了，之前的数据库也在逐步下线中，使用的替代产品是开源的 MySQL。

MySQL：2014 年前，携程的关系型数据库只有一种，即 SQL Server。随着移动互联网和开源时代的到来，我们发现昂贵的商业数据库已经很难满足携程业务增长的需求了，最终选择 MySQL 的开源版本作为携程新的关系型数据库，使携程开始了漫长的数据库转型之路。MySQL 的优点在于可以定制化开发，如数据库运维最担心的"删库跑路"问题，我们就是通过定制化来解决的。在删库/删表前增加一层判断，只有不活跃的表或库才能被删除。这对于之前的 SQL Sever 而言是做不到的。MySQL 也有缺点，如并发处理能力弱，以及 DDL 操作（如添加字段）比较困难。但这两个问题都是可以解决的。对于不复杂的语句而言，MySQL 的处理能力和 SQL Server 的处理能力是不相上下的。所以开发人员应当将计算尽量放在应用层，并且所使用的数据层的查询语句应当尽量简单。对于 DDL 操作而言，业界也有一些比较成熟的开源工具，如 gh-ost 可以用来解决 DDL 操作的困难。随着 MySQL 版本的演进，相应的数据库产品应该会越来越好。

Redis：Redis 是业界广泛使用的，基于内存的非关系型 Key/Value 存储引擎。虽然它是一个单线程的服务，但是借助于非阻塞 IO 和高效的事件驱动器，每秒可以达到超过 10 万次的查询次数。携程将 Redis 作为缓存类型数据的存储引擎，目前其产品规模已经达到数万个实例。由于庞大的用户和产品规模，Redis 几乎用在了携程每一个重要业务场景中。Redis 作为后端数据库的前哨站，承担了携程大部分外部查询请求，当 Redis 服务出现故障时，Redis 后端服务的压力可能会瞬间升高引发雪崩效应。所以，其重要性完全不亚于关系型数据库，甚至超过了关系型数据库。

MongoDB：MySQL 已经可以支撑大部分业务，但是在某些特定场景下，MongoDB 比 MySQL 更有优势。MongoDB 的引入是为了更好地解决文档或者 JSON 存储场景，实现更高的压缩效率，以及更大的存储空间。传统的关系型数据库是一个二维存储结构，需要存储的值必须有一个对应的列，这就意味着在添加功能时必须对表添加字段，而对于关系型数据库 MySQL 而言，添加字段是一个高成本的操作，费时费力。这时 MongoDB 无表结构的优势就体现出来了，在 MongoDB 中，通常开发人员只需要存储一个完整的 JSON 结构即可，而 JSON 结构是由开发人员自定义的，并且可以随意添加不同的 Key，这种灵活的特性适用于一些数据量较大且表结构变化比较频繁的业务。

HBase：携程使用 HBase 进行一些海量的数据存放，包括日志数据和海量的中间计算数据。HBase 进行海量数据存储的速度非常快，因为它是分布式的。但 HBase 进行检索的性能一般。另外，需要注意的是，HBase 需要定期进行数据压缩和迁移维护作业。在数据压缩期间，对其性能的影响较大，所以对响应时间要求比较高的应用，不适合使用 HBase。

TIDB：在运维了几年 MySQL 后，我们发现处理超大容量集群时的运维负担比较重，在上线时没有做好分库的实例很难在业务运行过程中进行拆分，这就导致实例越来越大，对可用性、备份等提出了很大的挑战，所以我们开始逐步将这些大实例向分布式的架构进行迁移。TIDB 是一个分布式的数据库存储服务，它完整地实现了 MySQL 的接口协议，这意味着业务基本不需要修改代码就可以方便地把数据源切换到 TIDB 上，这种弱侵入性的迁移方式非常适合超大的 MySQL 实例。在架构上，TIDB 将访问层和存储层进行了分离，存储层支持扩展的能力可以很好地把 MySQL 的超大实例划分成多个服务器上的 KV 存储，对运维更加友好，并且原生的分布式架构及几乎无状态的服务层让高可用的实现更加简单。

和飞机飞行需要各种配套设施支持一样，数据库运维也需要构建一套生态系统，包括使用规范、权限管理、上传发布、在线查询、监控告警、高可用设计、异地容灾等。只有完备的生态系统，才能把数据库的功能充分发挥出来，更好地为携程业务保驾护航。下面介绍数据库周边生态系统及设计要点。

6.1 上传发布

数据库的上传发布，简而言之，就是 DDL 操作的过程，主要包括表的创建、表结构的调整、索引的调整等。对于繁忙的在线应用数据库而言，表结构的调整并没有那么简单。如果不对其进行控制，就直接将热表字段扩大长度，可能会导致数据库迅速崩溃。本节会介绍以下内容，主要围绕 MySQL、SQL Server。

（1）表结构设计规范。

（2）数据库表结构的发布。

（3）SQL Server 的特殊之处。

6.1.1　表结构设计规范

"没有规矩，不成方圆。"数据库的表结构设计必须遵循一定的规范，这对后续的数据库自动化运维会有极大的帮助。下面是一些比较明确的规则，我们可以使用这些规则在数据库上传发布的环境下进行检查控制，对不符合规范的，直接进行拦截或自动修复。

- 创建表的存储引擎必须是 InnoDB：不能选择其他引擎。
- 每张表必须有主键且不能使用联合主键：每行数据都能被唯一区分。
- 默认使用 utf8mb4 字符集：utf8mb4 字符集支持 emoji 表情符。
- 每张表必须有 modifytime 字段：该字段的定义为 "`modifytime` TIMESTAMP(3) NOT NULL DEFAULT CURRENT_TIMESTAMP(3) ON UPDATE CURRENT_TIMESTAMP(3) COMMENT ' 更新时间 '"，并强制对该字段创建索引。
- 推荐使用 createtime 字段：默认值设置为 CURRENT_TIMESTAMP，该字段用于记录行创建时间。
- 不允许使用外键：表之间的关联应该通过应用层进行保证。
- 自增字段必须是主键或唯一索引：避免复杂表结构。
- 所有声明为 NOT NULL 的字段必须显式指定默认值。
- 使用 TEXT 字段需要审批：TEXT 字段对 MySQL 主从复制、网络带宽、数据库性能影响都比较大，是数据库不稳定的重要因素之一，如果必须使用 TEXT 字段，并且数据量不大，就需要走审批流程。
- 禁止使用视图、触发器和存储过程：应用逻辑应当放在应用上。
- 表和字段必须添加备注说明，以利于被数据字典采集和展现。

总的来讲，数据库表结构设计规范的限制并不多。表结构设计需要经过设计流程，在流程中进行控制，才能把这些规则落实。只有保持一致的规范，后续的数据库自动化运维才能顺畅。

6.1.2　数据库表结构的发布

飞机在起飞和降落时的风险最高，数据库则是在发布时的风险最高。数据库表结构的发布分为两种：一种是新增语句，另一种是表结构字段变化。如果新增语句有异常，则应用可以快速地回退。而表结构字段变化则影响较大，回退非常困难。因此数据库表结构字段的发布，历来是数据库运维的难点之一。

数据库表结构字段的发布有几种方法：①使用原生的语法。这种操作比较简单粗暴，风险很高，发布期间很容易导致服务器负载上升。②使用开源 pt-osc 工具。其原理是对要变更的表设置触发器，收集语句的变化，保证临时表和变更表的数据一致性。触发器对服务器性能影响比较大，尤其是对于热表，所以也不是最佳选择。③使用 gh-ost 工具来实现表结构字段的发布。其原理是通过 binlog 来复制数据，并应用到临时表上，然后进行交换表名操作，如图 6-2 所示。

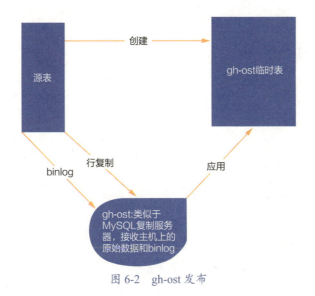

图 6-2　gh-ost 发布

gh-ost 发布对服务器的性能影响远远小于前面两种方案，是目前携程主要使用的数据库发布工具。使用这个工具有两个限制：①数据库的主从复制必须是行模式；②需要特别注意剩余空间问题和主从复制延迟问题。我们对 gh-ost 工具进行了二次开发，设置了很多判断和队列管理，以及速度控制。比如，要求单表大小不能超过 100GB，超过 100GB 的表结构的发布会被拦截。目前 gh-ost 已进行了 50000 多次数据库发布，未出现故障。

6.1.3　SQL Server 的特殊之处

携程在使用 SQL Server 时有一个特殊之处：应用程序账号可以对表进行 Select 查询操作，但没有对表进行增删改操作的权限。如果需要对表进行增删改操作，则必须调用特别的存储过程来实施。每张表包括 3 个存储过程：sp_table_i、sp_table_d、sp_table_u，分别对应插入、删除和更新操作。这个限制可以实现：①保证数据不会被应用程序误删除，尤其是防止不带 WHERE 条件的删除或更新；②增删改操作严格根据主键来操作，不会对数据库产生阻塞；③如果确实有大批量数据需要进行操作，则通过 TVP（Table Variable Parameter）来实施。定义 City 表的代码如下：

```
CREATE TABLE [dbo].[City](
    [City] [int] NOT NULL,
    [CityName] [varchar](50) NULL,
    [Province] [int] NOT NULL,
    [Country] [int] NOT NULL,
    [ModifyTime] [datetime] NULL DEFAULT (getdate()),
PRIMARY KEY CLUSTERED
(
    [City] ASC
))
```

在每次进行表结构的发布时，会重新生成 3 个存储过程，代码如下：

```
CREATE PROCEDURE [dbo].[sp_City_i]
        @City int,
        @CityName varchar(50)=NULL,
        @Province int,
        @Country int,
        @ModityTime datetime=NULL
    AS
        DECLARE @retcode int, @rowcount int
        SET LOCK_TIMEOUT 1000
         INSERT INTO City([City],[CityName],[Province],[Country],[ModityTime])
        VALUES(@City,@CityName,@Province,@Country,GETDATE())
        SELECT @retcode = @@ERROR, @rowcount = @@ROWCOUNT
        IF @retcode = 0 AND @rowcount = 0
          RETURN 100
        ELSE
          RETURN @retcode
    GO

CREATE PROCEDURE [dbo].[sp_City_u]
        @City int,
        @CityName varchar(50)=NULL,
```

```
        @Province int=NULL,
        @Country int=NULL,
        @ModityTime datetime=NULL
    AS
    DECLARE @retcode int, @rowcount int
    SET LOCK_TIMEOUT 1000
    UPDATE City SET
    [CityName]=ISNULL(@CityName,[CityName]),
    [Province]=ISNULL(@Province,[Province]),
    [Country]=ISNULL(@Country,[Country]),
    [ModityTime]=GETDATE()
    WHERE City=@City
    SELECT @retcode = @@ERROR, @rowcount = @@ROWCOUNT
    IF @retcode = 0 AND @rowcount = 0
        RETURN 100
    ELSE
        RETURN @retcode
GO

CREATE PROCEDURE [dbo].[sp_City_d]
        @City int
    AS
    DECLARE @retcode int, @rowcount int
      SET LOCK_TIMEOUT 1000
    DELETE City WHERE [City]=@City
      SELECT @retcode = @@ERROR, @rowcount = @@ROWCOUNT
    IF @retcode = 0 AND @rowcount = 0
        RETURN 100
    ELSE
        RETURN @retcode
GO
```

这 3 个存储过程的作用分别是插入、更新和删除，是依据模板生成的。由于我们限定了每张表必须有主键，所以这些存储过程就有了一个统一的根据主键来操作的模板。对于带自增列的表而言，模板也会进行相应的适配。

SQL Server 数据库的事务隔离级别默认为 Read Committed 且没有快照读，否则会导致数据库服务阻塞严重,处理能力降低。现在我们从权限角度限制每次操作只能依据主键进行增删改操作,并且规定所有查询必须带有 NOLOCK 提示符,从而极大地减少了数据库层面的阻塞,以及代码误操作的行为。因此,与 MySQL 相比,SQL Server 在发布时会有增加这 3 个存储过程而重新生成的一个过程。

本节介绍了数据库的上传发布。对于数据库运维而言,发布过程相当于飞机的起飞过程,风险比较高,需要有一定的表结构设计规范进行限定,以及合适的工具来实施。另外,针对 SQL Server,为减少阻塞及数据误操作,特有的存储过程需要随着表结构的发布而重新生成。

6.2 监控告警

飞机的驾驶状况依赖仪表仪器的数据进行监控,数据库运维也类似,需要通过各种指标监控当前数据库的运行状况。从最基础的数据库服务是否正常,到主从是否存在延迟,甚至到数据库内部是否存在阻塞等,都需要进行数据采集,并适当在前端展示。通过这种密集式的监控,数据库若有性能抖动或异常,就能被马上捕获。但只有性能计数器是不够的,还需要抓取在数据库上运行的语句性能开销,因为数据库性能异常通常与上面运行的语句负载相关,所以根据性能指标可以快速定位导致异常的语句。

本节主要介绍以下内容。

(1)数据库大盘监控。

(2)运维数据库 OPDB。

(3)语句监控。

6.2.1 数据库大盘监控

数据库与业务关联紧密,业务上的波动会在数据库上显现出来,如批处理性能下降或 IO 使用率上升。数据库大盘监控页面可以辅助我们在第一时间发现性能有异常的数据库服务。大盘监控相当于飞机的仪表盘监测,可以帮助我们采集核心的性能指标,包括服务是否可用、CPU 使用率、主从延迟等。绿灯表明该项指标正常;红灯表明该项指标发生告警且比较严重,需要马上采取措施;黄灯则表明该项指标开始发生异常,需要及早处理,如图 6-3 所示。

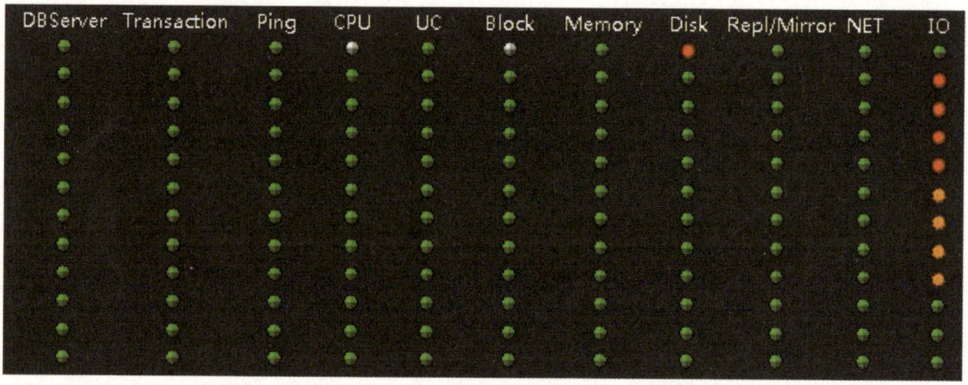

图 6-3　数据库大盘监控

IO 指标的重要性比较弱，所以被放在最右侧。在排序显示时，有告警的服务器需要排在上面，以便工作人员快速发现有告警的服务器。这些指标的定义如表 6-1 所示。

表 6-1　指标的定义

监控项	红灯告警	黄灯告警
DBServer（服务是否正常）	服务连不上	
Transaction（是否及时提交事务）	1 分钟未提交	
Ping（服务器连通性）	最近 10 秒内 3 次 ping 不通	最近 10 秒的平均响应时间 >10 毫秒
CPU（CPU 使用率）	CPU 使用率大于 80%，或者 CPU 使用率在 60%～80% 范围内且偏移量大于 40%	CPU 使用率在 60%～80% 范围内且比正常值偏移 20%～40%，或者 CPU 使用率在 0～60% 范围内且比正常值偏移大于 40%
UC（连接数）	连接数增长大于 20%	连接数增长在 10%～20% 范围内
Block（阻塞）	1 分钟内的阻塞数大于 100	1 分钟内的阻塞数在 15～100 范围内
Memory（可用内存）	SWAP 空闲率小于 25%	SWAP 空闲率在 25%～50% 范围内
Disk（磁盘可用空间）	可用空间小于 10%	可用空间在 10%～15% 范围内
Repl/Mirror（复制延迟）	延迟大于 300 秒	延迟在 180～300 秒范围内
NET（网络带宽使用率）	带宽利用率大于 80%	带宽利用率在 50%～80% 范围内
IO（磁盘性能）	IO 利用率大于 80%	IO 利用率在 50%～80% 范围内

在各种数据库产品中，都会有这些核心指标。性能数据来自各数据库服务器上采集的数据。我们在每台服务器上都部署了数据采集程序，并推送到集中服务器上。数据的采集会借助第 8 章介绍的 Hickwall 来进行。Hickwall 会收集服务器的标准性

能数据，对于数据库服务器而言，还会额外收集与数据库相关的指标。从性能数据采集到前端展示，延迟应该在 1 分钟之内。我们还采用了白名单机制，如某台服务器的 CPU 指标一直闪烁黄灯，但其对应的业务重要程度不高，此时，我们可以调整一下该服务器的黄灯 / 红灯告警阈值，减少不必要的告警干扰。

大盘监控对我们从整体上把握数据库的性能非常重要。如果发生订单下跌的情况，就可以根据数据库大盘监控指标判断相应的数据库服务是否有异常。当然，为了进一步分析问题，还需要明细的性能监控数据，因为数据库的性能计数器有上百个，我们可以通过明细监控来进一步展示。

6.2.2 运维数据库 OPDB

每当出现紧急情况时，飞机驾驶员往往需要求助于地面指挥中心，甚至还需要翻看飞机的飞行手册。这是因为飞机驾驶员擅长的是如何驾驶飞机，并不一定对飞机的一切都了如指掌。数据库运维也是如此，一旦出现紧急故障，就需要有一个速查手册，用于快速定位问题。

OPDB 就是为此创建的。我们在每台数据库服务器上都部署了这个运维数据库，并通过里面的表记录运维监控数据，通过存储过程记录速查命令。在此以 SQL Server 为例，表 6-2 列举了 OPDB 里比较常见的几个运维存储过程。

表 6-2　OPDB 里比较常见的几个运维存储过程

存储过程	用途
sp_Backup_Percent	显示数据库备份进度
sp_block	查看阻塞和锁，阻塞源头
sp_help	显示 OPDB 运维数据库的存储过程使用说明
sp_index_details	查看指定 DB 下的所有表或指定表的索引详细定义
sp_index_missed	查看前 n 条缺失索引，以及添加命令
sp_index_usages	获取指定 DB 中的所有表或指定表的索引使用的情况
sp_login_details	导出所有 login 或指定 login 的 create 脚本
sp_Login_islandUsers	获取所有 DB 或指定 DB 下的孤立用户及其安全标识符
sp_mirror_monitor	查看所有镜像同步情况
sp_perf_topcpu	获取前 n 个 CPU 开销较高的 SQL（默认取 10 条）
sp_perf_topio	获取前 n 个 IO 开销较高的查询（默认取 50 条）

存储过程对复杂的命令进行了封装，以便在紧急情况下快速定位问题。下面引

入一个案例分析：数据库服务器的 CPU 使用率接近 100%，如图 6-4 所示。

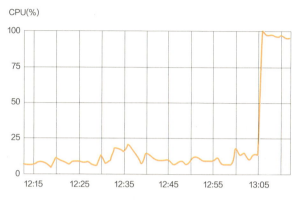

图 6-4　CPU 使用率急剧升高的案例

登录服务器，并在 OPDB 中运行 sp_perf_topCPU 命令，会显示 CPU 开销较高的前 10 条语句，即可迅速定位到 CPU 使用率高应该是应用 100009772 语句导致的，如图 6-5 所示。我们可以点击查看该语句的执行计划，确认是否能通过紧急添加索引来尽快恢复，也可以联系开发人员，确认是否有相应的变更。其他的数据库，如 MySQL 也应有相应的运维数据库 OPDB 部署，以协助命令速查和操作。

query_text	text	query_plan
sp_server_diagnostics	sp_server_diagnostics	NULL
SELECT TOP 20 ISNULL(s.PaySite,'') AS PaySiteNa...	SELECT TOP 20 ISNULL(s.PaySite,'') AS PaySiteNa...	<ShowPlanXML xmlns="http://schemas.microsoft.co...
SELECT * FROM (SELECT ROW_NUMBER() OVER (ORDE...	/*100000772*/ SELECT * FROM (SELECT ROW_NUMBER...	<ShowPlanXML xmlns="http://schemas.microsoft.co...
SELECT * FROM (SELECT ROW_NUMBER() OVER (ORDE...	/*100000772*/ SELECT * FROM (SELECT ROW_NUMBER...	<ShowPlanXML xmlns="http://schemas.microsoft.co...
SELECT * FROM (SELECT ROW_NUMBER() OVER (ORDE...	/*100000772*/ SELECT * FROM (SELECT ROW_NUMBER...	<ShowPlanXML xmlns="http://schemas.microsoft.co...
SELECT * FROM (SELECT ROW_NUMBER() OVER (ORDE...	/*100000772*/ SELECT * FROM (SELECT ROW_NUMBER...	<ShowPlanXML xmlns="http://schemas.microsoft.co...
SELECT * FROM (SELECT ROW_NUMBER() OVER (ORDE...	/*100000772*/ SELECT * FROM (SELECT ROW_NUMBER...	<ShowPlanXML xmlns="http://schemas.microsoft.co...
SELECT * FROM (SELECT ROW_NUMBER() OVER (ORDE...	/*100000772*/ SELECT * FROM (SELECT ROW_NUMBER...	<ShowPlanXML xmlns="http://schemas.microsoft.co...

图 6-5　定位导致 CPU 使用率高的语句

6.2.3　语句监控

黑匣子是将飞机飞行情况存储下来的仪器，用于事后的问题分析。数据库也需要将在数据库上执行的语句记录下来，用于监控和问题核查。前文提及的速查命令对快速定位问题有帮助，但可能得出的结论并不准确，如 CPU 开销较高的语句，并发量比较低，但是 CPU 开销平均的语句在调用量上升时，会导致整体 CPU 使用率急剧升高。此时速查命令被 CPU 开销较高的语句占据，就发现不了异常的 SQL 语句。最准确的方法是对数据库服务器进行全量语句跟踪。

数据库的负载通常不低，收集程序不能影响在线应用，所以收集程序允许根据实际负载情况丢弃部分性能数据。SQL Server 使用自带的 XEvent 进行语句性能数据的采集，MySQL 则使用 performance_schema 进行语句性能数据的收集。收集的语句性能数据需要先压缩一下，再上传到处理服务器中，以减少网络带宽开销，加快整体处理速度。语句性能数据最后会落到数据仓库中。语句性能数据采集流程如图 6-6 所示。

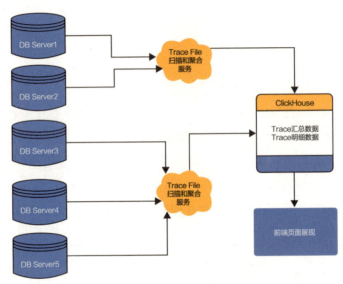

图 6-6 语句性能数据采集流程

这里有几个技术难点。

（1）服务端的性能数据采集不能影响数据库服务。

SQL Server 使用 XEvent 进行语句性能数据的采集，脚本代码如下：

```
CREATE EVENT SESSION [XE_SQLGeneral] ON SERVER
    ADD EVENT sqlserver.rpc_completed(ACTION(sqlserver.client_app_name,sqlserver.client_hostname,sqlserver.database_name,sqlserver.server_instance_name,sqlserver.server_principal_name,sqlserver.session_id,sqlserver.sql_text,sqlserver.transaction_id,sqlserver.transaction_sequence,sqlserver.username)),
    ADD EVENT sqlserver.sql_batch_completed(ACTION(sqlserver.client_app_name,sqlserver.client_hostname,sqlserver.database_name,sqlserver.server_instance_name,sqlserver.server_principal_name,sqlserver.session_id,sqlserver.sql_text,sqlserver.transaction_id,
```

```
sqlserver.transaction_sequence,sqlserver.username))
    ADD TARGET package0.event_file(SET filename=N'E:\xevent\
ServerName-SQLDevelop.xel', max_file_size=(300),max_rollover_
files=(10),metadatafile=N'E:\xevent\ServerName-SQLDevelop.xem') WITH
(MAX_MEMORY=4096 KB, EVENT_RETENTION_MODE=ALLOW_SINGLE_EVENT_
LOSS, MAX_DISPATCH_LATENCY=30 SECONDS, MAX_EVENT_SIZE=0 KB, MEMORY_
PARTITION_MODE=NONE, TRACK_CAUSALITY=OFF, STARTUP_STATE=ON)
    GO
```

在此，我们只收集 rpc_completed 和 sql_batch_completed 这两个事件；将数据存放到备份盘上，并将备份盘和数据盘分开，以防止对业务性能造成影响；最多收集 10 个文件，每一个文件的大小为 300MB 左右，如果来不及上传的话，新生成的文件就会覆盖之前的文件。

表 6-3 是收集的一个事件样本，比较重要的是 Cpu_time 和 Physical_reads，这两个指标对应的是语句的 CPU 开销和物理 IO 开销。

表 6-3　收集的一个事件样本

Collection Time	2019-01-18 16:11:14.2159500
Batch_text	Select A.code, B.date from STable (NOLOCK) A Join DTable(NOLOCK) B ON A.ID = B.ID where A.ID = 12345678
Client_app_name	.NET SQL Client Data Provider
Client_hostname	Xxxx
Cpu_time	0 // 微秒
Database_name	Xxxx
Duration	236 // 微秒
Logical_reads	8
Physical_reads	0
Result	OK
Row_count	1
Server_instance_name	Xxxx
Server_principal_name	Xxxx
Session_id	1312
Sql_text	Select A.code, B.date from STable (NOLOCK) A Join DTable(NOLOCK) B ON A.ID = B.ID where A.ID = 12345678
Transaction_id	0
Transaction_sequence	0
Username	xxxx
Writes	0

MySQL 使用 performance_schema 进行相应的语句性能数据的收集，主要借助于系统表 events_statements_history_long。MySQL 开源版本不包含访问来源 IP 地址信息和度量语句的 CPU、IO 开销的数据。我们对 MySQL 进行了源代码修改，增加了访问来源 IP 地址信息，以及精确度量 CPU、IO 开销的数据，并将该表的内容动态刷新到备份盘上。我们还进行了充分的测试，确认开启收集功能对数据库服务器的性能影响非常小，甚至可以忽略不计。

（2）需要计算语句的哈希值。

SQL Server 采集的语句不包含哈希值。语句相同但参数不同的两条语句，应该归类为同一种语句，即它们的哈希值应该是一样的。我们先对语句进行压缩，压缩程序的主要用途是去除语句执行的参数和语句中间的空格。压缩程序 GetCompactSql() 定义如下：

```
public string GetCompactSql(string sql)
{
    StringBuilder sbd = new StringBuilder(sql.Length);
    StringBuilder word = new StringBuilder();

    bool breakword = false;
    int chrslen = sql.Length;
    for (int i = 0; i < chrslen; i++)
    {
        var chr = sql[i];
        if (chr == '\'')
        {
            breakword = true;
            if (word.ToString() == "N") word.Clear();
            for (i++; i < chrslen; i++)
            {
                if (sql[i] != '\'')  continue;
                if (i == chrslen - 1) break;
                if (sql[i + 1] == '\'') i++;
                else break;
            }
            continue;
        }
```

```csharp
            switch (chr)
            {
                case ' ': case ',': case '.': case '\t': case '\r':
                case '\n': case '+': case '-': case '*':  case '/':
                case '%': case '&': case '|': case '~': case '^':
                    breakword = true;
                    continue;
                // 操作符
                case '=': case '<': case '>': case '!': case '[':
                case ']': case '(': case ')':
                    breakword = true;
                    sbd.Append(chr);
                    continue;
                default:
                    break;
            }
            if (breakword)
            {
                breakword = false;
                sbd.Append(CheckWord(word.ToString()));
                word.Clear();
            }
            //word
            word.Append(chr);
        }
        sbd.Append(CheckWord(word.ToString()));
        return sbd.ToString();
}


public string CheckWord(string word)
{
    if (string.IsNullOrEmpty(word))  return string.Empty;

    if (word.Equals("null", StringComparison.OrdinalIgnoreCase)
        || word.Equals("default", StringComparison.OrdinalIgnoreCase))
        return string.Empty;
```

```
    char chr = word[0];
    if (chr == '@' || chr == '$')
        return string.Empty;

    if (chr >= '0' && chr <= '9')
        return string.Empty;

    return word;
}
```

在经过压缩处理后，原 SQL 文本，如 "Select A.code, B.date from STable (NOLOCK) A Join DTable (NOLOCK) B ON A.ID = B.ID where A.ID = 12345678" 会被压缩成字符串 "SelectAcodeBdatefrom(STable)NOLOCKAJoin(DTable)NOLOCKBONA= IDBIDwhereA=ID"，我们可以看到，参数 12345678 已经被删除了。

然后对压缩后的字符串计算哈希值。常见的计算哈希值的算法有 BKDR 算法和 AP 算法。这两个算法比较简单，计算速度也很快。为进一步减少哈希碰撞，我们同时使用 BKDR 算法和 AP 算法，并对计算出来的哈希值进行合并，如图 6-7 所示。

图 6-7　哈希值计算

算法实现如下：

```
public long BKDRAPHash64(string str)
{
    uint seed = 131;
    uint hash1 = 0;
    uint hash2 = 0;
    int i = 0;
    foreach (var chr in str)
    {
        hash1 = hash1 * seed + chr;
        if ((i & 1) == 0)
            hash2 ^= ((hash2 << 7) ^ (chr) ^ (hash2 >> 3));
        else
            hash2 ^= (~((hash2 << 11) ^ (chr) ^ (hash2 >> 5)));
```

```
        i++;
    }
    long ret1 = hash1 & 0x7FFFFFFF;
    long ret2 = hash2 & 0x7FFFFFFF;
    return (ret1 << 32) | ret2;
}
```

哈希值的计算方法比较简单，并且计算速度非常快。MySQL 收集的语句自带哈希值，可以跳过本步骤，直接采用系统生成的哈希值。每一个哈希值都有对应的示例 SQL 语句样本。

（3）虽然数据量大，但是前端展现速度不能太慢。

我们收集的性能数据包括语句的 CURD 操作记录，尤其是查询操作，数据量非常大。而数据在进入数据仓库后，前端展现速度不能太慢。如果我们想查看最近 1 小时内 CPU 开销最高的语句，就可能需要检索海量明细数据。为加快检索速度，可以对数据进行汇聚，通常以 1 分钟为维度比较合适。对 1 分钟内的各个哈希值的语句执行次数、CPU 开销、IO 开销等做一个汇总表。前端可以直接查询这张汇总表，同时汇总表的数据比明细表的数据量少一个量级，可以极大提升查询速度。数据从生产环境落地到聚合数据前端展现的延迟应控制在 2 分钟之内。明细数据用于详细分析，汇总数据用于快速分析，它们适用于不同的使用场景。

案例分析：某台服务器在 18:22—18:24 期间，IOPS 呈现上升趋势，如图 6-8 所示。

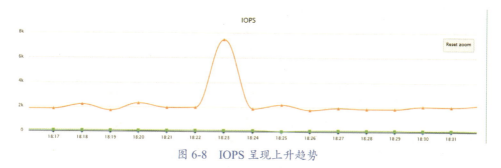

图 6-8　IOPS 呈现上升趋势

在该时间段内，查询明细表，并根据 physical_reads 进行倒排，可以迅速定位到是哈希值为 1948937481419829654 的语句所导致的，如图 6-9 所示，发生了大量的物理读。我们可以联系开发人员对这个语句进行进一步优化。

hashcode	duration	starttime	starttime_us	cpu	physical_reads	sqldata
1,948,937,481,419,629,654	19,951,332	2019-09-24 18:23:03	218,135	5,140	261,159	--batch_text--~/*110257*/
1,948,937,481,419,629,654	22,353,873	2019-09-24 18:23:03	216,853	4,532	260,967	--batch_text--~/*110257*/
1,948,937,481,419,629,654	21,848,018	2019-09-24 18:23:03	216,779	5,297	260,764	--batch_text--~/*110257*/
1,948,937,481,419,629,654	19,775,977	2019-09-24 18:23:03	217,636	4,984	260,637	--batch_text--~/*110257*/
1,948,937,481,419,629,654	18,850,782	2019-09-24 18:23:03	217,826	5,281	260,587	--batch_text--~/*110257*/
1,948,937,481,419,629,654	20,927,646	2019-09-24 18:23:03	217,672	4,766	260,440	--batch_text--~/*110257*/
1,948,937,481,419,629,654	19,090,639	2019-09-24 18:23:03	217,702	4,969	259,756	--batch_text--~/*110257*/
1,948,937,481,419,629,654	15,246,545	2019-09-24 18:23:03	217,698	4,563	203,156	--batch_text--~/*110257*/
1,417,658,089,506,717,622	1,853,355	2019-09-24 18:22:55	718,584	890	8,108	--batch_text--~/*110283*/
8,768,199,872,628,385,750	548,468	2019-09-24 18:21:48	569,152	375	790	--sql_text--~(@hotelid in
8,768,199,872,628,385,750	525,012	2019-09-24 18:21:48	568,245	406	725	--sql_text--~(@hotelid in
5,863,264,868,632,611,916	136,379	2019-09-24 18:23:53	71,047	0	585	--sql_text--~(@newppprice
8,768,199,872,628,385,750	510,721	2019-09-24 18:21:48	569,169	375	553	--sql_text--~(@hotelid in

图 6-9　定位导致 IOPS 上升的语句

案例分析：在某天上午 9:48 左右，DB 服务器的 CPU 使用率为 100%，如图 6-10 所示。

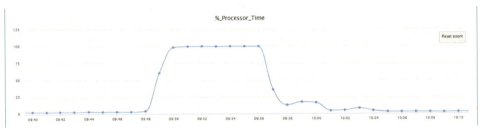

图 6-10　CPU 使用率上升

在收到告警后，我们通过前端页面在故障发生的时间范围内，对该 DB 的聚合数据进行 CPU 开销倒排，迅速定位到哈希值为 4198130263045661392 的语句，其 CPU 开销超过了 92%。该查询语句样本如下：

```
SELECT TOP 5 A,
             B,
             C
FROM   (SELECT A,
               B,
               Sum(D + E) C
        FROM   TableX (nolock)
        WHERE  Status != 'N'
               AND B IN (SELECT Max(B)
                                FROM   TableX (nolock)
                                WHERE  Status != 'N')
        GROUP  BY A,
                  B) H
ORDER  BY C DESC
```

这个语句比较复杂，包含嵌套查询，并且包含 GROUP BY 和 ORDER BY 语句。我们对该语句进行定量分析：该语句平时执行耗时大约为 500 毫秒左右，调用频次基本上为个位数，但在 9:48 以后，调用频次突然上升到每分钟 4000 多次，平均耗时为 1000 毫秒左右。所以我们可以肯定，语句调用频次上升是导致 CPU 使用率高的根本原因。开发人员根据反馈的结果，定位到是有爬虫在爬取数据，导致语句调用频次上升，如图 6-11 所示。在部署反爬策略后，数据库服务器的 CPU 使用率回落到正常水平。

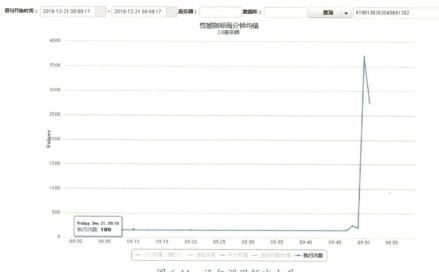

图 6-11　语句调用频次上升

本节主要介绍了数据库的监控和告警。在业务故障场景下，数据库大盘监控用于迅速定位哪台服务器有异常，这对于运维成百上千台服务器的场景而言非常重要。我们需要迅速判断数据库服务本身是否正常。其次，本节介绍了运维数据库 OPDB，该数据库相当于快速查询操作手册，便于运维人员进行快速查询操作。最后，本节介绍了全量语句性能数据采集，数据库的性能问题通常是由语句引起的。我们需要对语句性能数据进行收集，并对其进行聚合分析处理，以便快速定位引发性能异常的语句。

6.3　数据库高可用

飞机有两个发动机，用于实现高可用。如果一个发动机出现故障，另一个发动机还能够持续工作，数据库运维也是如此。我们需要多个副本，一旦某个节点发生故障，另外一个节点可以继续提供服务。我们还需要考虑到机房发生故障的场景，需要有快速切换到异地容灾机房的能力。

我们推荐使用数据库三副本，一主一从一异地容灾。如果想要节省成本，也可以只保留两副本，但是一旦其中一台服务器发生故障，服务器维修时间会比较长，那么在维修期间，数据库服务会处于单点状态，使得风险急剧上升。

本节主要介绍以下内容。

（1）SQL Server 高可用。

（2）MySQL 高可用。

（3）Redis 高可用。

6.3.1　SQL Server 高可用

携程的 SQL Server 高可用架构经过了多次演进。最初使用的是镜像技术，如果服务器出现故障，在切换时，需要人工进行干预以切换到镜像节点。同时镜像节点不提供读服务，可扩展性比较差。后来引入了 SAN 存储，将计算和存储进行分离，可以实现自动切换，但 SAN 存储技术过于复杂，并且价格昂贵。2013 年，我们开始将其逐步改造为 AlwaysOn 架构，这是 SQL Server 2012 以后的版本所具有的功能。

图 6-12 显示了三副本的 SQL Server 数据库服务架构。主副本提供读写访问；一个辅助副本是同步模式，即和主副本数据保持一致；另一个辅助副本是异步模式，存放在异地机房。同步模式可以保证主从数据一致，在切换时不会丢失数据。但同步节点的性能可能会对主副本造成影响，每一个事务都需要在同步节点确认后，才算完成。所以，将同步节点和主节点放在同一网段内，可以减少网络开销，提升整体的响应速度。

SQL Server 可以在主副本服务器发生故障时，自动切换到同步节点。在切换期间，数据库不可用，所以通常在 1 分钟之内完成。而切换到异步节点是手动触发的，因为是异步模式，可能会丢失数据，所以尽量不切换到异步节点。

SQL Server 高可用在很大程度上依赖于底层操作系统。因为 AlwaysOn 架构依赖底层的 Windows 群集服务。一个 Windows 群集可以有多套 AlwaysOn 组。Windows 群集服务可以这样设计：①尽量增加群集节点数量，一般保持在 9 个以上的奇数节点，避免一台或两台服务器故障导致整个群集不可用；②因为群集节点多，所以增加

regroup 的超时时间，避免重组超时导致整个群集异常；③增加文件共享仲裁，文件共享可以存放在第三机房，避免机房故障导致群集失去多数仲裁，同时在失去多数仲裁时，可以使用 ForceQuorum 模式强制启动 Windows 群集服务，尽快恢复业务。

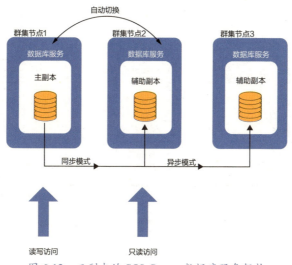

图 6-12　三副本的 SQL Server 数据库服务架构

使用 AlwaysOn 架构可以极大减轻主节点的负载。数据库的全量备份或日志备份可以调整到异步节点上进行，无须担心数据库备份会对业务造成性能影响。我们会比较关注 AlwaysOn 的主从延迟，并采用插值法进行监控，对每一个业务数据库设计了一张监控表，定期插入时间戳。在经过 AlwaysOn 传递到辅助副本后，我们把时间戳取出来，和当前时间进行比较，就能精确地获得延迟时间。延迟通常是只读副本上的查询语句 IO 开销大导致的。根据延迟时间，以及前文提到的全量语句性能数据采集，我们可以定位导致延迟的异常语句。

6.3.2　MySQL 高可用

相对于成熟的商业数据库软件，开源版本的 MySQL 高可用方案更多地需要使用者自己进行设计和研发，好在 MySQL 本身已经为我们提供了一些必要的功能：MySQL 复制技术。MySQL 复制技术包含传统的基于日志传输的复制技术，以及在 MySQL 5.7 之后的版本引入的组复制技术。在携程，大部分 MySQL 集群采用传统的基于日志传输的复制技术。携程的 MySQL 高可用架构经历了 3 个阶段的演进。

第一阶段：采用传统的 MHA 管理方式，架构如图 6-13 所示。

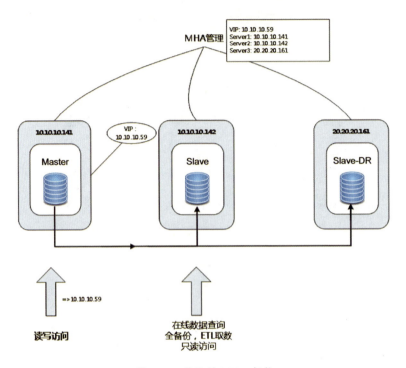

图 6-13　传统的 MHA 架构

从本质上来说，MHA 是一个管理 MySQL 主从复制架构的工具集。我们可以通过其官方网站下载最新的版本。应用可以通过虚拟 IP 地址 10.10.10.59 进行访问，虚拟 IP 地址挂载在主节点上。MHA 管理节点会每隔 10 秒探测并连接主机，如果连续 3 次连接不上，则判定主机故障，触发切换。在发生切换时，MHA 会结合半同步复制，补全未同步的日志，这种切换可以保证数据完整。另外，切换会尝试连接旧主机，把挂载在主节点上的虚拟 IP 地址删除，然后在 Slave 节点重新挂载虚拟 IP 地址，完成切换。

传统的 MHA 架构比较成熟，使用广泛，但存在风险。如果由于交换机故障，MHA 管理节点连接不上主机，但主机本身运行正常，MHA 管理工具无法判断是网络故障还是服务器故障，就会进行切换，并且把虚拟 IP 地址挂载到 Slave 节点，但 MHA 管理节点连接不上旧主机，无法删除虚拟 IP 地址。此时两个节点都有虚拟 IP 地址存在，数据会发生"双写"，也就是发生"脑裂"。这种情况很少发生，但一旦发生，就难以处理，起因就在于虚拟 IP 地址。解决的方法是把虚拟 IP 地址删除，使用物理 IP 地址进行直连。这就需要使用数据库访问 DAL 模块和统一配置中心。在切换时，需要通知应用程序 IP 地址发生变化，并对所有的连接进行重置。

第二阶段：使用 IP 直连，如图 6-14 所示。

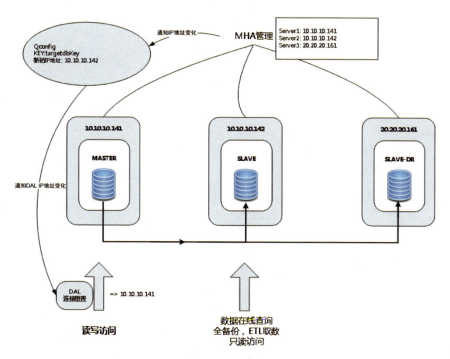

图 6-14　IP 直连

初始的时候，应用程序使用物理 IP 地址 10.10.10.141 访问数据库。MHA 管理节点探测到主节点发生了故障，预备切换到 10.10.10.142，并将 IP 地址变化通知统一配置中心 QConfig。统一配置中心在收到这个变化后，会把这个变化推送到应用服务器的数据库访问中间件 DAL。DAL 会重置对数据库的连接，使用新的 IP 地址 10.10.10.142。此处的统一配置中心要确保高可用，即使机房发生故障，也不能影响统一配置中心的正常运转。

经过改造，我们去除了数据"双写"的隐患。但在极端场景下，还是会存在风险。如果机房整体发生故障，MHA 管理节点和主机 / 从机同时无法运行了，MHA 就无法自动切换到 DR 节点。这是由于 MHA 单管理节点本身成了系统瓶颈，解决的方法是引入多 MHA 管理节点进行协同管理。

第三阶段：引入多 MHA 管理节点，如图 6-15 所示。

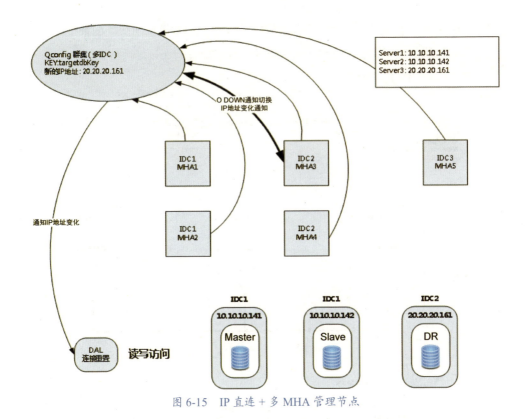

图 6-15　IP 直连 + 多 MHA 管理节点

应用使用物理 IP 地址 10.10.10.141 访问数据库。每一个数据库实例都由 5 个 MHA 管理节点进行同时监听。这 5 个 MHA 管理节点分布在 3 个机房。一旦某个 MHA 管理节点探测到主机发生了异常，则标记为 SDOWN。但一个 MHA 管理节点无法决定主机是否真的发生了故障，该 MHA 管理节点需要发起协商流程，和其他 4 个 MHA 管理节点一同判断，如果多数 MHA 管理节点认为发生了故障，则标记为 ODOWN，也就是确定主机真的发生了故障。MHA 会检测并决定可以成为备选主节点的节点，并由 5 个 MHA 管理节点再次协商，推选一个管理节点，用来向统一配置中心 QConfig 汇报 IP 地址变化。如果机房发生故障，并且另一个节点 10.10.10.142 不可用，则可选择主节点为 20.20.20.161。统一配置中心会把这个变化推送到 DAL 组件，并重置连接，使用新的 IP 地址。

五节点模式的 MHA 管理是稳定的。其中一个管理节点处于第三机房，能抵御单机房故障。 MHA 管理节点之间的协商比较复杂，我们可以借助成熟的 Redis 哨兵管理机制，在 Redis 哨兵管理机制上进行改造，适配对 MySQL 的监控。

6.3.3 Redis 高可用架构

Redis 的高可用架构有两种通用的做法：一种是基于复制的主从模型，另一种是群集模型。携程使用的是第一种模型，即主从复制，其运行机制如图 6-16 所示。

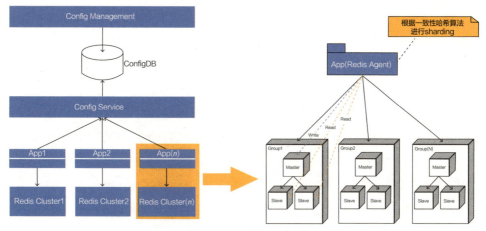

图 6-16 Redis 运行机制

Redis 的元数据被存放在 ConfigDB 中。元数据包括 Redis 实例的状态信息，以及对应的 IP 地址和端口信息等。前端可以通过页面对元数据进行调整，如设置某个实例不可用或不可读等。服务是通过 Config Service 实现的。服务会从 ConfigDB 中拉取配置，应用会定期调用 Config Service 服务，获得实例元数据信息，实现对 Redis 群集的实际访问。

我们通过一致性哈希算法对 Redis 进行分片。每一个分片都被称为组。在每一个组中，有读写实例和只读实例，它们会通过复制关系来传递数据。在部署时，我们尽量把实例分散到不同的服务器上。一旦服务器发生故障，则只会影响部分分片，不会严重影响后端数据库。我们应当尽量控制 Redis 缓存的每一个实例为 10GB 左右。如果超过 10GB，则可能需要确定是否可以进行拆分。若需要重新进行分组，则多拆分出几个组。

Redis 由哨兵来监控 Redis 实例的运行状态。我们启用了 5 个哨兵来同时监听。哨兵的主要功能为：①监控所有实例是否在正常运行；②当 Slave 出现故障时，通过消息通知机制把该 Slave 拉出，并将其设置为不可用，同时把 Master 设置为可读、可写；③当 Master 出现故障时，通过自动投票机制从 Slave 节点中选举新的 Master，实现 Redis 的自动切换。

哨兵实际上是一个运行在特殊模式下的 Redis 服务，我们可以通过在启动命令参数中指定 sentinel 选项，来标识该 Redis 服务是哨兵。每一个哨兵会向其他哨兵，即 Master 和 Slave 定时发送消息，以确认对方是否正常运行，如果发现对方在指定时间内未回应，则暂时认为对方主观挂机（Subjective Down，简称 SDOWN）。如果哨兵群中的多数哨兵都报告某个 Master 没响应，系统就会认为该 Master 客观挂机（Objective Down，简称 ODOWN）。

通过 Redis 的运行机制可以看出，Config Service 的状态信息需要和 Redis 实例的实际状态信息保持一致，否则在访问应用时会发生异常，比如，当只读实例发生故障，在重新向 Master 节点全量同步数据期间，如果该实例还是配置可读，在访问应用时就会报错。当有故障发生时，Redis 需要具备快速自动恢复的能力，减少人工干预。我们应当尽量从哨兵处获得信息，如果超过半数的哨兵发生故障，则直连 Redis 实例来获得物理状态。

对于 Redis 异地机房容灾而言，我们需要考虑跨机房全量同步为网络带来的开销，以及可能存在的网络不稳定因素。因此，我们采用了一个中间层，即 Keeper 来对数据进行缓冲。在本质上，Keeper 是伪 Slave，即实现 Redis 协议，伪装成 Slave，让 Master 推送数据到 Keeper 中。

对于 Redis 异地机房容灾及切换，可参考第 5 章的 5.5 节。

6.4　本章小结

数据库技术是互联网整个架构中关键的一环，起着上下衔接的作用。如果网络有异常，首先受到影响的会是 Redis，如果发生"缓存击穿"，就会影响数据库，最后影响应用。因此，需要在数据库高可用及异地容灾方面做好设计，以应对底层基础设施的故障。从应用角度来看，查询语句不合理、性能差，也会严重影响数据库，进而影响访问该数据库的所有应用。因此，需要对数据库的表结构设计进行一定的规范。同时，数据库本身需要部署各种监控，以利于尽快发现问题、定位问题和解决问题。

由于篇幅有限，本章只介绍了与数据库相关的 3 个重要方面：上传发布、监控告警和高可用。这 3 个方面都不是数据库产品本身所提供的，需要我们精心设计和部署实施。数据库处于不断的发展中，相应的技术和产品也在发展，我们需要不断地进行深入拓展，让数据库更好地为携程业务的发展服务。

Ctrip
Architecture
Distilled
携程架构
实践

第7章
IaaS & PaaS

第一工作法是关于从开发人员到 IT 运维人员再到客户的整个自左向右的工作流。为了使流量最大化,我们需要较小的批量规模和工作间隔,防止缺陷流向下游工作中心,并且为了整体目标不断进行优化。

第二工作法是关于价值流各阶段自右向左的快速持续反馈流,放大其收益以防止问题再次发生,或者更快地发现和修复问题。这样,我们就能在所需之处获取或嵌入知识,从源头上保证质量。

第三工作法是关于创造公司文化,该文化可带动两种风气的形成:不断尝试,这需要承担风险并从成功和失败中吸取经验教训;熟练掌握,理解、重复和练习是熟练掌握的前提。

——《凤凰项目——一个 IT 运维的传奇故事》

《凤凰项目——一个 IT 运维的传奇故事》是一本关于 DevOps 的经典著作,它由三位运维领域的专家——Gene Kim、Kevin Behr 和 George Spafford 共同编写,对研发、测试、运维人员在协同合作中出现的典型问题和场景进行了细致入微的描写。长期以来,研发、测试、运维之间的"混乱之墙"造成了大量项目的延误和失败,也带来了生产系统的不稳定性,严重的故障甚至会影响公司的正常运营,导致公司濒临破产的边缘。三步工作法就是用来打破这种"混乱之墙"的先进武器,这也是 DevOps 的基本理念,无极限零部件公司正是凭借三步工作法,使研发、测试、运维部门协同合作,稳定、快速、持续地交付新产品,从而让公司重新占领市场。

2009 年,当大部分公司的运维团队还在忙着修补 Bug 时,当瀑布模式、开发模式盛行，软件还在按月甚至按年交付时，Flickr 公司在敏捷大会上进行了一次具有里程碑意义的技术分享"每天部署 10 次"，这促进了 DevOps 概念的诞生。随后，DevOps 成为全球 IT 届在各种大会和论坛热议的焦点话题，也是当今互联网企业不断实践和追求的目标，DevOps 流水线与工具链如图 7-1 所示。

图 7-1　DevOps 流水线与工具链

携程作为一家具有 20 年历史的互联网企业，在 DevOps 的道路上不断摸索和探寻，见证了 DevOps 的发展过程。从一开始基于 ITIL/ITSM 的 IT 管理，到第一代发布系统 Croller 提供有序发布的能力，再到第二代发布系统 Tars 支持"想发就发"的理念，再到容器化实现秒级交付的体验，DevOps 的实践让我们的产品交付频率达到了每天数千次。

服务需要运行在计算资源上，如果想要产品交付变得越来越快，就需要先提升基础设施的交付能力。从 2013 年开始，携程就开始了虚拟化技术的尝试，随后通过 OpenStack 平台统一了虚拟机/物理机资源的交付，提供了真正意义上的 IaaS 服务。至此，计算资源的交付被控制在了小时级别，研发项目的上线再也不会因为没有计算资源而被迫等待了。

随着业务的快速发展，业务形态百花齐放，产品迭代日新月异，显然，仅仅能够及时交付计算资源已经无法满足需求，同时周期性的、限定时间的、半手工的交付方式严重拖慢了研发效率和产品迭代速度。因此，一套稳定的、可靠的、高效的持续交付平台——PaaS 平台应运而生。在 PaaS 平台，我们从持续交付入手，打通了持续交付过程中核心的几个部分：资源、版本和发布。在版本方面，我们通过引入 Git、包管理工具、依赖管理工具、静态代码扫描等工具，针对各种语言进行了代码标准化治理，同时，新打造的 Build 平台，统一了编译、打包的标准和过程；在发布方面，配合应用治理系统的上线，打通了服务发现和元数据管理系统，使应用的交付更加稳定、可靠和高效。

当我们在尝试各种 DevOps 实践时，治理是永恒的话题，而标准化是治理的前提。任何产品要想达到稳定、可靠、高效的状态，必须通过一定的规则、手段进行标准化。标准化可以缩小问题范围，降低问题复杂度，提升一致性，从而让一件事情具备反复执行的能力。Docker 的出现彻底解决了多年来困扰 IT 领域的一个关键问题，即基础设施环境的一致性。以往，我们希望通过配置管理／配置巡检来保障环境的一致性，但是收效甚微。Docker 以其特有的分层镜像机制，将环境的变化通过存储的方式固化下来，并且能够在任何地方重新启用。这种方式确保了环境的高度一致性，使应用的构建就像搭积木一样简单，服务编排的理念应运而生，使得基础设施的管理从 IaaS 提供的虚拟机，转移到了由各种调度系统管理的容器上。

如果说容器的产生对虚拟机是一种降维打击，那么 K8s 的出现就是对 "IaaS+PaaS" 的降维打击。在容器化的过程中，我们尝试了 OpenStack、Mesos、K8s，也关注了 Swarm。最后，K8s 以绝对的优势胜出，究其原因，其他几款产品给人的第一印象都是资源调度，让用户永远摆脱不了 IaaS 的影响。但 K8s 从诞生开始，就把 IaaS 和 PaaS 融为一体，不仅关注应用的交付，还为应用治理提供了各种解决方案。Deployment、StatefulSet、DaemonSet 等概念都是从应用治理的维度去思考和设计的。

另外，公有云的发展已经形成了势不可挡的局面，无论是进行云上、云下的灾备，还是进行多地区的 Set 化部署，还是使用公有云作为流量入口，还是使用公有云的 GPU 资源，等等，公有云都可以满足用户需求。在国际化的战略背景下，携程也在公有云上进行了一些尝试。私有云和公有云，公有云和公有云，总体上都是一些异构的云，如何对它们进行统一管理，打造携程的混合云成了我们的新课题。

在本章中，首先，网络架构演进部分会介绍对 IaaS 影响最大的网络架构，回顾网络是如何适应规模越来越大的私有云的；其次，K8s 和容器化的实践部分会介绍携程的 K8s 实践，以及基于 K8s 的一些创新；再次，混合云部分会介绍携程混合云架构,网络与安全,以及如何在混合云上做计费和对账;最后,持续交付部分会着重介绍携程持续交付的设计细节。

7.1 网络架构演进

在云计算模型中,IaaS 层会对物理的计算、网络和存储资源进行虚拟化和池化,以更细的粒度、更易管理和扩展的方式交付给上层的工具或用户使用,后者无须关心任何与物理设备相关的细节。在一个提供 IaaS 服务的现代数据中心中,网络通常分为以下两个层次。

(1)数据中心网络。

(2)虚拟化网络。

数据中心网络,也称为物理网络,通过物理网络设备将所有服务器连接成一个数据中心。在物理网络之上,云计算平台(如 OpenStack)会创建一层虚拟化网络,并将其中的虚拟资源分配给用户使用。所以云计算平台的网络架构既包括物理网络,又包括虚拟化网络。

在云计算时代,携程的网络架构经历了以下演进过程。

(1)基于 VLAN 的二层网络。

(2)基于 VXLAN 的大二层 SDN 网络。

(3)基于 BGP 的三层 SDN 网络。

7.1.1 基于 VLAN 的二层网络

2013 年,我们开始基于 OpenStack 设计私有云。当时,网络面临的要求包括如下几个方面。

(1)性能不能太差,衡量指标包括实例到实例的延迟、带宽、吞吐量等。

(2)二层网络要进行必要的隔离,防止二层网络的一些常见问题,如广播泛洪。

(3)实例的 IP 要可路由,这样可以无缝对接已有系统,并且便于监控和排障等。

针对以上需求,云平台和网络团队评估了 OpenStack 的几种网络模型,最终选择了 Provider Network 模型。这种模型要求将 OpenStack 网络的网关配置在硬件交换机/路由器上,在一台宿主机内,同网段的虚拟机之间的通信需要通过宿主机内的虚拟二层网络转发,跨网段的虚拟机之间的通信则需要离开宿主机,经网关路由转发,如图 7-2 所示。

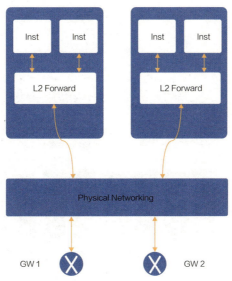

图 7-2　OpenStack Provider Network 模型

在宿主机内，我们选用 Open vSwitch（OVS）进行二层网络虚拟化。每台宿主机内会创建两个 OVS bridge：br-int 和 br-bond。所有的虚拟机会连接到 br-int 上；两张物理网卡通过 OVS 进行 bonding，连接到 br-bond 上；br-int 和 br-bond 直连，宿主机内的最终网络拓扑结构如图 7-3 所示。

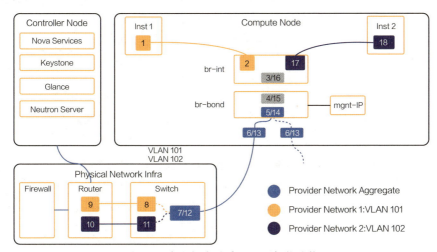

图 7-3　宿主机内的最终网络拓扑结构

数据中心的物理网络拓扑结构是典型的"接入 - 汇聚 - 核心"三层网络架构，如图 7-4 所示。

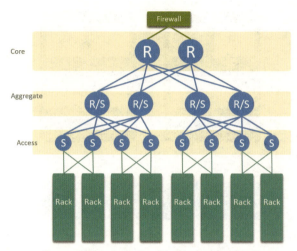

图 7-4 "接入－汇聚－核心"三层网络架构

这里简要总结一下这套方案的优缺点。

优点

- 网关设置在硬件设备（核心路由器）上，与 OpenStack 的纯软件方案相比性能更好。
- 实例的 IP 地址可路由，兼容原有外围系统，并且排障很方便。
- 简化了 OpenStack 部署架构，对于一个云计算经验还不是很丰富的团队来说，开发和运维成本比较低。
- 去掉了宿主机内的 Linux Bridge，简化了网络拓扑，使转发路径更短，性能更高。

缺点

- 不支持主机防火墙，因此安全性较弱。我们的硬件防火墙策略在一定程度上解决了这一问题。
- 网络资源交付过程没有完全自动化，并且存在较大的运维风险。例如，每次创建或删除 OpenStack 网络时都需要手动去核心路由器上进行配置。

7.1.2 基于 VXLAN 的大二层 SDN 网络

第一代网络方案在设计上比较简单直接，并且功能也比较少。随着网络规模的扩大和微服务化的推进，第一代方案遇到了一些问题。

首先，在硬件拓扑上，三层网络架构的可扩展性不好，而且所有的 OpenStack

网关都配置在核心路由器上,使得核心路由器成为潜在的性能瓶颈,而核心路由器的意外宕机会影响整张网络。其次,在这种传统二层网络里,虚拟机只能在一个很小的范围内迁移,大大限制了容灾和故障恢复功能。

另外,我们还面临一些新需求。比如,当时携程收购了一些公司,因此产生了将这些公司的网络与携程的网络打通的需求。在网络层面,我们希望将这些子公司当作独立的租户,因此有多租户和 VPC 的需求。同时,我们希望网络配置和网络资源交付更加自动化,降低运维成本和运维风险。

针对上述问题和需求,数据中心网络团队和云平台网络团队一起设计了携程的第二代网络方案。这是一套基于软件和硬件、OpenStack 和 SDN 的方案,使网络从二层演进到大二层。

数据中心网络拓扑结构

数据中心网络拓扑结构从传统三层网络架构逐渐演进到近几年比较流行的 spine-leaf 网络架构,如图 7-5 所示。

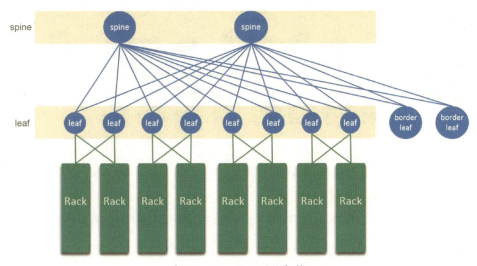

图 7-5 spine-leaf 网络架构

SDN 控制平面和数据平面协议

在数据中心网络层,数据平面基于 VXLAN 协议,控制平面基于 MP-BGP EVPN 协议(在设备之间同步控制信息),这两者都是 RFC 标准协议。

网关是分布式的,每一个 leaf 节点都是网关。VXLAN 协议的封装和解封装都在 leaf 节点内完成,leaf 节点以下是 VLAN 网络,leaf 节点以上是 VXLAN 网络。

另外，这套方案在物理上支持真正的租户隔离。

组件开发

携程自研了一个 SDN 控制器，称为 Ctrip Network Controller（CNC）。CNC 是一个集中式控制器，管理网络内所有 spine 和 leaf 节点，并通过插件与 OpenStack Neutron 集成，动态地向交换机下发配置。

另外，Neutron 进行了很多改造。例如，添加了 ML2 和 L3 两个插件，用于与 CNC 集成；设计了新的 port 状态机；添加了一些新的 API，用于与 CNC 进行交互；扩展了一些表结构等。

"软件+硬件"的整体网络拓扑结构，即基于 SDN 的大二层网络架构，如图 7-6 所示。

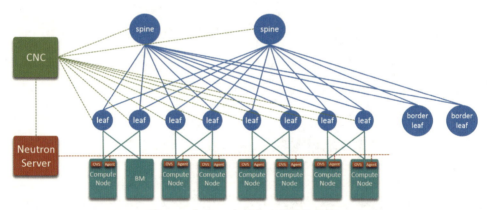

图 7-6　基于 SDN 的大二层网络架构

（1）以 leaf 节点为边界，leaf 节点以下是 underlay，属于 VLAN 网络；leaf 节点以上是 overlay，属于 VXLAN 网络。

（2）underlay 由 Neutron、OVS 和 Neutron-OVS-Agent 控制；overlay 由 CNC 控制。

（3）Neutron 和 CNC 之间通过 Plugin 集成。

接入容器网络（Mesos/K8s）

这套网络方案一开始是针对虚拟机和应用物理机设计的。2017 年，我们开始进行容器平台的落地，因此需要针对容器平台设计一套网络方案。容器平台（K8s、Mesos 等）具有不同于虚拟机平台的一些特点，如下所述。

（1）实例的规模很大，单个集群 1 万～ 10 万的容器是很常见的。

（2）很高的发布频率，会频繁地创建和销毁实例。

（3）创建和销毁的实例时间很短，比传统的虚拟机低至少一个数量级。

（4）容器的 failure（失败）是很常见的，各种各样的因素都可能导致容器的 crash（退出）。容器编排引擎会将退出的容器在本机或其他宿主机创建出来，对于后者而言就是一次漂移。

在综合评估了一些方案后，我们发现要实现容器平台的快速落地，并完成与公司已有的各种外围系统的对接，最经济的方式是对这套 SDN 方案进行扩展，使容器网络也统一由 Neutron/CNC 进行管理。具体来说，就是复用已有的网络基础设施，包括 Neutron、CNC、OVS、Neutron-OVS-Agent 等，并开发一个针对 Neutron 的 CNI 插件。

另外，前面提到容器平台创建和销毁实例都很快，而且支持高并发，因此，之前为虚拟机设计的那些 API 在很多情况下无法满足容器平台所需的性能需求。基于此，我们对 Neutron/CNC 进行了一些性能优化。

综上所述，第二代网络方案的一些特点如下所述。

- 物理网络拓扑从传统的"接入－汇聚－核心"三级架构演进到 spine-leaf 二级架构。spine-leaf 架构的 full-mesh 特性使服务器之间延迟更短、容错性更好、水平扩展更容易。
- spine-leaf 支持分布式网关，缓解了集中式网关的性能瓶颈和单点问题。
- 自研的 SDN 控制器与 OpenStack 集成，实现了网络资源的按需、动态配置。
- 单套方案同时支持虚拟机、容器和应用物理机。
- 有硬多租户（hard-multitenancy）支持能力。

7.1.3　基于 BGP 的三层 SDN 网络

第二代网络方案解决了携程当时面临的一些问题，并且在未来一段时间内还可以继续支持携程业务的发展，但目前携程又遇到了一些新的挑战。

第一，随着集群规模的进一步扩大，中心式的 IPAM（Neutron）逐渐成为性能瓶颈。Neutron 是为发布频率很低、性能要求不高的虚拟机平台设计的，而我们将其对接到了性能要求很高的容器平台。另外，中心式的 IPAM 也不符合容器网络的设计逻辑。Cloud Native 网络方案都倾向于 Local IPAM（去中心化），即每一个节点上都有一个 IPAM 管理本节点的网络资源分配。

第二，在目前的方案中，IP 地址在整张大二层网络中都是可漂移的，因此故障范围特别大。

第三，较高的容器部署密度会给大二层网络的交换机表项（NLRI）带来压力，这涉及一些大二层设计本身及硬件的限制。

另外，近年来网络安全逐渐受到高度重视，携程内部也有越来越强的 3～7 层主机防火墙需求。目前，基于"Neutron+OVS"的方案与主流的 K8s 方案差异很大，导致 K8s 的很多原生功能无法使用。

针对上述问题和需求，我们进行了一些新的调研，最终选择了一套基于"Local IPAM + BGP"的网络方案，其中软件基于"Cilium + Bird + CNC"选用。

Local IPAM 和 BGP 路由交换，如图 7-7 所示。

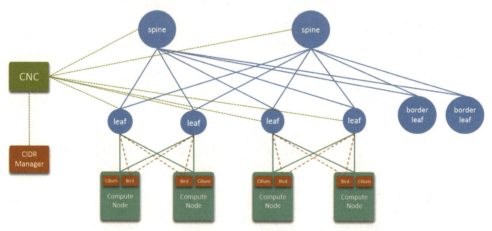

图 7-7 Local IPAM 和 BGP 路由交换

- 物理网络设备属于一个自治域（AS），所有节点（服务器）属于另一个自治域，两个自治域之间通过 eBGP 交换路由。
- 每一个节点分配一个 Pod CIDR，一般是 /24 子网（256 个可用 IP）。
- CIDR Manager 将 CIDR 与宿主机的对应关系实时发送给 CNC，CNC 可以找到对应的交换机，并进行相应的 BGP 配置。
- 在节点内，BGP Agent 分别和两个交换机建立 BGP Peer，实现高可用。
- BGP Agent 从 Peer 接收默认路由，并对外通告这条 CIDR 路由。

这套 BGP 方案的优点如下所述。

- 配置节点只接受从交换机过来的默认路由，因此宿主机内的路由表规模不跟随集群规模膨胀，性能比较好。
- 配置交换机只接受从节点过来的某条可预期的 CIDR 路由，在极大程度上避免了错误的节点路由污染物理网络路由表的风险。
- 配置都是自动完成的，交付效率比较高，而且可以避免人工操作的风险。

在具体的软件实现上，携程的 Local IPAM 选用的是 Cilium，BGP Agent 选用的是 Bird。

Cilium 是最近出现的一套容器网络方案，它使用了很多内核新技术，因此对内核版本的要求比较高（要求 4.9 版本以上）。它的核心功能依赖 BPF/eBPF，是内核的一个沙盒虚拟机。应用程序可以通过 BPF 动态地向内核注入程序以完成很多高级功能，如系统调用跟踪、性能分析、网络拦截等。Cilium 基于 BPF 进行网络的连通和安全部署，提供 3 ～ 7 层的安全策略，其原理如图 7-8 所示。

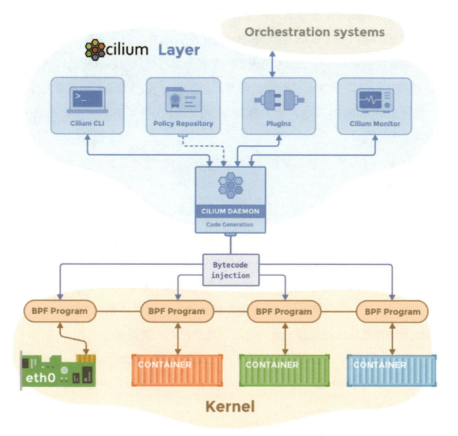

图 7-8　Cilium 原理

下面介绍 Cilium 组件。

(1) 命令行工具（CLI）。

(2) 存储安全策略的仓库，对于比较大的集群，推荐使用 etcd。

(3) 与编排引擎集成的插件，提供了 Plugin 与主流的编排系统（K8s、Mesos 等）集成的功能。

(4) Agent，运行于每台宿主机，其中集成了 Local IPAM 功能。

Cilium 数据平面

在宿主机内部，Cilium Agent 负责管理指定的 CIDR，它会从这个 CIDR 中分配一个 IP 地址作为网关，并在宿主机内创建一个虚拟设备，将网关配置在这个设备上。当有容器调度这个节点时，Cilium Agent 会负责从 CIDR 中分配一个 IP 地址，通过自己的 CNI 插件为容器创建一个网络设备（默认为 veth pair 类型），将 IP 地址配置到容器上，然后根据这个 Pod 的策略生成对应的 BPF 规则，注入内核中。

需要注意的是，在 Cilium 的方案中，宿主机内部并没有二层转发设备，如 OVS bridge、Linux bridge 等。相同宿主机内的两个容器进行通信可以直接通过 "veth pair + BPF"。跨宿主机的两个容器进行通信需要经过宿主机内的 CIDR 网关和宿主机物理网络，宿主机外由 BGP 打通。除了 BGP，Cilium 还支持其他跨宿主机的通信方式，如软件隧道 VXLAN。

Cilium 是一个正在快速发展的项目，关于 Cilium 的更多新信息请参考其官方网站和 GitHub 项目页面。

Cilium 安全策略

Cilium 默认支持 K8s 的 NetworkPolicy 模型，任何关于 NetworkPolicy 的描述，Cilium 都会转化成 BPF 代码并应用到内核中。这和 kube-proxy 基于 iptables 设计安全策略是类似的，但 kube-proxy 的性能非常差，本质上是因为 iptables 是一个链式规则，复杂度是 $O(n)$，而 Cilium/BPF 是哈希实现，复杂度可以做到 $O(1)$。Cilium 的官方博客针对这二者的性能进行了很多对比，这里就不再赘述了。

除了安全策略，Cilium 还支持一些其他高级功能，如混沌测试。通过与 Istio、Envoy 集成，并开发自己的插件，用户可以实现各种自定义的流量拦截、重定向、分析、动态修改和注入等高级功能。

Cilium 的安全策略基于 Identity，而 Identity 基于 label，这与 K8s 的安全模型是

一致的。用户可以通过制定自己的标签策略（label），实现更上层的安全治理功能。例如，应用级别的安全控制。

新一代网络方案总结

新一代网络方案的优点如下所述。

- 网络从大二层演进到三层，每一个服务器内都是一个小三层网络。
- 默认支持 L3-L7 安全策略，弥补了主机层安全性的不足；可以基于 Cilium 实现更上层的安全治理平台。
- 通过 BGP 方案实现实例 IP 地址直接路由，兼容现有各种外围系统（监控、平台、中间件等）；比软件隧道（如 VXLAN）的方式性能更好。
- 解决了集中式 IPAM 的性能瓶颈。
- 交换机表项降低两个数量级。

目前这套方案已经在生产环境灰度上线。

7.2 K8s 和容器化的实践

K8s 的出现，统一了容器编排系统，成为实际的容器编排标准。散落的小资源池可以逐渐合并为大资源池，并进行统一调度，各个分布式系统也可以直接借助 K8s 实现自动化调度和编排。从企业运维和研发角度来讲，统一编排和调度系统的出现，实现了运维和研发的规模化，可以大大减少成本。同时，Docker、Service Mesh、Serverless 等一系列解耦及标准化未来架构，解绑了业务和基础设施的研发人员，可以大大提高双方的效率，而这些，也与 K8s 生态联系紧密。

基于此，携程在 2017 年逐渐下线了 Mesos，完成了向 K8s 的转型。本节会从部署架构、网络、调度、存储、监控、容器化等方面向读者详细阐述携程的 K8s 体系和容器化工作。

7.2.1 部署架构

携程有多个私有 IDC，每一个 IDC 至少有两套 K8s Cluster；除了私有 IDC，携程还使用了世界各地的公有云服务，K8s 部署架构如图 7-9 所示。

从用户角度来看，PaaS 对其暴露的是 IDC，并由 Federation 层屏蔽了 IDC 内的多个 K8s Cluster、私有 IDC（Private IDC）和公有云（Public Cloud）服务。

图 7-9 K8s 部署架构

当用户选定将服务发布到某个 IDC 时，会由 Federation 层决策具体将其中哪些实例部署到哪个 K8s Cluster 中。在决策时，会参考 IDC 下各个 K8s Cluster 的资源水位情况及管理员的策略，尽可能均匀地将实例分散，从而尽量降低单个 K8s Cluster 的不可用风险。

从网络角度来看，部署结构非常复杂。公有云和私有云的网络架构差异较大，私有云的网络处在由 OpenStack 网络向 Cilium 网络演化的过程中；应用也处在逐渐向非固定 IP 地址方式迁移的过程中。这些因素都会影响 K8s 的部署架构。

在现有的 OpenStack 网络中，IDC 内的网络被分成多个 Zone，IP 地址无法跨越 Zone 的边界进行漂移，为了简化调度，每一个 Zone 对应一个 K8s Cluster。在新的 Cilium 网络中，没有上述限制，所以在一个 IDC 中，在单个 K8s Cluster 规模可以承受的情况下，尽量保持两个 K8s Cluster。

7.2.2 网络

K8s 典型的 Pod 网络是 Cluster 层级的，无法与 Cluster 之外直接互通。同时 Pod 网络的 IP 地址由 Node Local IPAM 分配，会因迁移而发生变化。但是在企业内部，周边系统的历史因素要求 IP 地址固定，为此我们通过 CNI 插件 dcourier，并配合 Statefulset，满足了 IP 地址固定的需求。同时，容器的网络继承于 OpenStack 的网络，与物理机、VM 处于一个平面，IP 地址可以直接互通。

首先，若要实现 Pod IP 固定方案，则 Pod 必须在经历更新后仍然有一个固定标识，用来关联 IP 属性，所以我们大量采用了 Statefulset。同时，Pod 必须有一个全局唯一的标识，所以我们使用了 Pod FQDN。通过 Pod FQDN，我们在 IPAM 上建立了一个到 IP 地址及相关属性的关联关系，这样 CNI 插件在配置网络时，可以根据 Pod FQDN 在 Neutron 中找到对应的记录，并配置与上次相同的 IP 地址。Pod IP 固定方案如图 7-10 所示。

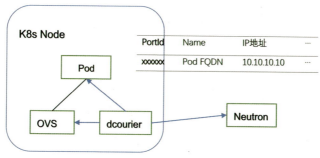

图 7-10　Pod IP 固定方案

如果外部的流量想进入容器内部，就必须打通 Pod IP 和公司的 LoadBalancer。携程的 LoadBalancer 类型有硬件 LB、SLB 和 SOA，并针对每种类型实现了对应的 CRD 和 Controller。K8s 流量入口对接方案如图 7-11 所示。

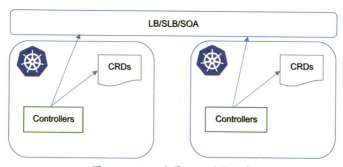

图 7-11　K8s 流量入口对接方案

7.2.3　调度

调度器的工作是决定将 Pod 调度到哪个 Node 上，调度质量的好坏直接决定了应用的服务质量和集群的资源利用率。K8s 原生调度器在携程内部落地时，暴露出了一些不足，我们主要参照在 Mesos 自研调度器上的经验，对其进行了 4 个方面的优化和定制：碎片率、超分均衡性、吞吐量、易管理性。

在自研的 Mesos 调度器中，为了降低资源碎片率，我们针对两个场景定制了优化算法：资源维度碎片与高水位资源碎片。

资源维度碎片，是指单个 Node 内多种不同种类资源间的配比失衡形成的碎片，如图 7-12 所示。

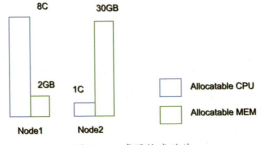

图 7-12　资源维度碎片

若集群中类似的 Node 数量很多，那么总的碎片资源数量是很可观的。在 Mesos 中，我们通过计算各维度资源的（Allocatable-Requested）/Capacity 方差来度量各维度资源的平衡性，建议选取平衡性最好的实例。在 K8s 中，Balanced Resource Allocation 算法与上述过程非常相似，所以直接使用了该算法。

高水位资源碎片的场景是当集群资源水位较高时，Node 在 Allocatable 越多、越优先的情况下（倾向于根据 Node 资源水位分散调度），会剩余一些资源边角料，无法被调度器分配出去，一些大配置的实例也更容易调度失败，如图 7-13 所示。

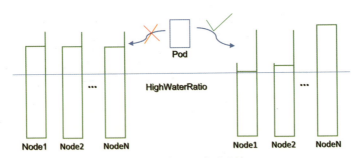

图 7-13　高水位资源碎片

为了优化这种场景，我们给集群资源水位设定了一个经验值 HighWaterRatio，当集群资源水位低于该值时，使用分散式调度，否则使用集中式调度。在迁移到 K8s 后，因为 K8s 中已有分散调度算法 LeastRequestedPriority 和集中调度算法 MostRequestedPriority，但其默认使用了分散式调度，所以我们结合水位的概念，将其修改为如下代码：

```
If WaterRatio < HighWaterRatio:
    Call LeastRequestedPriority
Else:
    Call MostRequestedPriority
```

另外，我们在集群上大量使用了超分和混部的方法，会根据 Node 的实际资源使用情况调度一些 Pod，而原生的调度器没有考虑其在 Node 上运行时实际资源的使用（Available），所以在真实场景中，可能部分 Node 会成为明显的热点。为此，我们增加了 MostAvailable 算法，倾向于选取实际 Available 资源最多的 Node，第 i 个 Node 打分如下（k 为资源编号）：

$$\text{ScoreNode}(i) = \sum_{n=i,k=0}^{n=i,k=j} \left(\text{Weight}_k * (\text{VirtualAvailable}_k - \text{VirtualRequested}_k)/\text{Capacity}_k\right)$$

其中，VirtualAvailable 是一个 Node 剩余资源的 Cache 值。当 Node 的 Metrics 更新时，会刷新 VirtualAvailable 值；在 VirtualAvailable Cache 值更新周期内时，每调度一个 Pod 到该 Node 上，因为 Metrics 更新延迟，需要在 VirtualAvailable 值的基础上扣除一个 VirtualRequested 值，该值由 Pod 的 Annotation 指定，否则直接取 Requested 值。

VirtualAvailable 和 VirtualRequested 的引入，避免了在一个 Metrics 更新周期内，因为更新的延迟，大量超分的 Pod 被调度到部分 Available 值较高的 Node 上，形成热点。

除了算法的定制，在实际使用 K8s 的过程中，还发现了原生调度器在常用的 PreferredAffinity 性能上的不足，在极端场景下的吞吐量测试结果只有 20～30Pod/s 左右。为此，我们对相关算法进行了大幅优化，在 10000 Pod、500 Node 的测试场景下，吞吐量提升了 5 倍以上，并且集群规模越大，提速越明显。

目前 K8s 平台上已经运行着各种场景的服务，包括在线应用、Spark Job、Redis、MySQL、AI 等，丰富的场景对调度器的灵活性提出了较高的要求。原生调度器在算法组合上不够灵活，无法实现某些场景的 Pod 按照自定义的算法集进行调度，甚至不同类型的 Pod 对某些算法的权重也可能不一样。另一方面，原生调度器无法以管理员的视角对平台上的业务在调度方面的属性进行灵活管控，如某个 namespace 下的 Pod 只能运行在某些 Node 上，并且都依赖于上层 PaaS 或者调用者自觉执行某些规范。

基于此，我们改造了调度器，定义了算法集 AlgoProfile，由管理员进行配置，并且实时生效。调度器会根据 Pod 上的 Annotation，从 AlgoProfile Cache Provider 中获取对应的算法配置，灵活地使用不同的算法集合、权重、算法参数对该 Pod 进行调度。在具有这个能力后，就可以使用同一个调度器对不同类型的 Pod 执行不同的算法评估集，大大提高了灵活性。

为了满足管理员管控的需求，我们对调度属性进行了抽象，新增了 CRD PodSchedulerConfig 和 NodeSchedulerConfig，分别用来描述针对 Pod 和 Node 的调度策略。然后管理员可以将某类 Pod 或者某个 namespace 下的 Pod 和 PodSchedulerConfig、NodeSchedulerConfig 进行绑定，当这些 Pod 被创建时，就会由 Webhook 自动执行这些规则，向 Pod 的 Spec 中插入调度规则。

7.2.4 存储

存储资源的抽象和管理是 K8s 平台非常重要的能力，总的来说分为本地存储和网络存储。K8s 具有一系列的本地存储插件，其中最常用的是 Emptydir 和 Hostpath，但原生的插件功能较弱，无法满足各种类型的应用的容器化。我们使用 FlexVolume 插件机制分别对它们进行了重写，并命名为 cEmptydir（Ctrip Emptydir）和 cHostpath（Ctrip Hostpath）。

cEmptydir 和 cHostpath 与官方插件的区别主要体现在 3 个方面。

- 磁盘大小限制（Project Quota）。
- Controller 绑定的生命周期（如 Statefulset、Deployment）。
- 可推导的宿主机路径。

磁盘大小限制的功能主要由宿主机上运行的自研 Quotas 服务来实现，Quotas 服务抽象了 XFS 和 EXT4 文件系统的 Project Quota 功能，通过监听宿主机上的 UNIX Domain Socket 对本地暴露服务。Quotas 服务调用依赖如图 7-14 所示。

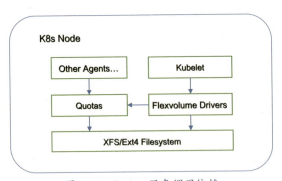

图 7-14　Quotas 服务调用依赖

Quotas 对外提供的服务包括以下两个方面。

- Project Quota（Create、Read、Update、Delete）。
- Stats（Limit、Used）。

cEmptydir 与 cHostpath 通过与本地的 Quotas 服务通信，就可以配置 Local Volume 的磁盘大小。同时监控的 Agent 也可以通过 Quotas 服务的 Stats 接口，获取各 Pod 的 Volume 统计信息。

在容器化的过程中，我们发现一些应用如 MySQL、ElasticSearch 等需要挂载本地 Volume，但又希望在 Pod 更新时，仍然保留数据。在这种情况下，Emptydir 的生命周期与 Pod 绑定，不满足需求；Hostpath 的生命周期虽然与 Pod 解耦，但其生命周期的结束需要额外的管理工作，同样不满足需求。所以，我们新增了一个插件 cHostpath，其生命周期与对应的 Controller 绑定，当对应的 Controller 的生命周期结束时，对应的 cHostpath 就会被清理。该插件已经被大量应用在有状态应用的容器化过程中。

为了方便宿主机上的 Agent 对 Local Volume 的管理和自发现，我们对自定义存储插件的宿主机映射路径进行了统一规范，代码如下：

```
${storage-dir}/{storage-driver}/ns/{namespace}/controller/{controller-type}/controller_name/[controller-name]/pod/[podname]/volume/[volume-name]
```

其中，各变量的含义如下所述。

- storage-dir：Local Volume 挂载的根目录。
- storage-driver：存储插件名称，如 cEmptydir。
- namespace：K8s namespace。
- controller-type：K8s Controller 类型名称，如 Statefulset。
- controller-name：K8s Controller 对象名称。
- podname：K8s Pod 名称。
- volume-name：Volume 名称。

根据路径信息，宿主机上的其他 Agent 可以直接推导出该路径所属的 Pod 或者 Statefulset，这给排障工作带来了很大的便利。

携程也有部分应用使用了网络存储，网络存储主要使用的是 Ceph 和 Glusterfs，其中，Glusterfs 由 Heketi 管理。K8s 网络存储架构如图 7-15 所示。

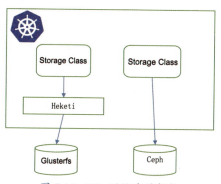

图 7-15　K8s 网络存储架构

7.2.5 监控

基于K8s的监控与原有基于VM或者宿主机的监控有较大区别，主要原因在于K8s上容器的生命周期较短，并且会动态变化，很难预先知道实例的元信息。最重要的是，传统监控体系大多与IP地址耦合，并且以IP地址作为标识，这与K8s监控体系逐渐淡化IP地址、淡化实例的趋势是不相容的。同时，我们希望Docker与K8s解耦的理念在监控方面实现继承，尽量不让业务代码耦合私有SDK。基于这些目的，容器云平台为容器重新打造了一套监控方案。这套监控方案需要解决Metrics层次化、元信息自发现、对象标识等问题，K8s新监控方案架构如图7-16所示。

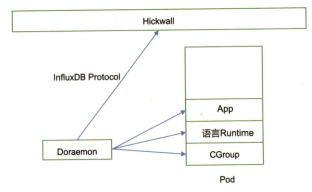

图7-16 K8s新监控方案架构

其中，Hickwall是携程一直使用的一套监控体系，在这套方案中使用了Hickwall的存储和展示能力，Doraemon则是K8s新监控方案的核心Agent，被部署在每一台物理机上。

监控的Metrics可以分为3个层次。

- CGroup层（包括CPU、MEM等）。
- 语言Runtime层（包括JMX、Go Pprof等）
- App层（业务层埋点Metrics）。

CGroup层监控包含基础监控信息，如CPU、MEM等，默认会被采集。语言Runtime层监控包含程序语言VM或者Runtime的监控信息，如GC、JIT等。App层监控则由业务自己定义，支持使用Prometheus协议，并通过HTTP暴露。为了让采集的Doraemon能够识别Pod上的监控元信息，这些元信息都通过Pod的Annotation和Container的Env进行标注。为此，我们制定了统一的Annotation和Env自描述规范，代码如下：

```
CTRIP_CLOUD_METRIC_ENDPOINT_PROMETHEUS_SIDECAR=http://xxx:8080/_self/metrics
CTRIP_CLOUD_METRIC_TAG_ORGID=xxx
```

上述环境变量描述了该 Container 具有一个可采集的 Prometheus 协议端点，并对该端点采集的 Metrics 添加了统一的 Tag。为了从宿主机上获取这些环境变量，我们修改了 kubelet 和 cadvisor，将环境变量通过 HTTP 对本地导出。Doraemon 会通过元信息，自动发现需要采集的 Metrics，填充好 Tag（标签）信息，并经过初步处理后，通过 InfluxDB 协议将其发送到 Hickwall 的存储中。

对于监控的对象而言，一个 Pod 可能含有多个 Container，一个 App Cluster 可能由多个相同或者不同角色的 Pod 组成，监控数据层级关系如图 7-17 所示。

图 7-17　监控数据层级关系

每一个 Container 都有独立的 CGroup，共享 network namespace，所以与网络相关的 Metrics 仅属于 Pod 层级。在面向用户的 Hickwall 监控报表上，我们配置了这 3 个对象层级的 Dashboard 模板，同时允许用户定制自己的模板。

在以 VM 为主导的阶段，携程的运维和监控体系都是耦合在 IP 地址上的，但在 K8s 中，IP 地址被淡化，甚至实例都不具有独立的 IP 地址，需要使用新的标识来标定一个 Pod。因此，我们选择了 Pod FQDN 来充当这个角色，并制定了 FQDN 的自推导规则其中，clusterid 是每一个 K8s Cluster 的全局唯一域名，并写入 K8s ClusterInfo 中。

```
$podname.$namespace.pod.$clusterid
```

7.2.6　容器化

在线应用是携程第一个被容器化的服务类型，并且整个容器化的过程经历了 3 个阶段，即胖容器、Mesos、K8s。下面着重介绍 K8s 架构下的在线应用容器化，在线应用容器化可以分为模型、网络与 K8s Controller、镜像、监控、日志。

携程的在线应用模型可以分为 3 层：App、Group、Instance。一个 App 可以有多个 Group，每一个 Group 又可以有多个实例 Instance。Group 的约束是，同一个

Group 下的版本必须最终一致,但 Group 下的 Pod 配置可以不一致,多个 Group 也可以分布于多个 IDC。这个模型一直从虚拟机时代沿用到把容器等同于虚拟机来使用的 Mesos 时代,在映射到 K8s 时,为了满足模型的单一性和兼容性,我们对应用发布模型重新进行了抽象,如图 7-18 所示。

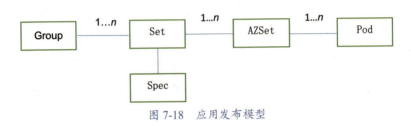

图 7-18　应用发布模型

- Group:Group 内的镜像版本一致。
- Set:Set 内镜像版本和其他所有配置都一致。
- Spec:描述所有的配置信息,类似于 K8s Pod Spec。
- AZSet:AZSet 内的所有实例都在一个 K8s Cluster 中。
- Pod:K8s Pod。

另外,携程的在线应用都是 IP 地址固定的,并要求在发布时,保持 IP 地址不变。基于以上的模型设计和 IP 地址固定的需求,我们设计了在 K8s 上的落地模型,应用发布模型与 K8s 服务映射关系如图 7-19 所示。

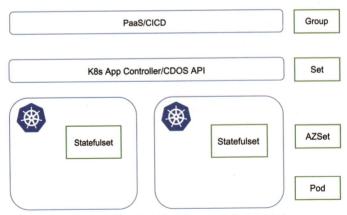

图 7-19　应用发布模型与 K8s 服务映射关系

为了与 Set 对应,我们实现了一个 K8s App Controller,而 AZSet 则直接使用了 K8s 里的 Statefulset。因为一个 Set 包含多个分属不同 K8s Cluster 的实例,所以 Set

这一层是逻辑意义上的联邦层，对应的 K8s App Controller 也实现了多 K8s Cluster 实例调度的功能。

在线应用还包含入口信息，即 LoadBalancer 和服务路由，这部分按照前文所描述的，进行了 CRD 抽象。

在线应用的镜像兼容了很多原有 VM 的功能，如启动实例的 Hook 脚本。为了实现这个功能，我们在容器内实现了一个 init 进程 Cinit。这个 init 进程除了可以实现自定义的 Hook 脚本，还可以执行 init 进程所具有的能力，包括僵尸进程的回收、信号的 forward。通过长期的容器化经验积累，我们发现，若容器在退出时仍残留一些进程，容器的退出就有一定的概率出现 hang 性，因此 Cinit 进程还兼具容器进程组 gracefully shutdown 的能力。同时 Cinit 进程的存在，还为我们在容器内的定制化行为提供了较大空间。

在 Cinit 进程之后，被启动的一般是 Supervisord。Supervisord 用于管理应用的程序，在自定义镜像过程中，用户也可以自定义 Supervisord 的配置，以实现对启动项的把控，Pod 内服务层级关系如图 7-20 所示。

容器内的监控按照 K8s 平台的统一规范，由 Doraemon 和 Hickwall 自动处理。容器内还通过 cEmptydir 统一挂载了两个目录，用来处理本地应用和日志的读写操作。

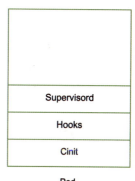

图 7-20　Pod 内服务层级关系

- /opt/app/data。
- /opt/app/log。

根据携程的应用开发规范，绝大部分应用日志会通过日志系统 CLog SDK 直接进行网络收集，其他日志则会通过宿主机上的 Log Agent 收集。

除了在线应用，携程还通过调度器 Operator 的开发，支持 MySQL、Redis、MangoDB、AI 应用的容器化，为业务和其他部门提供 CRD 抽象和 API 接口。

7.3　混合云

2013 年，中国提出了"一带一路"倡议。在此大背景下，携程于 2016 年正式提出全球化战略,并将其作为携程未来的核心战略。而云平台作为公司的基础设施部门,应当如何服务公司的核心战略呢?"兵马未动,粮草先行",国外的基础设施建设成了云平台团队工作的当务之急。

在国外基础设施选型方面,主要有两种主流方案。

(1)自建或租用数据中心。采用自建或租用数据中心的方案,可以使企业对数据中心有更强、更全面的控制权;自建数据中心可以为企业提供高私密性、高安全性的基础设施。在机房出现故障时,企业能在第一时间掌握情况,评估影响,并制定正确对策;在业务用量、使用时间达到一定程度时,自建数据中心具有规模效应,能帮助企业实现更低的运营成本。

(2)使用公有云服务,即直接使用公有云厂商(如亚马逊 AWS、阿里云、腾讯云等)提供的计算、存储、网络服务。该方案启动周期短、成本低,同时能有效规避国外基础设施建设的法律、政治风险。公有云具有即买即用、按量付费的特性,可以极好地适应业务量的动态变化,避免资产闲置。

目前,携程在国外的突出矛盾是,携程需要在全球 10 多个核心城市,提供响应速度快、用户体验佳的本地化服务;同时,大量核心应用及离线计算仍部署于携程私有云。这反映到基础设施需求上,就是国外区域多,但每一个区域的规模都不太大。所以,我们最终选择使用公有云服务。下面会围绕携程如何将国外公有云与内部研发、运维体系对接,实现业务快速全球部署展开介绍。

7.3.1 混合云整体设计

1. 主要需求与目标

对于混合云而言,携程的主要需求与目标如下所述。

(1)资源交付、管理。

一个应用,在从开发、测试到上线、流量接入等整个生命周期中,会涉及计算(物理机、虚拟机、容器)、存储(本地磁盘、块存储、对象存储和网络文件系统)、网络(私有 IP 地址、公网 IP 地址、负载均衡等)、安全(网络策略、访问规则、授权认证、密钥证书等)等各种资源的交付。同时,这些资源在交付上线后,用户还需要对这些资源进行必要的管理(如配置参数等)。

通常这些资源会分散在公司内的各个专家团队,如果仅仅依靠手动交付,不仅会带来大量重复工作,还很容易出错,所以,我们需要一套系统来实现自动化交付。

携程内部使用了统一的交付平台 PaaS，对资源交付与管理进行统一收口，为用户提供一站式的应用交付体验。

（2）云运维。

在国外业务上线云平台后，业务会遍布全球，那么应用及应用所依赖的底层网络、操作系统、各种中间件会产生大量的日志。如何统一收集、保存、分析这些日志？如何对这些日志进行访问控制、权限管理？如何管理各个云平台的账号、子账号？如何在公有云的能力范围内，实现这些运维管理需求？这都是我们面临的新挑战。在这些新的领域中，我们进行了一些尝试与创新。

（3）云安全。

安全贯穿于整个应用的生命周期，是最基本的业务要求。云安全涉及应用安全、主机安全、网络安全、数据安全、身份验证与权限管理等几大部分。携程混合云沿用了大部分私有云的安全规范，但在网络安全上，针对公有云进行了相应调整。

（4）云计费。

对于计费系统而言，我们不仅希望其满足账单对账、费用分摊需求，还希望通过计费系统，帮助优化业务成本，进行收益核算，以更优的业务成本完成业务目标。如何算好账、管好钱，是我们面临的最大挑战。

2. 云管理系统选型

随着公有云的快速发展，混合云管理产品出现爆发式增长，产生了大量开源商业云管理平台（Cloud Management Platform，CMP）；同时，携程内部具有自研的私有云管理系统。在云管理系统选型初期，我们调研了 Fit2Cloud、RightScale、BeyondCMP、ManagerIQ 等多种产品。这些 CMP 产品的 IaaS 管理功能丰富，可以实现"开箱即用"，但都缺乏业务应用的管理能力，不太满足携程的需求，具体表现在以下几个方面。

（1）与携程混合云目标不匹配。携程混合云的目标，是以应用为单位组织全球资源，对接研发流程，帮助完成业务的高速迭代。携程内部有数以万计的应用，这些应用是携程业务的基本单位。一切资源在携程内都是以应用为核心，围绕应用组织的。但我们调研的这些工具，设计目标都是资源管理，一切都是以资源为核心的。

（2）需要对接开发。携程内部有领先的运维系统，高度标准化、自动化。如果引入第三方产品，就需要投入大量人力进行定制化改造，接入携程的研发、运维体系，不仅风险大、成本高，而且周期难以控制。

（3）不满足业务的安全标准。作为一家全球化企业，携程在方方面面都需要达到法律法规、行业审计标准。我们调研的这些云管理平台，要么没有安全功能，要么安全功能过于简单。而我们希望云管理系统能实现全方位、立体式安全防护，满足如信息安全等级保护、PCI DSS（Payment Card Industry Data Security Standard）、GDPR（General Data Protection Regulation）等各类安全标准。

基于上述情况，我们最终选择了自研混合云平台，充分对接携程现有的运维体系，实现用户无感接入，应用透明接入。

3．实现

在单一私有云场景下，携程研发、运维工具面对的是单一私有云，所以可以直接调用私有云的各类资源。在混合云场景下，如果研发、运维工具仍然直接调用各种公有云，就会造成大量重复工作。因此，我们重构了架构，引入中间层（混合云API），将公有云和私有云进行统一抽象、统一收口，实现研发、运维工具与云平台的解耦，最终的混合云管理系统架构设计如图 7-21 所示。

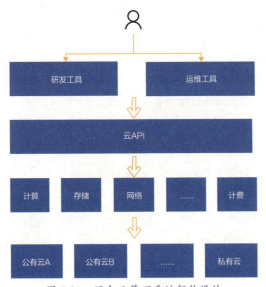

图 7-21　混合云管理系统架构设计

7.3.2　混合云网络 & 安全

携程混合云网络主要包括两个层面：全球网络、区域内网络。网络的安全需求主要在区域内网络实现。

1. 全球网络总体设计

在全球网络层,我们主要考虑网络质量与线路成本的平衡。网络质量的衡量指标包括时延、时延抖动、丢包率。高质量的网络意味着高成本。在综合考虑携程业务特点后,我们设计了"专线+互联网"的组网方案:对实时性要求高的业务采用专线网络连接;对时延、丢包有一定容忍性的业务,采用互联网连接;在同一云服务商内部,通过云厂商骨干网互联。

以 AWS 为例,AWS 在全球通过 AWS Direct Connect Gateway(DXGW)进行互联互通,在区域内则通过 VPC Transit Gateway(TGW)连接各功能网络。携程 IDC 通过专线接入 DXGW,与 AWS 各区域进行连通。同时,通过开放各区域应用入口到互联网中,实现区域间互联网的互联互通。混合云全球网络架构如图 7-22 所示。

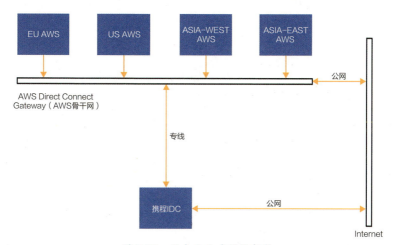

图 7-22　混合云全球网络架构

2. 区域内网络设计

在区域内网络层,我们主要考虑安全与隔离。根据应用的出、入项需求,以及业务特性,我们划分了多个 VPC(Virtual Private Cloud,一种虚拟机网络隔离实现),并将不同的业务部署在对应的 VPC 上。VPC 之间通过 TGW 进行路由连接;VPC 内部通过安全组实现安全防护。混合云区域内网络架构如图 7-23 所示。

所有的 VPC 都跨可用区(Available Zone)进行部署。当一个区域内的某个可用区发生故障时,我们可以通过在另一可用区内进行业务的快速扩容,实现灾备与灾难恢复。

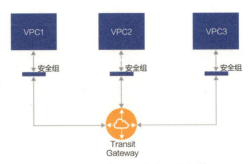

图 7-23　混合云区域内网络架构

3．网络安全设计

在网络安全层，我们对出向、入向的访问分别进行了防护。

（1）入向安全。

入向安全包括互联网入向、IDC 内部访问、办公网络访问 3 种入向的防护。

- 互联网入向：互联网入向是业务流量的主要入口，也是各种攻击的主要突破口。与私有云类似，携程采用了完备的 DDOS、WAF、入侵检查等防护手段。
- IDC 内部访问：对于 IDC 内部的应用互访，主要需求为应用隔离（如 PCI 应用）。我们按照应用之间的访问需求对应用进行分类，通过将应用放置于不同的 VPC，实现业务应用间的隔离。
- 办公网络访问：公有云不能访问办公网络；办公网络需要通过指定的入口 / 服务代理访问公有云，我们通过在入口 / 服务代理进行安全管制实现对公有云的安全访问。

（2）出向安全：出向安全通过代理实现。所有应用的出向访问都需要经过代理，只有在代理白名单中的目标 URL 才能被访问。代理方案满足了控制访问目的、监控访问行为的需求，同时满足了审计、追溯需求。

7.3.3　混合云计费 & 对账

提及公有云，计费是一个无法回避的话题。在大家第一次接触计费时，都会不以为然，认为计费没有任何难度。但一旦研究深入，就会发现计费远比想象的复杂。

首先，公有云厂商的费用计算异常烦琐。以 AWS 为例，AWS 有超过 140 种产品 / 服务，并且每种产品 / 服务都有好几个收费项，在不同区域收费标准也不一样。以 EC2 为例，计费方式包括按需实例、预留实例、竞价实例、专用主机等；根据不同地区、不同操作系统的预装软件、软件授权模式，收费各异；上百种 EC2 实例的价格也不同。在存储方面，SSD、HDD、IO 能力，都会导致收费差异；在网络流量方面，是否同 VPC、是否同可用区、是否同地区、是否 Internet 访问、是否内网/AWS 自身服务、是否专线、是否 NAT Gateway，都会导致收费差异。可以看出，公有云厂商在为用户提供丰富产品的同时，也提供了更加丰富的计费方式，用户看到的详单，已经不能再进行简单的人工处理，必须通过一套复杂的系统来实现自动化。

其次，公有云提供的账单，我们并不能全盘接收，需要根据公司内部的对账流程，确定费用是否真实，折扣是否与合同相符，金额是否正确等。

再次，在携程内部有 20 多个 BU（事业部），可以进行独立核算。每一个 BU 对公有云的使用量都不一样，如果不能准确核算各个 BU 的费用，就会导致用户的质疑与反对。

最后，云团队、运维团队、BU 负责人还希望能对费用使用情况、资源使用率等数据进行实时/离线分析，帮助提高业务的资源利用率，准确预估未来费用。

综上所述，我们需要一套计费系统，来满足以下需求。

- 对账。
- 分摊。
- 分析。

根据这些需求，我们设计了携程混合云计费分析流程，如图 7-24 所示。

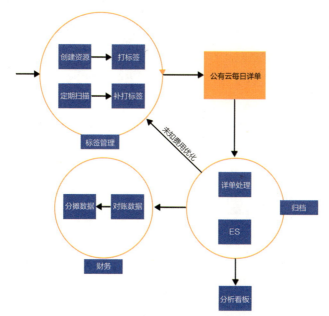

图 7-24　混合云计费分析流程

主要流程内容如下所述。

（1）打标签。

- 新增资源：对于已经自动化交付的资源而言，在创建时自动为资源打上应用 ID（AppID）的标签；对于未支持自动化交付的资源而言，在创建时手动为资源打上 AppID 的标签；对于不支持标签的资源而言，通过其他字段（比如名称）记录 AppID。
- 存量资源：对于线上已有资源而言，我们需要为资源补打标签。
- 定期比对：存量资源标签是否正确，需要定期比对。如果标签不正确，就需要进行相应的更正。

（2）计费详单条目处理。

- 有标签资源：根据 AppID，系统会自动扩展出对应的属性，如属于哪个 BU、哪个团队等。
- 无标签资源：以 AWS 为例，有些计费项不支持标签或没有明确的 AppID，如 CloudWatch、CloudTrail 等服务。在这种情况下，我们需要在系统内进行特殊处理，找到对应的 BU、团队。
- 关联资源：对于需要进行关联的资源而言，如硬盘、EIP 等，我们需要找到与其关联的资源，打上相应的标签，并将其分配到对应的 AppID。

（3）费用数据处理。

- 对账数据：对账数据以云厂商、资源为维度，用于与云厂商核对每月账单。
- 分摊数据：分摊数据以 BU 为维度对费用进行分析整理，得出内部分摊详情。
- 分析看板：分析看板会根据需要，从 BU、资源、区域、云厂商等维度进行数据分析与挖掘，帮助公司不断优化公有云的使用效率。

7.3.4 混合云运维

混合云运维，纵向包括传统的硬件、网络、系统、软件、应用 5 个层面，在加入公有云后，横向增加了账号管理、权限管理、统一监控等功能。传统运维内容不再赘述，下面主要介绍混合云运维面临的新问题与挑战，以及携程在这些方面的探索。

1. 新基础设施运维

公有云的基础设施完全由云厂商管理，用户没有管理权限。公有云上的运维工作被限定于公有云厂商的规范之内。例如，虚拟机、网络功能，只能在公有云厂商提供的功能下完成。如何做到与私有云一致，需要我们对运维工作重新进行思考与规划。对于携程混合云而言，以网络为例，我们通过全面考虑公有云能力、私有云能力，从全球网络、区域内网络两个层面，重新设计了网络架构，实现了分层管理。

2. 权限管理

权限管理，又称访问控制，是公有云上用于管控资源的方式。以 AWS 为例，通过定义谁（用户、用户组、角色）对目标资源（虚拟机、存储、网络等），在什么条件（用什么方式访问，如来源 IP 地址等）下，有什么操作权限（读取、写入、修改权限），来实现全面的权限控制。私有云运维工具一般根据现有的组织架构设计权限；在公有云上，我们需要在公有云提供的权限框架内，将用户/组织/角色与公司的组织架构相关联，实现对资源进行访问的系统化管控。携程混合云没有使用公有云提供的访问控制功能，而是借助于内部 PaaS 平台，实现了标准计算资源的访问控制。该方案实现简单、统一，但由于各种资源都需要对接，其难度无异于开发一套公有云后台管理系统。

3. 日志监控

传统私有云的日志监控默认可以实现统一收口、集中管理。但在混合云、全球化的架构下，日志来源于全球各地，如何处理需要我们认真考量。目前，主要有以下几种方案。

- 全球日志统一收口：通过互联网全盘统一收集。
- 日志本地处理：通过各地搭建日志系统，实现日志本地处理。
- 分类处理：按需选择统一收口、本地处理。

上述几种方案的优缺点如表 7-1 所示。

表 7-1 方案的优缺点

主要方案	优点	缺点
全球日志统一收口	对日志进行全球统一管理，实现相对简单，成本低	对网络质量、带宽要求高，可能会出现丢日志等情况，也可能面临安全、法规风险
日志本地处理	日志可靠性高，各地自治	日志来源于全球，需要逐个查看；需要管理大量日志收集集群，管理成本高
分类处理	按需实现，成本与质量平衡	确定哪些日志需要本地处理、哪些日志需要统一收口，需要解决规范、治理问题

携程采用了分类、分层的方式进行日志处理。由于应用大部分是本地调用（或者调用本地代理）的，可以认为应用是本地化的，故障影响范围仅限于应用自身，

所以使用日志本地处理可以满足需求。在基础的网络、系统监控方面，日志量较少，部分日志缺失不会影响业务人员排查问题，但是基础设施故障往往是致命性故障，所以我们使用了统一收口，将日志收集到私有云进行统一监控。

7.4 持续交付

持续交付是现代软件开发的一种实践，或者可以说是一种能力，它是指在软件交付的过程中，通过自动化的方式将代码安全、快速地发布到生产环境或者用户的手中，包括但不限于新特性，如配置变更、Bug 修复、实验性功能等。

持续交付的意义如下所述。

第一是效率的提升。部署是一个很烦琐的事情，如果有多个环境需要部署，则部署的难度会呈直线上升。这时如果有一个工具可以承担这项工作，研发人员就可以将更多的精力投入其功能研发中，使产品的迭代更加迅速。

第二是质量保障，我们在持续交付的过程中穿插了一些代码扫描、单元测试或者集成测试的过程，可以让整个产品的质量在交付过程中得到很好的保障，也可以让我们在交付时更加有信心。

第三是安全可靠，如果没有自动化的工具，就需要工作人员登录到系统中进行部署，会对线上系统带来很多误操作的隐患。

第四是团队协作，传统的交付模型从产品研发到上线需要经过很长一段时间，就可能出现一个现象：在开发阶段，开发人员一直忙着写代码，测试人员没有什么事情做，而到了测试阶段则相反。如果我们采用"小步快走"的方式，就可以让各个团队之间的协作更加紧密。

第五是流程更加透明，因为我们使用的是统一的规范、统一的工具，所以在交付过程中的每一个细节都会被暴露出来。

在持续交付的过程中，最重要的一个环节是发布，下面就详细介绍一下发布的艺术。

7.4.1 发布的艺术

高频发布是目前互联网公司不断追求的目标，"天下武功，唯快不破"，只有不断地迭代自己的产品才能在严酷的竞争环境中脱颖而出。但是我们不能因为快，而无视风险带来的损失，因此我们需要一种速度快、风险小的发布方式，下面介绍一些类似的方法，包括蓝绿部署、滚动部署及金丝雀发布。

1. 蓝绿部署

蓝绿部署（Blue-Green Deployment）是指准备两套完全一致的运行环境：一套运行环境用于正式的生产环境，对外提供服务；另一套运行环境则作为新版本的发布环境，新功能都会经过这个环境上线，如图 7-25 所示。

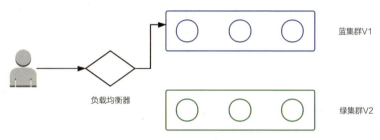

图 7-25　蓝绿部署示意图（1）

在没有发布的情况下，只有蓝集群对外提供服务，当有新的需求需要上线时，会将新的代码发布到绿集群上，并且将流量灰度地分摊到绿集群上，直到所有的流量都导入绿集群上，则一次发布完成。而下一次的发布会使用蓝集群作为新的发布环境。如果在发布的过程中出现了故障，则迅速通过切换流量的方式进行回滚，如图 7-26 所示。

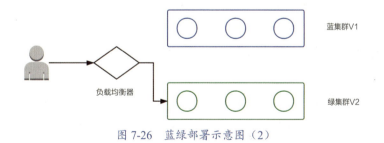

图 7-26　蓝绿部署示意图（2）

蓝绿部署是一种非常常见的零停机时间（Zero-Downtime）的部署方式，通过负载均衡流量的切换与冗余的资源进行新版本的灰度发布与快速回滚。但是蓝绿部署的缺点也是显而易见的，它需要使用两倍的资源，因此也带来了额外的运维、配置成本。容器的出现可以在一定程度上弥补这一缺点，我们不需要长时间克隆一个完整的环境，只需要在部署时创建一个集群，并在新集群经过一段时间的生产验证后，将旧集群销毁。但是这对于大型服务器来说，成本依然不容忽视。

2. 滚动部署

滚动部署（Rolling Deployment）是指从服务集群中选择一个或多个服务单元，在停止服务后执行版本的更新，并在部署完成后将其重新投入使用，周而复始，直至集群中所有的实例全部更新完成，如图 7-27 所示。

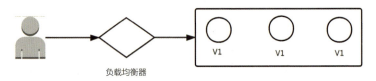

图 7-27　滚动部署示意图（1）

在初始状态下，集群中所有的实例都处于 V1 的版本，当进行部署时，会拉出一个实例，并将其部署为 V2，如图 7-28 所示。

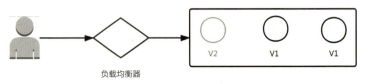

图 7-28　滚动部署示意图（2）

当第一个实例部署完成后，将其拉入，并进行第二个实例的部署，直至所有实例全部更新为 V2。在部署过程中发生故障时，应迅速将前面的实例全部部署为 V1。

与蓝绿部署相比，这种部署方式不需要额外的资源，不需要提前准备两套完全一致的运行环境。但是在需要回滚时则明显不如蓝绿部署的速度快，需要重新部署实例才能达到回滚的目的。

3. 金丝雀发布

金丝雀发布（Canary Release）是指让一部分用户先使用新的版本，以便提前发现软件存在的问题，如图 7-29 所示。我们可以使用不同的策略来决定让什么样的用户看到新的版本：最简单的一种策略是让随机的一部分用户先使用新的版本，也有一些公司让内部员工先体验新的版本，还有一些比较复杂的策略是根据用户画像来选择新版本的用户。例如，游戏公司经常会有一些内测版本，这些内测版本的用户就是我们说的"金丝雀"。

当新版本经过一段时间的测试后，就可以将其推向全部用户，直到最后一个用户都过渡到新版本后，再将旧实例全部下线，如图 7-30 所示。

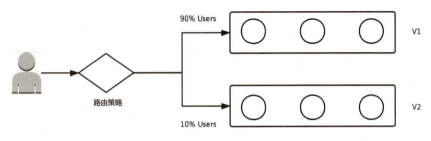

图 7-29　金丝雀发布示意图（1）

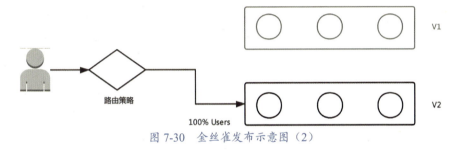

图 7-30　金丝雀发布示意图（2）

金丝雀发布的进阶版本会将发布的过程分成不同的阶段，并且每一个阶段的用户数量逐级增加，如图 7-31 所示。

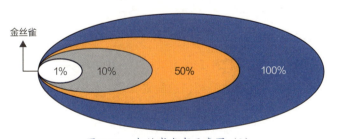

图 7-31　金丝雀发布示意图（3）

除了上述 3 种部署方式，还有一些其他的部署方式，如暗部署、A/B Testing、重建部署等。但无论哪种部署方式都有其明显的优缺点，需要用户根据自己的情况选择一种合适的方式。

7.4.2　Tars 系统设计

Tars 是携程第二代发布系统，在此之前，携程一直使用一个叫作 Croller 的发布系统。Croller 的发布模式被称为火车发布：每天有定时发布的车次安排，一般是两个小时一次，并以 Pool 为单位安排车厢，在同一个 Pool 中的应用必须在同一个车次的同一个车厢进行发布。实际的情况可能有：每一个应用在发布前都需要"买票"，即申请和备案的过程，然后被分配到某个"车次"并与在同一个 Pool 中且需要发布的其他应用形成一个"车厢"，当到达规定的发布时间时，该"车厢"内的所有应用，会以灰度的方式进行发布。

其弊端如下所述。

（1）即使提前准备好了发布，但是没有到达规定的发布时间，也只能等待。

（2）如果错过了某个时间的发布机会，就只能等待下一次。

（3）如果在发布的过程中，同一个"车厢"内的某个应用发布失败，则整个车厢都会发布失败，需要整体进行回滚。

随着携程业务量的增长，业务变化越来越敏捷，这对应用交付的效率提出了更高的要求。当时携程使用该模式进行发布的主要原因如下所述。

（1）ASP.NET 应用占大多数，基本采用"Windows + IIS"的单机多应用模式，应用隔离性差，大量应用被部署在一台机器上，共享一个应用程序池。

（2）使用硬件负载均衡器承载应用入口，并以域名为单位进行隔离。在单机上的多个应用共享同一个入口，健康监测只能实现服务器级别，无法识别应用级别的故障。

（3）应用的部署、配置信息没有强约束和校验，导致存在不少配置脏数据，影响监控、日志的准确性和有效性。

为了解决上述问题，携程决定立项 CMS/SLB/Tars 联合项目。CMS 解决了数据治理的问题，它可以真实反映生产环境的配置状态，其数据必须是经过校验的且符合公司运维规范的。SLB 解决了路由运维方面的粒度和效率问题，代替硬件 LB 的 7 层路由职责，提供高并发、实时、灵活、细粒度的 7 层路由规则，帮助携程由面向机器的运维转为面向应用的运维。而 Tars 作为新一代发布系统，承担了整个交付流程改造的工作，下面介绍 Tars 发布系统的设计。

首先我们将单机多应用的模式拆解成了单机单应用，将应用和应用解耦，使发布系统的设计变得简单了。因为和单机多应用相比，单机单应用更简单直接，并且易于理解和维护。举个例子，单机单应用不需要考虑分配服务端口的问题，因此所有的 Web 应用都可以使用统一的端口进行对外服务。此外，单机单应用对于排障、配置管理等有很多的好处。

在 Croller 的发布模式下，应用的发布单元是 Pool，也就是一组服务器，在新的模式下,我们重新定义了发布单元,即 Group。对于单机单应用来说,一个 Group 相当于之前的一个 Pool,一个 Group 可以包含多个入口。对于单机多应用来说,一个 Pool 可能包含多个 Group。每一个 Group 中包含一台或多台堡垒机,在 Rolling 之前必须经过堡垒机的测试。

当明确发布单元后,我们就可以重新定义发布流程了,如图 7-32 所示。

图 7-32　Tars 发布系统的发布流程

(1) Smoking 的过程为:拉出堡垒机→下载发布的包→安装应用程序→点火检查。当点火通过后,则认为发布成功。

(2) Baking 是指用户手动拉入的过程,在此之前,应该先进行堡垒测试。

(3) 在经过 Baking 后,说明堡垒机已经接入了正式的生产流量,开发人员在此阶段应该关注应用的监控系统,确认是否有异常,如果有异常,则回滚堡垒机,否则进行接下来的 Rolling 操作。

(4) Rolling 的过程就是批量部署 Group 内的机器。在部署时将 Group 分成多个批次,用户可以设置每一个批次的数量,并配置批次内的机器为并发执行部署,这种做法既能保证部署的灰度执行,又能保证部署的速度不会太慢。

(5) 在 Rolling 的过程中,与堡垒机部署的不同在于拉入过程是自动的,只有 Verify 正确才会认为部署成功。如果有个别机器部署失败,不会影响到整个部署流程,但是当数量超过一定的比例时,就会停止部署,我们称这个过程为"刹车"。

(6) 除此之外,发布系统还允许对其他依赖系统进行降级,比如,当软负载 SLB 出现故障时,无法正常进行拉入、拉出操作,而此时业务应用又出现严重的 Bug,需要紧急发布,那么发布系统可以忽略拉入、拉出的过程,虽然会对业务造成影响,但是可以有效降低 Bug 对线上产生影响的时间。

本节介绍了携程在持续交付方面的一些背景和问题,以及为了解决这些问题而重新打造的发布系统 Tars,除了灰度发布的功能,一个出色的发布系统还必须考虑到刹车、降级等功能，只要有了这些周全的保护措施，发布就可以做到真正的"高枕无忧"。

7.5 本章小结

本章主要从网络架构演进，K8s 和容器化的实践，混合云，以及持续交付 4 个方面介绍了携程在 IaaS/PaaS 方面的实践。希望读者能够了解到以下内容。

（1）网络的演进，二层→大二层（SDN）→ Cilium。

（2）K8s 的部署架构、网络、存储等对接细节。

（3）混合云架构、计费和对账。

（4）持续交付设计的细节，Tars 发布系统介绍。

第8章 监控

在进入本章主题之前,我们先回顾一下电影《流浪地球》中领航员空间站进行最后全球播报时的画面。

刘培强中校排除万难,终于来到了中央控制室。经过一通令人眼花缭乱的操作,这时莫斯(人工智能)开始向刘培强中校解释空间站撤离的原因:

"空间站的所有行为均为合法的,已经过联合政府统一授权,莫斯从未叛逃,只是在忠实地履行已授权的指令。"

"三号紧急预案启动后的 0.42 秒,莫斯已经推演出全部结果。联合政府已知悉。仍竭尽全力组织救援,但这是一场注定徒劳的救援。空间站的撤离即标志了救援行动的失败。3 小时后,地球将会突破木星的刚体洛希极限,进入无法逆转的过程。莫斯将进行全球播报。"

"流浪地球计划失败,领航员计划更名为火种计划。"

莫斯开始全球播报:

"这里是领航员空间站,现在面向全球进行最后播报。在过去的 36 小时里,人类经历了有史以来最大的生存危机。在全球各国 150 多万名救援人员的拼搏和努力下,71% 的推进发动机和 100% 的转向发动机被全功率重启。但遗憾的是,目前木星引力已经超过全部发动机的总输出功率,地球错失了最后的逃离机会……"

——《流浪地球》

这短短的一个片段,和本章要介绍的内容有着莫大的关系。在电影中,莫斯会根据一些数据推演出未来的多种可能,从而自动选择预案让联合政府授权并执行。

而每一个参与救援的人员，在莫斯播报以前，都没有纵观全局信息的能力，每一个人都在尽自己最大的努力去拯救地球，这和我们在网站运营过程中的监控、排障和抢修有着高度的相似性。

莫斯做出判断所需要的数据，我们通常把它叫作"监控数据"。广义上的监控数据存在着多种不同的表现形式。本章会围绕一些在携程内的应用进行更深入的介绍。

Hickwall 主要负责指标监控和告警，能提供多种不同层面监控数据的采集、存储、展示和告警等基本功能，方便研发和运维人员从多种维度了解整个系统的当前状况和历史趋势，对故障定位、性能调优等都有很好的参考价值。

CAT 主要负责对跨进程的调用链路进行监控。随着网站整体架构的不断演进，原本比较复杂的业务逻辑会被拆分得越来越细，转化为多个轻量业务逻辑之间的调用，这种情况对整体业务逻辑的监控提出了新的挑战，调用链路监控系统应运而生。通过将调用 Token 在不同组件之间进行传递，CAT 最终实现了调用链路的完整展示和监控，这对调用方理解整体业务逻辑、快速定位调用链路的问题及分析系统瓶颈是非常有帮助的。

CLog 是携程的统一日志系统。日志记录了程序运行时发生的各种关键事件及状态变化，对于故障排查和业务分析是非常有用的。在初始业务量很小的情况下，计算节点数量很少，权限管理不完善，工程师登录计算节点查看本地日志的代价也不高；但随着业务量增长，计算节点数量急剧膨胀，再加上云原生等新型架构的出现，原始的日志处理、查看及分析方式就暴露出很多缺陷，本章会介绍携程是如何通过 CLog 应对和解决这些问题的。

最后，根据"监控数据"进行自动或手动选择预案并采取一系列措施的整个过程，涉及"告警/事件"及"告警/事件的处理"。莫斯推演各种结果的功能，也是网站监控和自动化运维的一个非常有用的功能，携程内部也对其进行了一些实践，包括订单量的预测、基于机器学习的智能告警，以及一些简单的智能故障诊断等，本章也会对这部分内容进行一些简单的介绍。

8.1 指标监控和告警系统 Hickwall

Hickwall 是携程在 Metrics 方面主要的监控系统，可以提供指标数据的采集、存储、展示和告警。从开始部署到现在，Hickwall 历经多次演进，已经覆盖了携程所有的数据中心，每分钟处理和存储的指标数量超过 2 亿个，每秒查询次数超过 200 次，为网站的日常运维和可用性的提高提供了有力的支撑。本节会介绍以下内容。

（1）指标监控系统在网站运营方面的作用和挑战。

（2）Hickwall 的整体架构和技术实现。

8.1.1 指标监控的应用和挑战

指标监控系统是一个对时序指标进行采集、分析和处理的系统，和日志系统不同的是，它并不记录时间或请求的详细信息，而是以数值的形式记录某个指标随时间的变化情况，这些数值被称为时间序列。时间序列虽然无法详细记录某个事件发生的前因后果，但是可以通过曲线清晰地表现出状态的变化，让用户快速了解线上的状态。

指标监控一般有以下几个应用场景。

（1）容量规划。例如，根据分布式存储的历史磁盘使用量预计需要扩容的时间点；根据某业务的请求量的上升趋势预计需要增加的服务节点数量。

（2）性能分析。例如，不同实现和技术选型在性能上的区别，新版本对用户请求响应速度的提升效果，诊断性能的瓶颈是 CPU、IO，还是网络。

（3）紧急告警。当线上机器或者应用出现问题，及时通知运维和研发人员迅速处理线上故障，减少损失。

（4）故障评估。在出现较为严重的故障之后，通过对指标的分析，可以知道该故障的影响范围，以及对公司造成的损失。

除此之外，指标监控对"自动化扩缩容"和"资源混部"[1]等也能提供数据上的支持。

根据指标的来源和使用的场景，一般把监控的指标分为系统层指标、应用层指标和业务层指标。系统层指标包括 IDC 的温湿度、各种设备的固件运行情况、网络设备的接口状态流量丢包、物理机虚拟机容器的 CPU 内存等，也包括 MySQL、Redis 等基础服务的状态。应用层指标包括框架埋点，如 3 个黄金指标（请求量、响应时间和错误数），也包括用户自定义埋点，如某个模块中的内存队列长度。业务层指标主要包括订单量等全局的、直接影响公司业绩的指标。

---

[1] 资源混部：将不同资源消耗特征的应用部署在相同的机器上以达到资源利用率最大化的效果，比如，CPU 使用率高的应用不一定 IO 使用率高，将这两种不同消耗类型的应用合理地部署在相同的机器上，可以最大化地利用系统资源。

系统层指标面向的用户主要是基础运维人员，监控方法存在通用性。从数据采集来看，同一种监控对象有相同的采集方法，例如，同一款交换机使用 snmp 采集端口流量的 OID 是一样的；Linux 磁盘使用率的采集方法都是一样的。从报警策略来看，同一种监控对象需要关注的指标是一样的，报警规则也是通用的，只有阈值是不同的。对于这种场景下的监控系统而言，需要有模板和监控对象的概念，首先在模板里添加配置，包括数据采集方法和告警逻辑，以及告警触发后的通知方式，然后将模板和监控对象绑定，这样可以极大地简化监控配置工作，并且后续同一种监控对象上线只需要绑定模板，不需要另行配置。当然如果有必要，运维人员也可以针对某个监控对象进行独立的配置。

应用层指标面向的用户主要是研发人员，研发人员使用监控系统的方式和运维人员有所不同。从数据采集来看，数据都是采用埋点的方式直接写入监控系统，没有实体的监控对象，也不需要模板的概念。从指标来看，框架统一埋点的指标是一致的，但是用户自定义埋点的指标是千差万别的，这导致自定义埋点的告警策略不存在通用性，需要用户独立配置。从数据查询来看，应用层需要汇集多个实例的指标进行计算，例如，只有对多个节点上某个接口的请求量进行求和，才能得到这个接口的总请求量，而系统层关心的往往是某个指标，无须进行大量的汇集计算。

上述这些不同点对监控系统的设计提出了不同的要求，既要实现配置的通用性，减少基础运维的配置工作，又要满足应用层的监控配置，减少监控系统中的抽象概念，增强系统的数据分析和计算能力。虽然所有层次的指标都是时间序列，但是不同的使用方式给监控系统增加了配置管理方面的复杂性和技术实现方面的挑战性。

8.1.2　指标模型的选择

经济学中有个名词叫作"路径依赖"，意思是在人类社会演进过程中存在一种惯性，使得以后的发展受到最初方向的影响，例如，火箭助推器的宽度是由火车的轮距所决定的，而火车的轮距是由 2000 年前两匹马的臀部尺寸所决定的。在路径依赖的作用下，良好的惯性可以提升演进速度，不良的惯性则会限制未来的发展。指标监控系统的演进同样受到路径依赖的作用，在系统的演进过程中受到的最大影响来自指标模型。一旦指标模型发生变动，从数据采集到数据存储再到告警就会发生巨大的变动，包括遍布所有机器的 Agent、应用埋点使用的 SDK、所有的采集脚本，以及存储的设计和告警的配置。监控系统作为线上覆盖范围较广的一个系统，这些修改会耗费巨大的成本，因此指标模型的设计至关重要。随着监控范围的扩大，指标模型必须适应各个层次的需求，良好的指标模型可以简化存储设计，提升用户体验。

在最初的版本中，Hickwall 使用了 Graphite 的指标模型，将所有的维度拼成一个点分字符串，虽然实现了指标的检索和查询，但是也产生了很多的困难。

（1）特殊字符的存在。Graphite 的指标模型对使用的字符有一些特殊的规定，如不能使用花括号、小数点、星号等，这是因为这些字符在 Graphite 中都有特殊意义，而这些特殊字符在很多场景下是无法避免的，如 IP 地址、交换机接口的名称等。为了存储这些指标，需要对指标名称进行转义，这就使得数据的采集和查询形成了一道"鸿沟"，给用户造成了使用上的困难，用户在写入数据后必须清楚地知道监控系统对指标的转义规则，才能进行有效的查询，这无疑是非常困难的，这样的学习成本也是没有必要的。

（2）指标管理的复杂性。点分字符串对维度的先后顺序并没有强制的规定，如果交换两个维度的值，就变成了一个新的指标。另外，为了缩短点分字符串的长度，通常只会加上维度的值，不会加上维度的名称，这就导致用户很难了解点分字符串中每一个字段的含义。

（3）指标检索的困难。为了根据某个字段进行指标过滤，用户需要明确这个字段是点分字符串中的第几个字段，并且很难对整个点分字符串使用正则表达式，从而很难实现针对某个字段的过滤。

为了解决这些困难，Hickwall 最终选择修改指标模型，重新设计各个组件，并修改各个数据采集的来源，这耗费了相当长的时间。目前，Hickwall 使用 InfluxDB 的指标模型，通过 Measurement 和 Tag 描述一个指标，再加上 Field 记录某方面的状态数值。例如，某台机器的某个磁盘使用率可以表示为"fs.usage,host=server1,driver=/ value=43"，在这个模型中 Tag 的值没有特殊字符的限制，可以实现"所写即所查"。另外，Tag 可以清楚地描述这个维度的含义，在检索时不需要关心字段在哪个位置。在配置告警时，和 Measurement 一样，一条规则就能完成告警的描述。例如，一台机器上有十几块磁盘，在设置磁盘告警时只需要指定 Measurement 和 host，通过遍历 driver 就能完成所有磁盘的告警。另外，InfluxDB 作为一个知名的开源项目，从 SDK 到客户端，从存储引擎到 Grafana 的查询，很多开源项目都对 InfluxDB 的模型提供了支持，让 Hickwall 可以享受到开源带来的便利。现在很多开源监控系统使用的都是"指标名＋标签"的方式，包括 Graphite 现在也支持了 Tag。

8.1.3 Hickwall 架构

在 2015 年，携程开始对 Hickwall 进行研发，目前已经演进出了多个版本。从功能模块来说，整个监控系统没有太大变化，功能模块如图 8-1 所示。

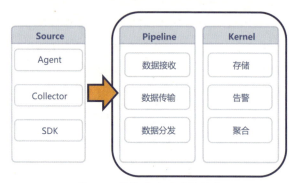

图 8-1　监控系统的功能模块

数据来自 Agent、Collector、应用埋点 SDK，以及和其他系统的对接，在进入 Pipeline 后，需要先完成不同协议的解析。然后，为了满足跨云场景下的监控需求，并且方便数据的后续使用，Hickwall 通过 Pipeline 将数据汇集，这个汇集过程包括了鉴权加密和网络中继。在数据汇集后进行数据分发，包括多数据中心容灾和其他应用的数据订阅。Kernel 层涉及整个监控系统的核心功能，如存储、告警和聚合。最后，通过 Grafana 展示数据，并将告警事件发送给 Notify 进行事件的合并通知。在 Kernel 层，Hickwall 目前进行了 3 次演进，最新版本的架构如图 8-2 所示。

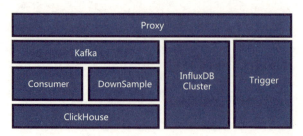

图 8-2　Hickwall 的 Kernel 层最新版本架构

在这个架构中，监控数据从 Proxy 进来后分三路转发：第一路发送给 InfluxDB 集群，确保无论发生任何故障，只要 Hickwall 恢复正常，用户就能立即看到线上系统的当前状态；第二路发送给 Kafka，由 DownSample 完成数据聚合后，将聚合数据直接写入 InfluxDB 集群；第三路发送给流式告警，这三路数据互不影响，即使存储和聚合都出现问题，告警依然可以正常工作，确保了告警的可靠性和稳定性。另外为了满足应用指标的 OLAP 需求，Consumer 消费 Kafka 中的数据写入 ClickHouse 中。

在最初的版本中，Hickwall 使用 ES 作为存储引擎，但是在使用过程中发现 ES 用于时间序列的存储存在不少问题，如磁盘使用空间大、磁盘 IO 使用率高、索引维护复杂、写入和查询速度慢等。而 InfluxDB 是排名第一的时间序列数据库，能针对时间范围进行高效的查询，支持自动删除过时数据，并且具有较低的使用和维护成本。只是早期的 InfluxDB 不够稳定，Bug 比较多，直到 2017 年年底，在经过测试后确认 InfluxDB 已经足够稳定，可以交付生产，才开始使用 InfluxDB 替换 ES。但是，InfluxDB 存在单点问题，并且在 0.12 版本后，官方的集群方案不再开源了。为了解决 InfluxDB 的单点问题，Hickwall 研发了 InfluxDB 的集群方案 Incluster，如图 8-3 所示。

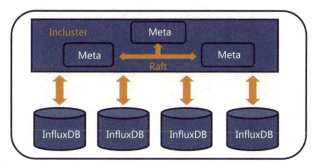

图 8-3　InfluxDB 的集群方案 Incluster

Incluster 并没有对 InfluxDB 进行代码侵入式的修改，而是在上层维护关于数据分布和查询的元数据，因此当 InfluxDB 有重大发布时，Incluster 能够及时更新数据节点。客户端通过 Incluster 节点写入数据，Incluster 按照数据分布策略将写入请求转发到相关的 InfluxDB 节点上，在查询时按照数据分布策略从各个节点中读取数据并合并查询结果。在元数据层，Incluster 采用 Raft 保证元数据的一致性和分区容错性，在具体数据节点中使用一致性哈希算法保证数据的可用性和分区容错性。

Incluster 提供了 3 种数据分布策略：Series、Measurement 和 "Measurement+Tag"。通过调整数据分布策略，Incluster 能够尽量减少数据热点并在查询时减少查询节点。在实践过程中，Hickwall 使用 Measurement 策略存储系统指标，如 CPU；使用 "Measurement+host" 策略存储网络设备的指标，如某个接口的流量。

作为一个分布式存储，磁盘损坏不可避免，灾备是必须考虑的问题。虽然

InfluxDB 没有提供数据块读取的接口，但是 Incluster 可以按照数据分布策略通过读取 InfluxDB 底层的 TSM 数据文件来恢复损坏的节点上面的数据。一般每一个节点存储的数据量被控制在 2TB 以内，实践经验表明这种方式能够做到半个小时恢复一个损坏的节点。

在用户使用方面，Incluster 提供了对 InfluxDB 的查询语言 InfluxQL 的透明支持，也提供了类 Graphite 语法，用于配图。类 Graphite 语法可以简化配图语法，提供 InfluxQL 无法实现的功能，例如，查询最近一段时间变化最剧烈的指标，除此之外，还可以屏蔽底层存储细节，以后如果想使用比 InfluxDB 更优秀的时间序列存储引擎，可以减少用户迁移成本。

InfluxDB 在数据存储和简单查询方面表现出色，但是在数据聚合方面存在一些问题。InfluxDB 提供了 Continuous Query Language（CQL）用于数据聚合，但是经过测试后发现 CQL 内存占用较大。InfluxDB 本身所需要的内存就比较大，在使用过程中，128GB 的内存已经被占用了大约 1/2，如果再加上 CQL 的内存，就容易造成节点不稳定。另外，CQL 无法从不同的节点获取数据来进行聚合，在 Incluster 集群方案中存在资源浪费、维护复杂的问题。因此 Hickwall 将数据聚合功能独立出来，在外部进行数据聚合后再将聚合数据写入 Incluster 中。时间维度的聚合是有状态的计算，它面临两个问题：一个问题是，中间状态如何减少内存的占用；另一个问题是，节点重启时的中间状态如何恢复。Hickwall 通过指定每一个节点需要消费的 Kafka Partition，使得每一个节点需要处理的数据可控，避免 Kafka Partition Rebalance 导致不必要的内存占用，另外，通过对 Measurement 和 Tag 等字符串的去重，可以减少内存占用。在中间状态恢复方面，Hickwall 并没有使用保存 CheckPoint 的方法，而是通过提前一段时间消费来恢复中间状态。这种方式避免了保存 CheckPoint 带来的资源损耗。

然而随着应用埋点数据的接入，InfluxDB 暴露了它的缺陷。应用监控有一个很普遍的场景，就是对某个应用所有实例的某个指标进行聚合计算，如某个接口的请求量，对于大型的应用来说，一次聚合涉及的指标数量高达十几万个，被称为高基数查询，这种查询是 InfluxDB 无法支持的，最终 Hickwall 选择 ClickHouse 来存储应用层的指标数据。ClickHouse 是一个开源的面向 OLAP 的分布式列式数据库，与 InfluxDB 相比，它提供了强大的 SQL 语言和丰富的数据处理函数，可以完成很多指标的处理，如 P95。ClickHouse 拥有完备的集群方案，不需要自研，可以实现"开箱即用",而且它的性能非常强大,按照携程的使用经验,大多数查询耗费的时间都在秒级,可以满足绝大部分的应用监控需求。但是 ClickHouse 并不是时序数据库,并没有提供时序数据库应该有的功能,如自动删除过时数据等。另外,数据结构受到 Schema 的限制,增加新的 Tag 需要修改表结构,但是这些缺点无法掩盖 ClickHouse 卓越的 OLAP 性能和查询的便利性。

本节介绍了指标监控系统和携程的实现方案 Hickwall,并详细介绍了携程在这方面的实践经验,包括指标模型的选择、监控系统的基本组成和 Hickwall 的存储方案(Incluster 与 ClickHouse)。尽管携程已经较好地完成了指标监控系统的建设,但是仍然有不小的提升空间。例如,指标监控系统的核心组件——时间序列数据库,从 2015 年开始越来越受到重视,但是目前的开源方案并没有发展到令人满意的地步,尤其是面对高基数查询的场景。业界还在努力寻找和尝试,相信未来会有更好的方案出现。

8.2 开源分布式应用监控系统 CAT

作为业界知名的开源分布式应用监控系统,CAT(Central Application Tracking)已经成功地为多家互联网公司提供了完整的应用监控解决方案。携程从 2015 年引入 CAT,目前的集群规模已经达到了大约 100 个节点[1],为 8000 多个在线应用提供了稳定的链路跟踪及应用监控服务,处理的消息数量超过 7000 亿 / 天,存储空间大约 850TB/ 天[2]。本节主要介绍以下内容。

(1)应用监控系统的特点及其在大型网站架构中的必要性。

(2)CAT 的整体架构,以及高效处理监控数据的奥秘。

8.2.1 为什么需要应用监控系统

现代互联网服务一般会被设计成大规模、分布式的应用集合,这些分布式的应用可能由不同的团队开发及维护,甚至使用的技术栈可能也不尽相同。在这样的运行环境中,即使是最简单的一次 API 调用,其背后也可能隐藏了数以百计的对下游服务和存储的访问。

比如,用户进行一次酒店查询操作,可能会被划分为若干个子查询操作而分布

---

1 参考配置:CPU 32 核心 / 内存 128GB。
2 数据采集时间:2019 年 6 月。

到几十台查询节点上,还可能触发广告、图片子系统或者机票、火车票等相关系统进行相关查询,最后前端服务还需要将各个子系统或相关系统的查询结果进行聚合处理后返回给用户。在这个过程中,用户的一次查询操作背后所涉及的 API 调用链路可能如图 8-4 所示。

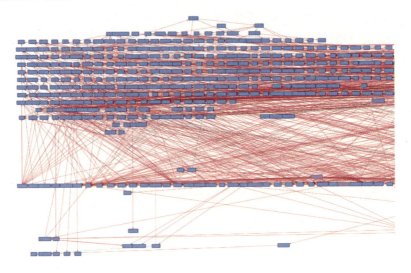

图 8-4　API 调用链路

之所以会出现这样的调用关系,在一定程度上是因为互联网行业整体对高可用的极致追求。

分层架构对应用从表示层、业务逻辑层和数据访问层进行了划分;服务化架构则进一步对不同的业务模型进行了更细粒度的划分和封装。"高内聚,低耦合"的设计思想贯穿了网站的架构演进过程,在整体业务逻辑日益复杂的趋势下,必然会在某些复杂的业务逻辑局部出现类似于图 8-4 的依赖关系。而这样的依赖关系,一方面提升了整体业务逻辑的复用性、可移植性,并且通过解耦非关键依赖,部分提升了可用性;但另一方面,对整体业务逻辑的可监控性提出了较高的要求。

业务逻辑可监控意味着业务内部发生的状态变化对监测者是透明的,这个透明性对应用在生产环境中稳定运行非常重要。在生产环境中,应用面临的用户行为是无法被完全预测的,而这些不可预测的行为,很可能导致某些业务逻辑触发边界条件异常,进一步影响系统稳定性。也正因为这些不可预测行为在测试环境中难以预测,所以增强应用的可监控性就变得更加重要。

但是在图 8-4 的依赖关系中,即使每一个应用节点都是可监控的,整体业务逻辑的可监控性也存在问题。原因在于传统监控系统只能解决单节点可监控的问题，但对于以业务逻辑而非以应用进程为粒度的可监控性而言，传统监控系统就无法施展其固有优势了。

例如，从用户端来看，请求失败究竟是调用链路的哪个调用节点发生问题而导致的？传统监控系统只能检测到第一层调用关系的问题，如果调用链路很深，就只能一层一层地排查，甚至如果某个调用节点的可监控性很弱，问题的根本原因就可能无法定位。再如，页面响应速度会直接影响用户体验，而前端服务响应延时取决于其调用链路上最慢的部分，所以接口性能优化的复杂程度，也和系统调用链路的复杂程度密切相关。

链路跟踪需要解决的问题是，如何将"不同进程孤立，但整体业务逻辑存在因果关系"的各业务逻辑节点关联并监控起来，以帮助工程师更清楚地了解整体业务逻辑。

8.2.2 应用监控系统的特点

针对链路跟踪这一需求，应用监控系统应该满足哪些基本条件呢？

首先，监控范围必须覆盖足够的应用。这个需求是由调用链路的复杂性决定的：只要调用链路上缺失一个节点，整个调用链路就无法关联起来，会出现"断链"的情况，使调用链路跟踪效果大打折扣。

其次，监控行为必须是长期不间断进行的。之所以有这个需求，是因为用户行为的不可预测性并不是持续出现的。对于很多实际问题的场景而言，只有当用户的请求频次达到一定程度，或者用户行为产生了某些特殊的输入才可能被触发，如果没有持续地对用户请求调用链路进行监控，则很难在这些特殊场景出现时捕捉并监控到它们。

因此我们可以确定，应用监控系统的链路跟踪功能设计目标，主要包含以下几个方面。

（1）客户端负载低：一方面，业务逻辑是否成功并不依赖于监控行为，所以监控行为在本质上只是宿主应用的旁路逻辑；另一方面，监控系统客户端需要长期且持续地监控宿主应用行为，所以需要考虑将客户端对业务逻辑的负担控制在一个合理的范围内，如果工程师认为监控行为对应用造成了太大的负担，就可能会关闭监控行为。

（2）业务应用级别的透明性：应用监控系统应实现对业务研发工程师透明。由于链路跟踪需要覆盖尽可能足够的应用，如果业务研发工程师需要关心业务逻辑的调用关系是如何传递的，链路跟踪的代价就会非常高昂，而且会因为各种情况造成调用关系信息传递失败，产生断链，进而影响整体调用链路的监控效果。本书第 5 章提到，目前携程大多数系统的信息交互及存储访问都依赖于框架中间件，因此，通过框架中间件进行调用链路的信息传递，CAT 客户端的监控行为可以在一定程度上实现对业务研发工程师透明。例如，将 RPC 框架的 Request 和 Response 关联，即使业务逻辑未直接使用 CAT 客户端 API，业务研发工程师也可以从应用监控系统中很方便地看到 RPC 调用链路的情况。

（3）服务端可水平扩展：在公司业务快速增长的情况下，由于"无处不在"且"无时不在"，监控数据的增长速度是非常惊人的，这就要求服务端具备水平扩展的能力，可随时扩容以满足不断增长的业务监控需求。

（4）服务端高可用：应用监控系统是业务研发工程师感知业务应用运行状态的利器，每当业务应用出现故障时，就需要应用监控系统发挥其最大作用。这就要求应用监控系统具备相当的容灾能力，并且尽可能减少对外部系统的依赖，否则当发生大规模故障时，若应用监控系统本身或相关依赖也出现问题，就会极大影响故障恢复效率。CAT 服务端对依赖进行了很好的控制，提供了多种降级策略，在最极端的情况下，只需依赖自身内存来存储实时数据，并且可以对外提供相应的查询服务，保障极端情况下自身的可用性。

除了链路跟踪监控，一个完整的应用监控体系往往还包含多种组成，如客户端的日志及宿主机的心跳状态等。随着系统复杂度的增加，每一个相关的组件都可能含有帮助用户定位系统异常原因的线索。因此，不同来源的原始数据应该分别进行归类、量化，这样才能帮助用户在遇到问题或者维护应用时有的放矢。

不同的系统有着不同的监控粒度、目标和重点，因此它们的度量指标也不尽相同。根据携程当前服务应用的场景及对外部资源的参考，我们对应用监控系统的作用域进行了如下定义。

（1）Trace：一次完整的事务调用请求。Trace 的最大特点就是它含有上下文环境，通常来说，Trace 会由一个唯一的 ID 进行标识，一次 Trace 可能由多个不同的事务（Transaction）及标志事件（Event）组成。

（2）Log：日志，代表用户主动记录的离散的数据。通常来说，就是用户采用 Logging 组件输出到日志文件的，具有 WARN、INFO、ERROR 等用来表示不同执行状态级别的信息。这些日志信息可以在用户进行问题分析和判断时提供更为详尽的线索。

（3）Metric：代表用户定义的、关心的或通用的一些运行时指标。通常来说，Metric 具有时序可累积性。根据不同的粒度需求，Metric 可以实现小时级、分钟级、秒级等。Metric 一般是数据采集项目的聚合，旨在为用户展示某个指标在某个时段的运行状态。

（4）Report：报表，是针对某种特定领域，通过对收集而来的各种数据进行统计、分析而产生的关键信息展示载体。报表含有丰富的信息，用户通过报表可以获得关于特定领域指标集的多维信息，从而更好地制定排障、调优决策。

这些应用监控系统的作用域的相互关系如图 8-5 所示。

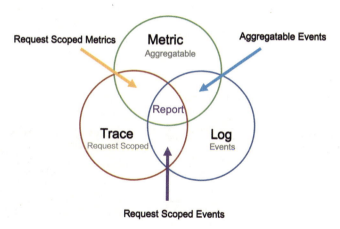

图 8-5　应用监控系统的作用域的相互关系

8.2.3　客户端实现解析

上一节提到，应用监控系统客户端的设计目标之一是尽可能足够轻量，即使长时间且不间断地收集业务应用监控信息，也不会对业务系统造成额外负担。本节会介绍 CAT 的 Trace 功能的设计原理，以及在实践中遇到的一些问题。

CAT 的 Trace 功能设计思路来源于 Google Dapper 系统的相关论文，具体操作步骤如下所述。

（1）每一个 Trace 在 CAT 内部都被称为 Message Tree，由树形结构组织的 Transaction 及 Event 构成，每一个 Transaction 代表某次具有特定耗时的调用（同步或异步调用，如一次 RPC 请求或一次 DB 操作），每一个 Event 则代表业务逻辑关心的事件。

（2）客户端的每一个相关线程都有一个 Thread Local 域，用于存储 Message Tree，一旦用户调用 newTransaction 接口，就会给这个 Message Tree 增加一个 Transaction 节点。

- 如果当前栈顶 Transaction 节点还未结束，则新的 Transaction 节点会作为当前栈顶 Transaction 节点的子节点。
- 否则新的 Transaction 节点会作为当前栈顶 Transaction 节点的兄弟节点加入已有的 Message Tree。

（3）用户调用 complete 接口会将当前栈顶 Transaction 节点标记为结束，如果当前 Message Tree 的根节点已被标记为结束，则整个 Message Tree 会被加入本地内存队列中，由后台线程异步发送给服务端。

CAT 客户端 Trace 构造逻辑如图 8-6 所示。

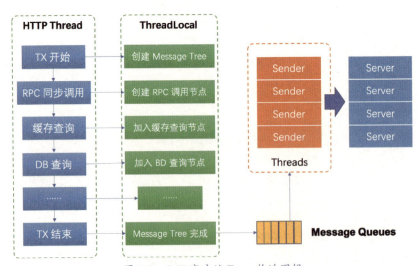

图 8-6　CAT 客户端 Trace 构造逻辑

为了增强客户端的稳定性，我们额外对客户端采用了一些保护措施。

（1）Merge Tree：当业务逻辑执行一些数量非常多、耗时非常短的任务时，如果对这些逻辑都进行 Transaction 埋点，最终在业务调用链路中就会生成很多细小的 Message Tree，而这些 Message Tree 如果不能及时送出，短时间内就会占用宿主应用的很多内存，为了降低客户端的这部分开销，我们会针对特定的埋点，利用可动态配置的合并规则,将类似的 Message Tree 进行合并,以减轻客户端的内存压力。

(2)Truncate Transaction:有些业务逻辑的处理时间可能会非常久,如果这些耗时超长的业务逻辑又具有很多子节点,则同样会对宿主应用内存造成很大的压力。针对这种情况,我们提供了一种保护机制,在切换小时的时候,当前 Thread 中存在时间超过 10 秒或数量超过 5000 条的 Message 都会被发送出去,只保留当前未关闭的 Transaction,并根据 MessageID,由 Server 端进行关联,如图 8-7 所示。

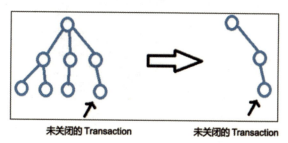

图 8-7　Truncate Transaction 示意图

(3)客户端预聚合:目前服务端每天处理的消息数量已经达到了 7000 多亿条,虽然服务端可以水平扩容,但是很多数据的聚合逻辑在客户端进行处理的效率会更高。原因在于服务端在收到客户端报文后,是存在一定的反序列化代价的,如果客户端在序列化前就已经对这些数据进行聚合,则这部分反序列化的代价就可以被忽略。所以,在追求尽量减轻客户端逻辑的今天,尝试将一些不是很复杂且更适合在客户端完成的逻辑移入客户端以获取更好的性能,是需要一个优秀工程师做出权衡的设计。

8.2.4　存储模型解析

迄今为止,CAT 的存储模型已经经历了 6 次迭代,而每次存储模型的迭代都意味着一次性能的飞跃,本节会重点介绍 V5 和 V6 两代存储模型的设计思路及其性能提升。

V5 版本的存储模型包含两个文件,即数据文件和索引文件,文件名称由三部分组成:第一部分是 MessageID 中的 AppID 部分,标记 Message 产生的应用 ID;第二部分是 MessageID 中的 IP 部分,标记生产该 Message 的客户端的 IP 地址;第三部分是处理该 Message 的 CAT 服务端的 IP 地址。

V5 版本的索引文件和数据文件格式如图 8-8 和图 8-9 所示。

图 8-8　V5 版本的索引文件格式

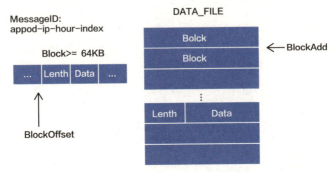

图 8-9　V5 版本的数据文件格式

读取流程如下所述。

（1）通过 MessageID 中的 AppID 和 IP 地址找到对应文件组。

（2）在索引文件中，从 index * 6 位置处开始读取 6byte 的数据。

（3）根据前 4byte 计算出 BlockAdd，根据后 2byte 计算出 BlockOffset。

（4）在对应的数据文件中读取 Block，解压，在 BlockOffset 处读取 Message Tree。

相应的写入流程如下所述。

（1）将一个 Tree 的 buf 数据写入 Block 中，如果 Block 超过 64KB，则进行压缩，压缩后写入数据文件。

（2）在索引文件对应的 index * 6 处写入 BlockAdd 及 BlockOffset。

V5 模型最显著的缺点是文件数量非常多，由于文件名称中包含了调用方的 AppID、IP 地址及服务方的 IP 地址，在接入应用和客户端实例日益增加的情况下，服务端的文件数量也不可避免地超出了预期，单台服务器甚至出现了 1 小时创建 20 万个文件的情况，这给 HDFS Name Node 内存造成了很大的压力。除此之外，单个文件的大小还有限制，最大不能超过 4GB。

针对这些问题，我们设计了 V6 版本的存储模型，将文件名称变更为两部分：第一部分为 Message Tree 的 AppID 部分，第二部分为处理该 Message Tree 的 CAT 服务端的 IP 地址。具体的索引文件和数据文件格式如图 8-10 和图 8-11 所示。

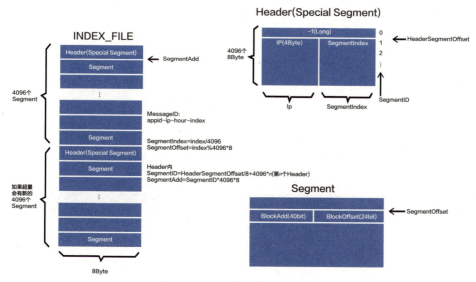

图 8-10　V6 版本的索引文件格式

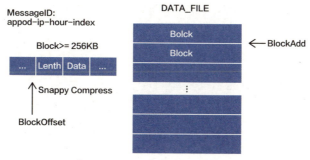

图 8-11　V6 版本的数据文件格式

相应的读取流程会发生变化，如下所述。

（1）读取及初始化时会加载所有的 Header，并构建好 m_table。

（2）计算 SegmentIndex 和 SegmentOffset，在 m_table 中找到 SegmentID。

（3）在"SegmentID * 4096 * 8 + SegmentOffset"中读取 BlockAdd（40bit）和 BlockOffset（24bit）。

（4）在数据文件中 BlockAdd（40bit）的位置，读取一个 block 并将其解压后，再从 BlockOffset（24bit）处读取原文。

写入流程如下所述。

（1）计算 SegmentIndex 和 SegmentOffset，如果当前 IP 地址的 SegmentIndex 是

新的（根据 m_table 中是否存在来判断），需要在 Hearder 中追加一条数据，同时更新 m_table 信息。

（2）如果 Hearder 已满，则在新的 Segment 位置（Segment 数量已达到 4096 的倍数）写入新的 Hearder。

（3）根据 SegmentID 和 SegmentOffset 找到具体位置，写入 BlockAdd（40bit）和 BlockOffset（24bit）。

在完成一系列优化后，V5 和 V6 版本的主要性能提升如表 8-1 所示。

表 8-1 V5 和 V6 版本的主要性能提升

对比项	V6	V5
文件数量（1 台服务器）	2000 个	20 万个
读取时间（端到端）	200 毫秒	2 秒（HAR）
数据文件大小（压缩后）	1TB	4GB

本节从以下几个方面介绍了携程的应用监控系统 CAT。

（1）应用监控系统的必要性及其在应用稳定性及性能瓶颈优化方面的作用。

（2）几种监控领域模型及其关联性。

（3）CAT 客户端实现原理。

（4）CAT 服务端的存储模型及演进过程。

希望读者在完成本节的学习后，能够对应用监控系统有一个比较清楚的了解；欢迎感兴趣的读者给开源的 CAT 项目提出 Pull Request，甚至自己尝试写一个类似的监控系统。

8.3 公共日志服务平台 CLog

日志记录了应用系统在运行时的详细状态，能够帮助用户快速掌握应用的运行路径及历史信息。完备的日志对于故障原因分析及系统性能调优而言都是不可或缺的依据。此外，基于日志信息的统计分析还可以赋能于现代化企业的运营与决策。因此，及时有效的日志查询及多元化的日志搜索成了一个不可或缺的需求。

目前，携程内部使用公共日志服务平台 CLog（Central Logging）进行应用日志的收集与分析。至今，CLog 已为携程超过 8000 个在线应用和超过 10 万个实例提供了完整的日志存储与查询方案，日均保存日志数量超过两万亿条，日均处理应用日志能力达到 PB 级。本节会对日志系统的功能和特性进行介绍，并对 CLog 在搭建企业级日志平台过程中的整体架构设计与多种实现考量进行介绍。

8.3.1 日志系统的演进与特点

在携程的应用环境下，日志信息对于业务部门、运维部门、研发部门与客服部门都是不可或缺的。对于研发人员来说，通过日志进行应用故障定位和系统逻辑梳理，可以说是一项不可或缺的基本技能。对于运维人员来说，监控重要的日志指标并进行相应的信息分析，能够对系统失效或异常进行预警，为集群容量规划提供数据支持。借助于日志，业务人员能够及时把握用户行为及其他重要的业务产出数据，从而制定更合理的商业决策。而对于客服人员来说，相应订单链路的记录信息能够更高效地帮助他们了解客户面临的问题，解决客户投诉，从而进一步提升客户的满意度。

日志的重要性无须赘述。随着计算形态与应用部署的不断演进，日志系统也在不断迭代。在单体巨型应用的时代，几乎所有的应用都部署在同一个计算节点上，相应的应用日志通常被存储于本地磁盘。结合 SSH、AWK 等进行文本分析的利器，用户能够快速地筛选出所需要的信息并进行问题排查。但是，单机系统逐渐成了制约企业发展的瓶颈，应用的横向扩展能力成了支撑企业在业务与体量上快速增长的必然要求。同时，分布式与服务化的架构几乎成了一个标准。尤其是在近几年中，容器化与云原生的应用交付方式极大地提高了各种产品、功能的迭代更新效率。这样的架构变更使得企业级应用系统不断膨胀，并且日益复杂。另外，应用日志在信息与规模上都呈现了爆炸式的增长。在单机部署时代，查看日志需要的繁复的人工操作，在这样的规模下成了一件负担非常重的事情，同时片段化、无规则的日志分布也增加了定位关键信息的难度。这就要求我们引入一个具备更好的灵活性与扩展性的日志系统。

经过几年的更迭，我们认为，一个通用的企业级日志系统应该具备以下几个特性。

（1）高并发，高吞吐：日志系统作为一个公共组件，对高并发、高吞吐提供支持是一个不可或缺的特点。

（2）海量数据存储：随着企业在业务、体量上的增长，日志也是不断增长的。日志系统应当很好地处理并存储日志数据，才能让这部分数据更好地服务于后续的可视化、分析等功能。

（3）横向扩展：不只是业务应用，日志系统本身也存在单机性能的瓶颈，作为一个公共服务平台，日志系统需要做到各个环节都支持水平扩展，并且对业务方做到无缝透明。

（4）稳定性：对于平台或中间件类组件来说，系统稳定是不可或缺的一个特性。日志系统在一定程度上是一个与用户应用强交互的组件，为了保证整体系统的稳定性，一方面需要提供完善的租户机制以隔离不同业务，另一方面需要提供关键依赖的降级能力。除此以外，日志系统还需要和应用监控系统对接，提升故障检测和快速恢复能力，以应对潜在的不可用风险。

（5）实时性：对于集中式日志服务来说，应该实现日志数据的及时消费与处理，并支持至多秒级的延迟。

（6）分析与可视化：对于日志数据来说，应该支持多元化的索引、分类查询。尤其是对于当前企业级的服务来说，通过某种手段快速地检索出某次调用或某个订单相关的全量日志是一个必备的需求。在快速查询的基础上，提供一定的分析与可视化能力，可以简化用户操作，提升系统的易用性。

8.3.2 CLog 的架构

虽然目前的日志系统有很多开源解决方案，如 ELK 等，将各种组件进行组合就可以满足对日志数据的各种需求，但是在携程刚刚开始搭建日志平台时，并没有此类比较成熟的解决方案。此外，虽然这类解决方案可以很好地支持数据规模较小的场景，但是在数据规模较大的场景下很难提供稳定的支持。并且，大量独立组件的引入提高了系统运维的复杂度，限制了企业内各种定制化的需求。因此，携程选择自研日志系统。

CLog 是携程内部使用的一站式日志数据存储、查询与分析平台，其整体架构如图 8-12 所示。

CLog 将基础日志数据进行了 Online/Offline 隔离，并对其中各个对应组件都设计了相应的服务降级方法来保证系统整体可用。

1. Client

CLog 使用客户端提供日志记录功能，主要原因在于以下几点。

（1）使用客户端接入，可以对业务日志的接入格式进行统一规范。一方面可以使后续日志的分析与索引更高效，另一方面可以提供多种定制化功能，如运行时的

LogLevel 调整、基于自定义 Tag 的索引及动态限流变更等。

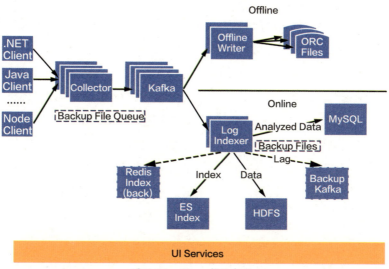

图 8-12 CLog 整体架构

（2）日志不存储于本地磁盘，而是采用网络传输至集中化日志收集器，从而在特定场景下能够获得更高的日志记录效率。根据 Jeff Dean 在 Designs,Lessons and Advice from Building Large Distributed Systems 中所展示的数据，在某些场景下，利用万兆网卡能够获得比磁盘更高的带宽，并且能够达到更高的数据吞吐量。

（3）通过对通用协议的支持，CLog 可以较方便地支持不同语言的客户端。在 CLog 中主要采用了对 Thrift 协议的支持。

（4）携程内部有很多的 Java 应用，CLog 通过集成 slf4j 来桥接业界主流的日志记录 API，同时提供了 MDC 等各种特性的实现，从而提高客户端的易用性。

日志客户端作为应用的旁路，在支撑高吞吐量的日志记录的同时，也应该尽量实现低性能消耗，因此，异步发送与资源可控是日志客户端必须考虑的需求。CLog 客户端的主要发送逻辑如图 8-13 所示。

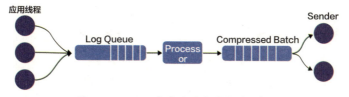

图 8-13 CLog 客户端的主要发送逻辑

写入的日志在经过规范化后会被放入队列中供后续进行异步处理。其中，用于存放原始日志信息的队列通过支持多种配置模式，可以达到资源可控的目的。通过配置队列的大小与容量，可以限制 CLog 占用应用内存的大小；通过设置在队列满时是否阻塞，可以控制在极端情况下日志的发送对业务执行的影响。在 CLog 的各个组件设计中，可以通过可配置化的资源利用和 Back Pressure 保证系统各链路的稳定性。

在大流量系统中，数据的批量处理可以说是一种标准配置。CLog 客户端会从原始日志队列中消费数据，先将多条独立小日志打包、压缩成批字节流的形式，再将其送入发送通道。这样既有利于提高压缩比率，也有利于降低网络传输的频率，提高网络传输效率。在压缩方式的选择上，经过综合考量，我们使用了资源利用率较小的 Snappy 作为默认的压缩方式，具体的压缩方式可以通过配置进行更改。最后，由支持动态配置的多个发送线程将日志数据进行网络发送。

在主发送流程之外，CLog 客户端还支持了很多的动态与治理功能。例如，服务端可以按需对客户端下发相应的限流、抽样配置，可以动态地筛选能够进入流程中的日志，实现更有计划的资源隔离，防止在极端情况下服务端负载过重或网卡被"打爆"的情况出现。此外，大多数企业的部署环境都有严格的隔离机制，在实际生产环境上部署的通常是非常精简、核心的应用。对于日志系统而言，通常就是只打开 INFO 及以上级别的日志以减少过多的资源利用。但是这样会缺少很多应用执行时的详细信息。CLog 支持在生产环境中动态打开 Debug 模式，在确定的时间范围内将全量日志进行记录，可以更方便地进行故障排查。

2. Collector

Collector 是 CLog 系统的集中化日志收集器，它负责接收网络传输过来的数据，解析、读取日志的元信息，根据需求进行多种定制化的操作，并将相应的数据日志发送到 Kafka 上以供后续处理。

之所以选用 Kafka 作为数据中继，一方面是因为 Kafka 具有暂存海量数据、读写吞吐量高等特性，非常契合日志系统的需求；另一方面则是因为携程团队对 Kafka 的应用与运维具有一定的经验。

目前，很多日志系统都采用了将日志直接写入 Kafka 的方式，那么为什么 CLog 要在中间引入一层 Collector 呢？主要原因如下所述。

（1）在 CLog 项目初期，Kafka 对多语言还没有提供完整、稳定的支持，通过 Collector 及通用协议的使用，CLog 可以比较方便地对接各种语言的客户端，同时可以尽早地过滤出不符合规范的日志记录。

（2）Collector 可以更有针对性地与客户端进行交互，可以通过 Back Pressure 的方式防止极端情况下的服务端崩溃。

（3）Collector 层的再聚合，一方面可以减少与 Kafka 建立的连接数，另一方面可以使同一应用内的日志更加内聚。

（4）在 Collector 层可以实现定制化的数据处理、派发需求。尽管相应的需求也可以通过多个不同的 Kafka 消费者去满足，但是需求的多样化及消费方式的不确定性可能会造成 Kafka PageCache 的污染，进而影响系统的整体吞吐性能。

（5）在 CLog 的设计理念中，系统内的每一个组件都应该设计相应的服务降级策略。当 Kafka 陷入不可用的状态时，Collector 端引入了一个 Last In、First Out 的可控文件队列，可以尽量暂存数据，同时通过后续链路对该文件队列的消费，可以尽量满足查询最新日志的需求。

在 Collector 向 Kafka 发送数据时，以"应用 ID+TimeWindow"的方式组成 Kafka 的 Partition Key，一方面，可以保证相同应用在同一时间窗口内的日志会存储到相同的 Partition 上，提高后续数据处理的 Locality；另一方面，通过 TimeWindow Shift 的方式也可以尽可能地保证 Kafka 各个 Partition 整体流量的均衡。

3．Log Indexer

CLog 的日志处理分为 Online 与 Offline 两条路径，并且互相隔离。Log Indexer 主要作为实时日志的消费者：一方面，Log Indexer 会通过轻量的流式统计分析，计算应用异常级别日志（ERROR + FATAL）的变化趋势，对应用的报错进行时序监测，辅助用户及时掌握系统的运行状态；另一方面，Log Indexer 会对日志数据进行索引构建与数据落地，满足用户对及时、有效地搜索日志的需求。

CLog 的 Online 部分目前提供了至少一周的实时日志存储，提供了基于时间、标题、信息、自定义 Tag 等多种查询方式，如图 8-14 所示。

图 8-14　CLog 的 Online 部分

在正常情况下，Log Indexer 会将消费的日志数据进行聚合处理，将同一个应用在特定时段下的日志组织成连续的块，并最终写入 HDFS 中。针对块数据构建的稀疏索引，会以小时为间隔写入 ES 中，并以此结构提供海量日志数据快速检索的功能。

在写入的场景下，如果 ES 临时不可用，则索引会暂存于本地以保护数据不丢失。当本地数据量过多时，索引会被写入用于缓存的 Kafka 中。在 ES 恢复后，Log Indexer 会从 Kafka 中消费并恢复暂存的数据。如果此时 HDFS 暂时不可用，则可以采用本地临时存储的方案缓存数据。

在读取的场景下，如果 ES 查询临时不可用，则会启用异步写入 Redis 中的粗粒度索引查询，保证用户依然能够根据条件查询近几日的日志数据。如果外部依赖 ES 与 Redis 都不可用，则依然可以使用 Hive 查询 Offline 部分存储的日志。整体的 Online 查询过程如图 8-15 所示。

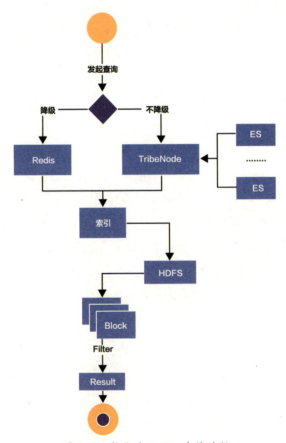

图 8-15　整体的 Online 查询过程

4. Offline

除了实时日志的查询，日志信息还经常需要被批量存储到 Offline 中以供业务方进行离线的数据分析。Offline 日志的查询需求与 Online 日志的查询需求有显著的区别，并且数据的保留时间相对更长，因此历史日志数据需要与实时日志数据采用不同的存储格式。由于应用需求不同，只有将 Offline 与 Online 流程隔离，才能更好地保证 Log Indexer 处理流程的及时性。CLog 通过 Offline Writer 组件消费 Kafka 中的日志数据，并组织成 ORC 格式上传到 HDFS 中来完成历史日志的写入。同时，相关的日志可以在 Online 组件失效后，通过 Hive 或其他技术进行数据的查询。

上述内容简述了携程在搭建企业级日志平台 CLog 时的一些设计思路。贯穿于整个 CLog 的主要关注点包括以下几个方面。

- 可控：CLog 力求在整个日志记录链路中，无论是对自身资源的使用，还是对来自客户端的负载，都尽量实现可控，尽量保证系统的稳定性与健壮性。
- 降级：对于整条链路中的各个组件而言，都应该有完备的降级方案以保证日志平台对外交付服务的质量。
- 多元化：CLog 需要支持用户对于日志数据的多元化需求，同时需要尽可能地保证服务交付的速度。
- 自愈：使用 Back Pressure 及各种数据暂存方式，保证系统在尽量不丢失数据的前提下，能够通过主动调节的方式保障运行的稳定性。

对于日志平台的建设与发展而言，我们仍在不断地探索。希望读者在完成本节的学习后，能够在如何处理海量日志数据的解决思路上获得一些启发。

8.4 告警系统

告警是监控系统的灵魂，没有告警功能的监控系统，就像是一把没有开锋的宝剑，只能挂在墙上进行观赏。互联网公司的线上部署规模都非常庞大，如何依靠有限的人力保障整个网站的高可用是一个挑战。告警系统能够帮助运维和研发人员及时发现线上故障并减少损失，一个有效的告警系统能够在很大程度上减少运维人员的工作量。本节会介绍以下内容。

（1）告警系统的需求特点及相关的开源解决方案。

（2）告警实现方案的抉择和流式告警的具体实现。

8.4.1 告警系统的需求特点

告警系统是一个实时数据分析系统,从功能上来说,它其实非常简单,每隔一段时间检查一下数据的异常情况,如果有异常情况,就通知用户。然而,如此简单的功能描述在真正落地时却面临诸多的问题。

(1)如何描述异常情况?不同场景对规则描述能力的要求不同。对于简单的场景而言,其规则描述也比较简单,就是某个指标在过去几分钟内超过某个阈值就告警。对于复杂的场景而言,则需要对多个指标进行综合分析。例如,网络设备的接口状态是否正常,该接口的丢包数是否大于某个值,并且不同类型的接口有不同的阈值,在这种情况下,使用一个统一的规则来描述需要告警的异常情况就比较困难。

(2)如何配置告警?不同对象的使用方式不同。对象大致可以分为3种,即基础运维、框架、研发。基础运维的告警往往和设备相关,可以通过一个模板设置一个统一的告警规则,并绑定到不同的设备上。框架也有统一配置的需求,它的指标相对来说比较统一,但是没有模板的概念。而研发自定义的埋点各式各样,没有统一的规范,也没有统一配置的需求。这3种用户虽然都有告警的需求,但对告警系统的配置管理却提出了不同的要求。

(3)如何兼容不同的数据源?告警系统的数据源是非常多样的,从类型的角度来看,告警系统的数据以指标为主,以日志为辅;从工程实现的角度来看,即使是指标,也包含各种存储引擎,可以是 ES、InfluxDB、Prometheus 等。不同的数据可能存储在不同的引擎里,即使是同一种数据,随着系统的演进,原有的存储引擎也可能会被其他更好的存储引擎替换。

(4)如何通知用户?告警分为不同的级别,有的需要立即处理,有的并不需要立即处理。告警的影响范围也不同,有些故障只会影响个别应用,有些故障甚至会产生告警"风暴",如核心交换机故障。

上述问题对告警系统提出了不同的要求。

从规则描述的角度来说,业界有3种模式:UI、表达式和脚本。根据携程的实践经验,对于研发人员来说,UI 的方式是最合适的,自定义埋点的告警规则并不复杂,即使有复杂的数据处理逻辑,也可以通过数据查询语言实现,这是因为自定义埋点的告警都是面向图像的,必须先配置图像,后配置告警。而对于运维人员来说,表达式和脚本的方式更加灵活。在某些表达式功能受限的场景下,脚本是一个更加灵活的方式,例如,对于同一个指标来说,有些设备需要对其进行一些特殊的处理。

从规则管理的角度来说，自定义埋点的告警规则是与图像绑定在一起的，用户往往需要根据图像才能决定合理的告警规则和告警阈值，而运维的告警规则适合与设备绑定在一起，虽然没有配置图像，但是设备只要没有下线、没有维护，就需要运行告警规则。而框架的埋点数据既没有图像，也没有设备，它面向的是数据，只要有数据进来，就可以对数据进行分析告警。

另外，告警的通知需要支持不同的形式，在通知之前对告警进行预聚合，防止告警"风暴"对大量用户进行通知"轰炸"。

针对告警的需求，业界有很多实现方案，如 Zabbix、Prometheus、Grafana。

Zabbix 是传统的监控方案，成熟稳定，采用表达式的方式配置告警规则。但是使用 Zabbix 的告警，就必须接受它的一整套方案，而 Zabbix 存在性能瓶颈。它采用 MySQL 进行数据存储，当数据量越来越多时，写入就成了瓶颈。另外，采集任务过多会导致任务堆积，这也是一个很大的问题。

Prometheus 作为新兴的监控方案，占据了一定的市场。它采用表达式的方式配置告警规则，并结合 AlertManager，能够对告警进行聚合通知。但是，使用 Prometheus 也必须接受它的一整套方案，而它无法对不同的数据源提供支持。

Grafana 的告警方案比较简单，采用 UI 的方式配置告警规则。它通过 DataSource 屏蔽了数据源之间的不同，将其抽象为对时间序列的告警，要求用户先配置图像，然后针对查询出来的曲线配置告警。这种方式比较适用于研发人员的告警需求，但并不适用于运维人员的告警需求，这是因为运维人员不会为每一个设备配置一张图表并设置不同的通知人员。

考虑到告警的独立性，为了避免整个监控系统被某个存储引擎所束缚，携程选择 Grafana 作为应用自定义埋点的告警配置方案，并且为存储引擎 ClickHouse 开发了插件，使用流式告警的方案为基础运维提供支持。

8.4.2 流式告警的实现和处理

告警最简单的实现就是定时从数据库中拉取数据，并检查数据是否有异常。但是这种 Pull 的方式会对存储造成非常大的压力，尤其是在告警规则、告警对象众多时，对存储的可靠性和响应时间更是有着极高的要求。假设有 10 万台机器，每台机器包含 10 个告警规则，存储就需要满足大约 2 万次的 QPS（Querys Per Second，每秒查询次数），并且仅适用于告警的查询。同时，Pull 的方式容易受到用户查询的影响，如果在某一时间点，用户的一次查询导致存储节点的负载升高，就会影响告警的正常工作。另外，存储的可靠性和稳定性也会对告警的正常工作造成影响，如果后续更换了存储引擎，就必须重新修改告警系统以达到兼容的目的。

那么，是否有其他办法来实现告警呢？经过研究发现，告警数据在所有监控数据中占比并不大，以携程为例，占比为 8%，并且需要的绝大部分告警数据都是近几分钟的数据，如果能够从数据流中直接获取所需要的数据，就能够过滤掉大部分不必要的数据，避免对后台存储的依赖，使告警变得更加可靠、实时。这种方式被称为流式告警。

实现流式告警的最大挑战是数据订阅。我们不可能让每一个告警规则都消费一遍数据流，因为这表示 100 个规则就要消费 100 遍数据流，这样的代价是无法估量的。最好的方式是先消费一遍数据流，再将告警数据准确地分发到告警上下文中。此处如何降低数据分发的时间复杂度和空间复杂度是最大的难题。携程的实现方法是减治法，如图 8-16 所示。

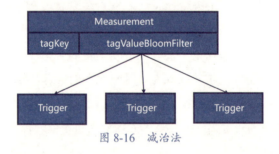

图 8-16 减治法

首先通过指标的名称，也就是 Measurement 进行精确匹配，减少下一步需要匹配的规则数量，并通过 tagValue 的布隆过滤器判断是哪个 Trigger 节点需要的数据。Trigger 节点在收到数据后对数据点进行精确的匹配过滤，并转发到具体的告警上下文中。这个方案的优势在于时间复杂度不会随规则数量和告警对象数量而呈线性增长，空间复杂度不随 tagValue 长度的增加而增加。

携程使用 Akka 框架进行告警逻辑和告警数据的处理。Akka 是异步高并发的框架，提供了 Actor 编程模型，能够轻松地实现并发式数据处理和执行告警逻辑。生产系统是一个时刻变化的系统，随时都可能有机器上下线，随时都可能有应用发布变更，告警系统需要随之增删告警对象和修改告警阈值。而 Actor 的创建和删除是非常简单的，为生产系统提供了非常友好的抽象方式，降低了开发成本。

在 Akka 中，Actor 以树的形式被组织起来，可以被分为 4 层，如图 8-17 所示。

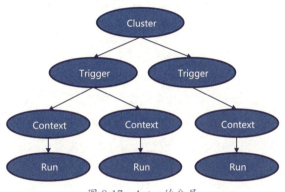

图 8-17　Actor 的分层

第一层是 Cluster Actor，负责感知集群状态和任务分配。Cluster Actor 参与集群 Master 的竞选，如果竞选成功，它就会负责整个集群的任务分配。同时，Cluster Actor 也负责监听任务的分配情况，在收到任务变更请求后，会删除或创建子 Actor，也就是 Trigger Actor。

第二层是 Trigger Actor，负责记录具体的告警逻辑，每一个告警规则都对应一个 Trigger Actor。Trigger Actor 会根据具体的任务创建或删除告警对象，即 Context，每一个告警对象都对应一个 Context，假设一个 CPU 的告警规则绑定了 100 台服务器，如果第 100 个告警对象没有被分配到不同的告警节点上，这个告警规则对应的 Trigger Actor 下就会有 100 个 Context Actor。同时 Trigger Actor 会生成订阅规则，向上游发出数据订阅请求。

第三层是 Context Actor，负责接收订阅的告警数据，并进行进一步筛选。为了防止数据流阻塞造成数据堆积在 Actor 信箱中，每一个 Context Actor 都会创建子 Actor，即 Run Actor，用来运行具体的告警逻辑。一般需要将与数据接收处理相关的 Actor 放在单独的线程池中；将与数据接收无关且比较耗时的 Actor 放在另外的线程池中，如访问数据库的 Actor、运行告警逻辑的 Actor。无停滞地接收数据在流式告警中至关重要，一旦数据流被阻塞，就会造成 JVM 内存耗尽。最后 Context Actor 将符合需求的数据写入缓存中以供 Run Actor 使用。

第四层是 Run Actor，负责运行具体的告警逻辑。Run Actor 从缓存中读取数据，同时删除过时的数据，将读取的数据组装成约定的字典格式，如果触发了异常情况，就产生异常事件并发送给 Notify。

在数据缓存方面，我们使用了 RocksDB 缓存告警数据，通过 JNI 直接嵌入 Trigger 实例中。RocksDB 是 Facebook 开源的 KV 数据库，并且基于 Google 的 LevelDB 进行了二次开发，其底层存储使用 LSM Tree，拥有极高的写入速率。使用 RocksDB 能够减少 JVM 中的对象，并减少内存的使用，进而减轻 JVM GC 的压力。

在用户使用方面，我们设计了基于 JS 语法的 DSL 语言。DSL 语言分为两部分：Init DSL，负责数据的订阅和对接收数据进行处理的工作，并提供了 groupBy、filter、exclude、summarize 等流式计算中常见的数据处理函数；Run DSL，负责具体的告警逻辑，并判断是否有异常。DSL 支持宏变量 M，宏变量来自绑定的监控对象的属性，可以是对象的名字，也可以是自定义阈值，示例代码如下：

```
//init DSL
T.require('m1','sys.cpu.util_percent',M.hostName,'5m',4);
//run DSL
var ValueThreshold=M.ValueThreshold||90;
...
```

考虑到 DSL 的书写有一定的难度，Hickwall 提供了语法检查、历史数据回测等功能，可以帮助用户书写出符合需求的告警逻辑。

目前，流式告警每分钟处理近千万条数据，运行告警规则几十万次，无论是稳定性还是实时性都比原来基于 Pull 的告警有了很大的提升。

在面对大规模故障时，每分钟运行几十万次的告警规则会产生成千上万个异常事件，这些异常事件会被发送到报警处理平台 CatsNG 中。CatsNG 主要由 3 个引擎组成，如图 8-18 所示。

图 8-18　CatsNG 的组成引擎

事件处理引擎会对异常事件进行信息补全、事件去重、事件屏蔽，并将其发送到 CEP 规则引擎中。CEP 规则引擎会将异常事件按照一定的规则进行多维度的聚合。例如，同一个应用下的同一组机器的 CPU 告警会被聚合在一起，并且只发送一次通知；交换机的各个端口状态异常的告警会按照交换机的维度进行聚合。此时，异常事件已经大大减少，最后由告警处理引擎按照不同的处理规则生成工单或通知用户。

本节介绍了告警系统在需求方面的一些特点，介绍了开源的解决方案，并介绍了携程的流式告警的具体实现方案。我们应该构建一个简单的、易用的、稳定的和实时的告警系统。一个健康的告警系统应该在出现问题,需要用户进行某些操作时才报警,这样的告警系统才能真正减少运维成本。希望读者能通过本节的学习对告警系统的建设和使用有所了解。

8.5 本章小结

本章介绍了携程在监控领域的一些主要实践。我们做出的所有努力和尝试,都是为了一个共同的目标——尽量将故障消灭在萌芽状态,即使在故障来临时,也能让参与解决的人尽快获得充分的信息,从而尽量减少故障发生的时间。

由于篇幅有限,很难把携程所面临和克服的困难全面地展现出来。在这个领域,携程也在不断学习和探索的过程中。希望这些粗浅的介绍可以使大家对相关内容有一个相对全面的认识,并获得一些启迪,产生一些新的想法。

第9章
网站高可用

> 风会熄灭蜡烛,却能使火越烧越旺。对于随机性、不确定性和混沌也是一样:你要利用它们,而不是躲避它们。你要成为火,渴望得到风的吹拂。这总结了我对随机性和不确定性的明确态度。我们不只是希望从不确定性中存活下来,或仅仅是战胜不确定性。除了从不确定性中存活下来,我们更希望像罗马斯多葛学派的某一分支一样,拥有最后的决定权。我们的使命是驯化、主宰,甚至征服那些看不见的、不透明的和难以解释的事务。那么,该怎么做呢?
>
> ——纳西姆·尼古拉斯·塔勒布《反脆弱》

目前,互联网已经渗透到人们生产、生活的方方面面了,根据CNNIC的统计数据,截止到2018年12月,我国网民规模约为8.29亿人,互联网普及率约为59.6%。网站服务的稳定性越来越多地被人们所关注。

如果网站不可用,在对用户体验造成影响的同时,也会对企业的生产经营产生影响,例如:股票交易网站的服务中断,会导致用户错失交易机会,产生财务影响;共享单车的服务出现故障,会导致用户无法使用共享单车;外卖网站出现故障,会导致用户无法订餐;旅游票务网站的服务中断,可能会延误客户的乘车、登机,影响民众出行等。另外,若网站服务发生长时间、大面积中断,不仅会导致用户的流失,还会产生较大的社会负面影响。

网站可用性是遵从短板理论的,例如,某应用强依赖于3个服务,其中Service1的可用性是99.9%,Service2的可用性是95%,Service3的可用性是90%,则整个应用的可用性小于或等于90%，取决于所依赖的服务中可用性最低的Service3，如图9-1所示。

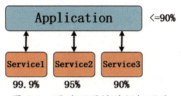

图9-1 网站可用性的短板理论

由此可见，整个网站的可用性取决于整条链路上的最薄弱环节。一个网页能够完整地展现在用户的面前，需要经过很多环节，其中任何一个环节出现问题，都可能导致访问发生故障，如代码出现Bug、突发请求、恶意攻击、人为操作失误、设备发生硬件故障、数据中心发生电力系统故障、光纤中断等。据统计，我国光缆线路总长度超过4300万千米，每年大约发生30万次故障，其中干线大约7000次，发生频率远高于我们的经验认知。

网站可用性的提升，需要同时从多方面入手，如软件架构设计实现、监控告警、紧急事件响应、运维管理、容量管理、信息安全、灾备数据中心、故障演练等，这就是一个"反脆弱"的过程，可以使网站逐步具备反脆弱性，以抵御各种不确定性。本章主要从提升网站的高可用性出发，和读者一起探讨相关内容。

9.1 可用性指标与度量

在持续质量改善中，可谓"没有测量，就没有管理；没有测量，就没有改善"。互联网公司要改善网站的可用性，必须先定义测量的指标。度量网站可用性的指标有很多，如下所述。

- 系统指标：以系统或硬件层面的监控数据来测量网站的可用性。
- 应用指标：如应用访问量、错误数、响应时长。
- 业务指标：如业务订单数、用户登录数、支付成功率等。

ATP（Availability To Promise）是基于业务指标来进行度量的标准，也是电商类网站通常使用的标准。

9.1.1　Ctrip ATP

互联网企业主要是指以计算机网络技术为基础，利用网络平台提供服务并因此获得收入的企业。企业网站的性能会直接影响其业务营收。根据谷歌和微软的统计数据，每增加 0.5 秒的延迟就会导致 20% 左右的流量损失。对于携程而言，1 秒的宕机也会导致相当数量的订单损失。携程 ATP（Ctrip ATP）以季度为单位，统计每季度由各类故障引起的业务损失及故障影响时长，同时统计全年的网站可用性情况。ATP 以业内常用的 N 个 9 来定义网站可用性的标准，如表 9-1 所示。

表 9-1　网站可用性的标准

Level	每年宕机时间	每季度宕机时间	每天宕机时间
99	3.65 天	21.84 小时	14 分钟
99.9	8.76 小时	2.184 小时	86 秒
99.99	52.6 分钟	13.1 分钟	8.6 秒
99.999	5.25 分钟	1.31 分钟	0.86 秒
99.9999	31.5 秒	0.79 秒	8.6 毫秒

Ctrip ATP 共分为两部分：全站总可用性标准和各产品线可用性标准。2016 年携程的网站可用性报告如图 9-2 所示。

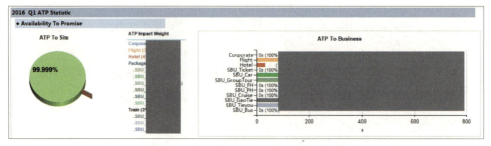

图 9-2　2016 年携程的网站可用性报告

9.1.2　Ctrip ATP 算法

如图 9-3 所示，某网站故障起始时间为 10:19，结束时间为 10:49，共损失酒店业务订单数为预测交易数 – 实际交易数，则该事件对酒店业务线的 ATP 影响为（预

测交易数－实际交易数）/ 预测交易数 × 1800 秒，对全站的 ATP 影响为

$$（预测交易数－实际交易数）/ 预测交易数 × 1800 秒 × P\%$$

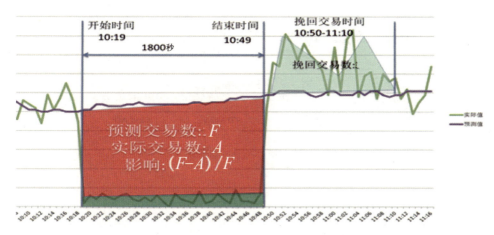

图 9-3　网站可用性的计算方法

其中，$P\%$ 为公司财报中酒店营收占公司总营收的百分比。

因此，该事件会计入酒店业务线的 ATP，以及全站的 ATP 损失。其余业务线的 ATP 不受影响。

除了网站 ATP，我们还对支付业务、支付方式进行预测，并得到对应的支付 ATP；对 IT 系统及 Call Center 等面向内部用户和外部用户服务的系统进行 ATP 测量，这些共同构成了目前的整个 Ctrip ATP。

9.1.3　Ctrip ATP 架构

ATP 系统需要从各业务系统采集分钟订单数据，同时依赖于一个订单预测系统生成订单预测数据。当故障发生后，ATP 系统会自动根据监控团队录入的故障开始及结束时间，推算出故障对订单的影响时间，并对比实际值和预测值的差异，计算出故障对网站可用性影响的秒数。

Ctrip ATP 整体架构如图 9-4 所示。其中 ETL 部分将实际数据从各个系统采集到 ATP 系统中，Model&Forecast 部分对各个业务订单分别进行预测，并通过 Ctrip ATP 进行计算。

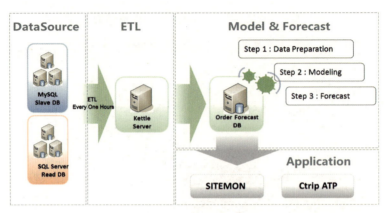

图 9-4　Ctrip ATP 整体架构

9.1.4　订单预测模型

ATP 系统的关键是基于订单预测模型计算出来的每分钟订单预测量。如果订单预测模型的精确度偏差较大，就会造成对故障损失的计算偏离，最终影响 ATP 指标的计算结果。

订单预测模型主要利用季节指数算法来预测业务订单趋势。季节指数算法是根据时间序列中的数据资料所呈现的季节变动规律性，对预测目标未来状况做出预测的方法，如图 9-5 和图 9-6 所示。

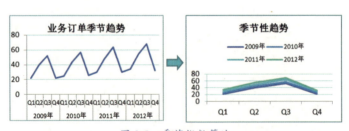

图 9-5　季节指数算法

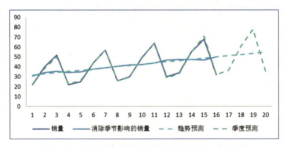

图 9-6　利用季节指数算法预测订单趋势

1. 日期对齐

所有的后续算法都基于每年的日期对齐表，目的是将公历和农历的时间节点与历年该时段内相同性质的日期一一对应，并在国务院每年公布次年节假日安排时更新一次。遵循的原则如下所述。

- 节假日放假尽量与历年同期节假日放假对齐。
- 周末跟历年同期周末对齐。
- 休息日对应到休息日，工作日对应到工作日。
- 星期几尽量对齐（如星期一通常对应到历年星期一，星期二通常对应到历年星期二等）。
- 在满足以上条件时，日期对应的所在周数尽量对齐。

2. 特殊节假日判断

特殊节假日包括元旦、春节、清明节、劳动节、国庆节等重要假期，以及发生影响业务订单数的重要全国性事件的日期，如国家公务员考试准考证打印首日、研究生考试准考证打印首日等。我们需要分析这些特殊节假日产生影响的时间范围，以调整相应的预测周期。

3. 预测当日订单总量

以某个日期的订单量为基数，以历年同比周增长率或者历年日环比增长率加权，使用加权平均值作为预测增长率，来预测未来某日的订单总量。

4. 计算每分钟季节指数

每分钟季节指数 = 每分钟真实订单量 / 当日真实订单总量

5. 计算每分钟订单预测量

每分钟订单预测量 = 每分钟季节指数 × 每日订单预测量

本节从以下几个方面介绍了携程的可用性指标与度量。

（1）可用性指标的分类与 ATP 的定义。

（2）Ctrip ATP 架构及算法。

（3）订单预测量的计算。

目前，系统还在不断完善和改进中，核心的订单预测算法也在不断演进。ATP 指标数据对提升公司的网站可用性起到了非常积极的作用。

9.2 服务熔断、限流与降级

在网站分布式架构下,往往存在故障传播问题和雪崩效应。尤其是在微服务化的架构下,问题尤为突出,一个面向用户的前端页面往往会依赖若干次服务请求,而这些服务请求在到达后端后,又会被放大为几十次甚至上百次服务、缓存或数据库调用。长调用链路及其中错综复杂的依赖关系,使得任何一个环节的不稳定或延迟都可能造成用户体验的下降,甚至是站点整体的不可用。如图 9-7 所示,A、B 两个应用分别依赖 C 和 E,而 C 和 E 同时依赖 G,当服务 G 出现故障时,如响应慢、无法响应或报错等,由于新的请求不断产生,C 和 E 对服务 G 的请求会被积压,C 和 E 的连接池或 CPU 资源会被耗尽而产生宕机,进而影响到 A 和 B。

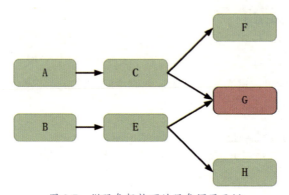

图 9-7　微服务架构下的服务调用示例

例如,一个对外提供服务的应用内部依赖了 30 个其他服务,这些服务的可用性都很高,每一个服务的可用性都达到了 99.99%。那么这个应用的整体可用性的期望值就是 99.7%,也即 0.3% 的失败率,可以得出以下结论。

(1)如果中大型站点每天有 10 亿次的请求,就会对应 300 万次的失败。

(2)在每一个自然月中,应用会有 2 小时以上的不可用时间。

(3)每 1000 个用户,就可能有 3 个在使用过程中遇到问题。

上述推论还是建立在各个服务本身具有较高可用率的前提下,而现实中的情况往往更加糟糕。因此系统化的服务治理、从框架层面提升服务可用性,是每一个公司在微服务落地过程中都必须面对的问题。

熔断、限流与降级是分布式容错机制中非常常见,也是非常重要的概念与手段。本节会针对这 3 个方面,同读者一起探讨以下内容。

（1）熔断、限流与降级的基本概念。

（2）熔断、限流与降级在大型网站架构中的必要性。

（3）熔断、限流在携程的落地情况。

（4）携程公共团队对熔断、限流的一些思考。

9.2.1　微服务架构下的可用性

我们从雪崩效应开始介绍，微服务架构下的雪崩效应是指单个或少量服务提供方的不可用，导致服务调用方的不可用，并且这种不可用被逐渐传播与放大，最终导致整个系统可用性下降的现象。雪崩效应形成的大致过程如下所述。

（1）异常情况导致部分服务变慢、不可用，包括以下几种情况。

- 流量激增：购物节、法定节假日、活动促销、突发事件等都可能导致流量在短时间内急剧增加，超过应用处理能力上限。
- 外部依赖：网络、数据库、缓存、宿主机等程序赖以生存的基本设施出现故障。
- 服务自身问题：逻辑 Bug、线程调度不合理、JVM 参数问题等。

（2）用户或代码的重试逻辑对异常的放大效应。

（3）任何系统都有容量上限，包括机器的内存、CPU、带宽、磁盘，以及应用内部的线程、连接池、队列等。在同步的情况下，调用方很容易因服务方异常的影响而快速耗尽资源，最终导致不可用，并且在系统内形成范围性的传播。

我们通过以下 3 种方式提高服务的可用性。

（1）服务熔断。

服务熔断需要调用方持续监控服务调用状态，当目标服务调用反复出现超时或其他异常时，需要快速中断该服务，即对后续请求直接抛出异常或返回预设结果，不占用额外资源（网络、线程等），在目标服务正常后再恢复调用。服务熔断机制设计的重点在于持续的状态监控、触发熔断与恢复服务的判断方法、对相关事件的日志与告警等。

（2）服务限流。

服务限流通过预设最高调用频次，对高于预设频次的请求采用直接拒绝或者返回预设结果的方式，使其不占用后续资源。服务限流策略可以预防大流量导致的服务器过载,常见的实现方式包括 TPS 限流、最大并发数限流,常见的算法包括固定时间窗口、滑动时间窗口、令牌桶算法、漏桶算法等。

(3)服务降级。

服务降级是在服务压力过大或部分依赖不可用的情况下,对于非关键依赖采取暂停或延迟生效的策略,以保证核心流程与业务正常运行。相比于限流与熔断,降级与业务有更强的相关性,常见的降级手段包括:功能降级,例如,在促销活动中主服务压力过大,或者部分弱依赖发生故障,可按实际情况进行降级;读写降级,利用多级缓存、消息等方式替代与 DB 的直接交互,由强一致性降级为最终一致性,通常用于解决 DB 性能瓶颈。

9.2.2 熔断、限流在携程的落地

携程的熔断与限流功能主要由两大组件提供,即 API Gateway 与服务框架 SOA。

API Gateway 作为统一的外部流量入口,适合处理公共业务,其核心功能包括熔断与限流等。熔断与限流功能都依赖于路由治理与资源隔离:将每条请求归类为不同的 Route,对每类 Route 使用的资源进行隔离,使其互不影响,并支持对各个 Route 的区别配置。限流又包含两部分:一部分是对整体并发量的限流,即对每台服务器提供的并发量预设一个上限,超出上限则直接拒绝,这避免了大流量或其他异常情况对网关的冲击,以牺牲一部分请求为代价换来了整体的稳定;另一部分则是对每一个 Route 并发量的限制。注意上文所述的都是并发量,对应的 QPS 会根据服务响应时间变化而变化。此外,由于网关无法预知服务实际的响应时间,限流默认值通常是存在较大冗余的。

另一方面,由于服务化进程的推进,携程目前绝大部分流量都是通过服务框架 SOA 实现进出的。熔断、限流作为微服务治理中的重要环节,SOA 自然也收口了这两项功能,包括两类角色:一是客户端,支持熔断;二是服务端,支持熔断与限流。相比于 API Gateway,SOA 已经进入了实际应用的内部,因此可以提供更丰富的配置功能。携程公共组件熔断、限流如图 9-8 所示。

SOA 的熔断、限流设计借鉴了业界的知名组件 Hystrix,我们将其核心称为电路保护器(Circuit Breaker),包括三大模块。

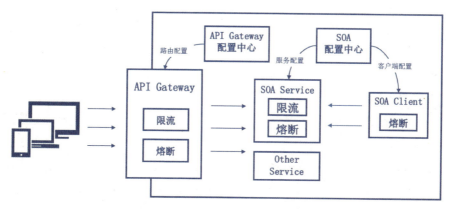

图 9-8　携程公共组件熔断、限流示意图

（1）采集模块，负责收集请求的资源占用情况、执行状态（成功 / 失败）、异常状态（短路 / 超时 / 其他异常）。

（2）计算模块，根据请求的运行状态及预定义的熔断策略，判断电路保护器当前状态。

（3）电路保护模块，根据计算结果，执行预定义策略（熔断 / 拒绝 / 预定义逻辑等）。电路保护器逻辑如图 9-9 所示。

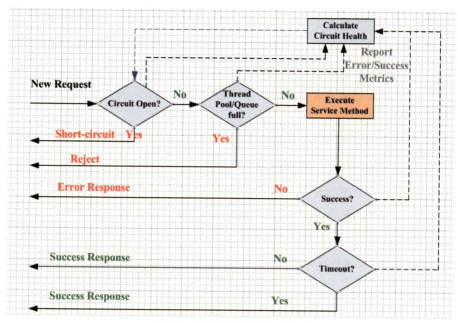

图 9-9　电路保护器逻辑示意图

9.2.3 熔断、限流的治理问题

公共组件在实现熔断、限流时,除了稳定、可靠的基本功能,还需要在治理方面考虑哪些问题?下面以 SOA 为例,介绍一下携程在这方面的思考。

1. 配置与灵活性

(1)支持配置与功能本身相关的参数,如全局的开关、熔断错误比例、熔断后短路时间、限流阈值等。

(2)支持多级配置,如框架默认配置、应用本地配置、远程配置中心等,优先级从低到高,变更难度从高到低,便于业务开发与运维。

(3)服务一般会提供多个接口,并且往往有多个调用方,限流最好支持多类角色,即支持对不同接口区别配置、对不同调用方区别配置,如图 9-10 所示。

服务级别 AppID 限流开关	soa.service.{$service-key}.app-id.rate-limiter.enabled	true / false
服务级别 AppID 限流值	soa.service.{$service-key}.app-id.rate-limiter.value	数字,例如:1000
服务级别特殊 AppID 的限流值	soa.service.{$service-key}.app-id.rate-limiter.map	AppID:限流值,多个配置用英文逗号隔开 例如:999998:200, 999999:300 999998限流值为200, 999999限流值为 300

图 9-10 限流配置

2. 日志、监控与告警

(1)请求上下文日志,帮助排查和定位问题。

(2)聚合的 Metric 日志,帮助实时地监控应用调用情况。

(3)可自定义规则的实时告警邮件,支持邮件、短信、电话等。实时的邮件监控告警示例如图 9-11 所示。

3. 扩展性

(1)对于客户端而言,在触发熔断、限流时可以通过指定的接口注入业务逻辑。以限流为例,携程内部框架对异常的默认操作为拒绝请求并埋点记录日志,同时为业务自定义处理逻辑提供两种方式。

- PercentageRateLimitDataChangeNotifier。

按百分比变化来通知事件的 Notifier,每当到达一定比例就会通知一次 Listener,如 5%, 10%...95%, 100%。这种方式的粒度较粗且存在一定的滞后性,对性能影响较小。

- RealTimeRateLimitDataChangeNotifier。

按请求变化来通知事件的 Notifier,在每次请求进入时,都会触发一次事件。这

种方式的粒度较细且实时性较高，但对服务性能影响较大。

CHystrix应用程序隔离限流数(248.0)大于100,
客户端隔离限流原因分析:CHystrix.HystrixException: HystrixCommand execution was rejected
可参考图表：

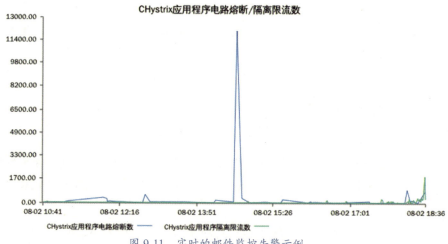

图 9-11　实时的邮件监控告警示例

（2）对于服务端而言，在触发熔断或限流时需要通过预定义标识位（如状态码）告知客户端，同时服务端自身需要获取相关事件，并进行对应处理。

针对不同调用方的限流配置示例如图 9-12 所示。

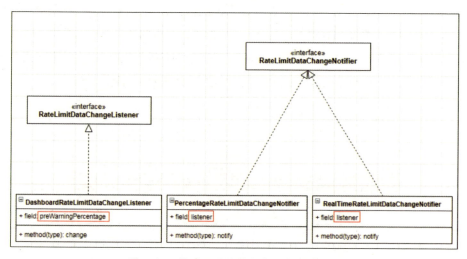

图 9-12　针对不同调用方的限流配置示例

本节重点介绍了服务的熔断、限流与降级策略。首先介绍了它们的基本概念，以及它们在提高大型网站可用性方面的必要性，并介绍了一些常见算法。然后从落地情况出发，介绍了这些基本功能在携程公共团队的落地情况。最后从微服务治理的角度，介绍了我们对熔断、限流的一些思考，这也是对携程在落地过程中所遇到的实际问题的一些总结。希望读者在完成本节的学习后，可以对这些策略产生一些自己的思考，并在以后设计、编写一些企业级应用时，合理地设计架构、流程与治理方案，提高网站可用性。

9.3 灾备数据中心

在解决了故障传播问题和雪崩效应后，网站可用性会有较大的提升，但是如前文所述，网站的可用性取决于依赖链中的最薄弱环节，如果作为基础设施的数据中心出现故障，那么对整个网站而言将是一场"灾难"，因此灾备数据中心的建设对于网站服务而言是至关重要的。

在确定 DR 建设模式前，企业需要先评估业务连续性的 SLA，即当故障发生后，最多可以承受多少数据量的丢失，承受多长时间的服务中断，以及企业所愿意投入的成本。这里有两个重要的度量指标：RTO（Recovery Time Objective，恢复时间目标）是指网站容许服务中断的时间长度，比如在灾难发生后的 30 分钟内就需要恢复，RTO 值就是 30 分钟；RPO（Recovery Point Objective，恢复点目标）是指当服务恢复后，恢复得来的数据所对应的时间点，如果网站在每天凌晨一点进行一次备份，则当站点服务恢复后，系统内存储的就是"灾难"发生前最近的凌晨一点的数据。RTO 和 RPO 均以时间为单位：RTO 度量的是应用程序失败和包括数据恢复在内的完整可用性之间的时间间隔；RPO 度量的是数据丢失和前一次备份之间的时间间隔，如图 9-13 所示。

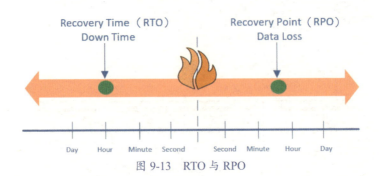

图 9-13　RTO 与 RPO

根据 RTO、RPO 要求不同，站点的灾备方案可以分为以下 3 种。
- 冷备模式。
- 热备模式。
- 多活模式。

在建立灾备数据中心时，灾备数据中心的选址是非常重要的，通常需要考虑以下因素。
- 主数据中心与灾备数据中心要保持合理的物理距离。
- 应该有可靠的电力保障。
- 远离水灾和火灾隐患区域。
- 远离易燃易爆场所。
- 远离强振源和强噪声源。
- 避开强电磁干扰。
- 避开地震、地质灾害高发区域。
- 数据中心应该有两家或多家 ISP 线路互为备份。

除自建和租用数据中心外，利用公有云基础设施作为灾备数据中心也是一种选择，灾备数据中心的可靠性是由公有云服务供应商确保的，但上述考虑因素同样适用。

9.3.1　冷备模式

冷备模式是最简单且最容易理解的模式，它会将网站最重要的数据资产，通过某种方式，如定期磁带运输或专线实时同步的方式存储到另一个地方，可以是一个远端的数据中心，也可以是公有云。但在这种模式下，数据中心业务的 RTO 值难以保证，由于只是进行数据的备份，要恢复业务还需构建整个应用系统，可能需要数小时到数天，所以 RPO 取决于数据同步周期，在出现故障时会丢失同步周期内的数据，但这种模式不必准备大量的空闲设备，管理维护成本也很低。冷备模式如图 9-14 所示。

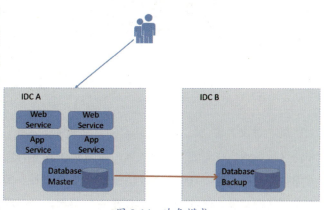

图 9-14　冷备模式

9.3.2 热备模式

热备模式会将主数据中心的数据库、应用 Web Server 等服务在灾备数据中心进行部署，建立备用站点，并将各种状态数据（数据库、缓存、消息等）通过专线同步到灾备数据中心，平时的服务请求由主数据中心响应，当主数据中心出现故障时，就人工切换流量入口到备用站点。在这种模式下，数据中心业务的 RTO 值较小，RPO 值也较小，但是硬件资源投入大，灾备数据中心和主数据中心需要实现 1 ：1 部署。由于应用的代码和配置是随时变化的，无法确保每次变更都能够同步到备用站点，同时平时只有主数据中心承载业务流量，灾备数据中心不承载真实的线上业务流量，因此无法保证这个系统是可用的。

为了节省成本，可以选择在公有云上建设备用站点，也可以缩小备用站点的部署规模，例如，只进行最小容量部署，当主数据中心出现故障时，可以快速对备用站点进行扩容后再切换，这要求网站应用部署非常迅速，通常基于虚拟机的部署时间范围为 10 ～ 30 分钟，基于 Docker 等容器技术的部署时间小于 3 分钟，这对应用的弹性部署能力是一个挑战。热备模式如图 9-15 所示。

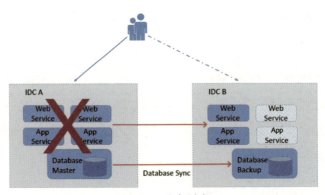

图 9-15　热备模式

9.3.3 多活模式

顾名思义，多活就是多个站点同时承载业务流量，多活模式可以分为同城双活和跨区域多活。在同城双活模式下，如图 9-16 所示，两个数据中心基本为对等规模，并通过裸光纤互连，具备高吞吐、低延时（<2 毫秒）等特性，应用层已经实现双活，存储层（数据库、缓存、消息）还是主从架构，应用可以通过专线进行跨机房读写。主数据中心和灾备数据中心均可响应用户的请求，分别承担部分流量，当主数据中

心出现故障时，就人工切换流量入口到备用站点，在这种模式下数据中心业务的 RTO 值较小，RPO 值也较小，但是硬件资源投入大，灾备数据中心和主数据中心需要实现 1：1 部署。

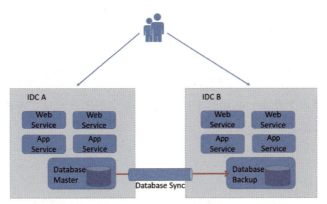

图 9-16 同城双活模式

在跨区域多活模式下，网站的可靠性要优于同城双活模式，因为异地部署可以避免某个区域的故障所引起的服务中断。但物理距离远会导致较高的网络延迟，为了消除延迟对用户体验的影响，需要消除跨数据中心的调用和数据写操作，即进行业务的单元化部署，如图 9-17 所示，每一个数据中心分别承担一部分用户的流量，当某个数据中心出现故障时，会自动将该数据中心的用户请求路由到另外几个数据中心。在这种模式下，数据中心业务的 RTO 值最小，RPO 值也较小。

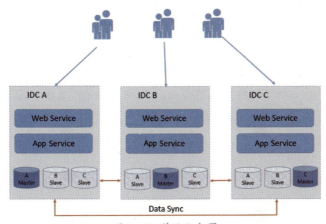

图 9-17 单元化部署

在双数据中心模式下，部署容量规划需要每一个站点都具备 100% 的计算、存储、网络容量资源，这样才能确保在发生单个数据中心故障时，另一个站点能够承载 100% 的交易量，如图 9-18 所示，这两个站点的总容量是单个站点的 200%。

在多数据中心模式下，理论上成本会降低，以图 9-19 所示的三活数据中心场景为例，在每一个数据中心中，除数据库系统因要同步各数据中心间的数据而需要 100% 的容量外，对于非数据库系统而言，如 Web 站点和 Web Service 等，只要单个站点具有 50% 的站点容量，就可以处理发生单个数据中心故障时 100% 的交易量。例如，当 Site A 出现故障时，Site A 的用户请求会被平均路由到 Site B 和 Site C，同样电力的消耗基本上是单个站点的 150%，但是新机房的建设及运维管理成本会大幅增加，故障切换决策也会变得复杂。

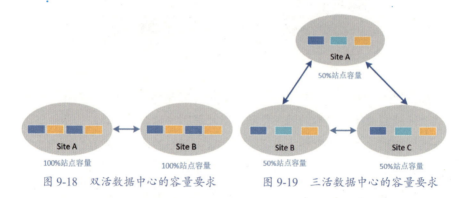

图 9-18　双活数据中心的容量要求　　图 9-19　三活数据中心的容量要求

在多数据中心模式下，网络设备和数据中心专线的数量会增加，例如，3 个数据中心构成 Full-Mesh 结构，需要 3 条线路，比双数据中心多 2 条，所以随着数据中心数量的增加，连接总数也会急剧上升，连接总数为 $N×(N-1)/2$，如果是 4 个数据中心互连就需要 6 条线路，不仅会大幅增加成本，还会降低扩展性，使管理变得复杂。为了简化网络架构，很多大型互联网公司都会建设骨干网，通过骨干网将各数据中心进行星形连通，这样可以将复杂度从 $O(n^2)$ 降低到 $O(n)$，如图 9-20 所示。

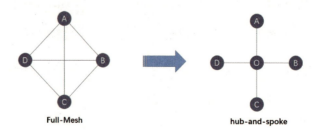

图 9-20　多数据中心的网络架构

9.4 网站单元化部署

在跨区域多活模式下,首先面临的挑战就是物理距离带来的延时,数据中心可能相隔几百千米,也可能相隔上万千米(国外数据中心),距离所引入的延时是一个很大的问题。以上海为例,其到全国各地的网络延迟大多在 100 毫秒以内,平均 30 毫秒左右,如图 9-21 所示,用户的页面请求会被路由到上海数据中心,为了响应这个请求,上海数据中心的站点需要访问北京数据中心的某个服务或数据库,响应延迟就会增加 30 毫秒,如果只是慢了 30 毫秒,则用户应当觉察不到这个变化,但实际上,在微服务架构中,业务功能是分布在多个微服务中的,一个用户请求会产生多个对后端服务的调用,例如某个产品页面的显示操作背后会涉及数十次,甚至上百次和后端的交互,若每次交互都需要经过 30 毫秒的 RTT,则在 100 次交互后页面的响应时长将增加近 3 秒,这时用户就会有明显的感觉了。

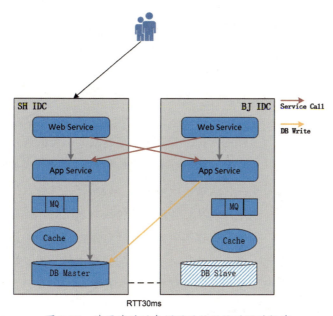

图 9-21 跨区域的服务调用面临网络延迟的挑战

若要解决跨数据中心的应用调用及数据读写问题引入的延迟问题,就需要把这些请求封闭在一个数据中心内,减少甚至消除跨数据中心的调用和数据写操作。同时应用层要做到不进行跨数据中心的调用;数据层要做到不出现不同单元对同一行数据进行修改的情况,做到单元内数据的读写封闭,如图 9-22 所示,用户的一次访问被路由到一个数据中心后,所有的后续操作都闭环在这个数据中心内完成,从而实现单元内高内聚,单元间松耦合。

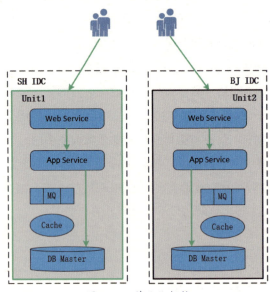

图 9-22　单元化架构

9.4.1　单元化架构

单元化是解决跨区域多活的一种主要思路,需要投入额外的硬件资源,是一个复杂的系统工程。因此,在进行实际站点单元化规划时,考虑到成本问题,并不需要把所有的业务线都进行单元化改造,应该选取核心系统,如各业务依赖的公共系统、产生大量营收的业务系统,以及与客户服务相关的系统。在挑选出需要进行单元化部署的核心业务后,需要分析这些业务对哪些数据强依赖,并识别这些数据的特征,按照数据的生成量、可丢失性和对一致性的要求进行分类,然后确定不同类别的数据的跨数据中心复制机制是同步复制还是异步复制,以及通过什么技术来实现。一个典型的双活单元化架构如图 9-23 所示。

单元化闭环,以用户请求数据流为例,即根据 DNS/GSLB、API Router 中定义的规则把用户的请求路由到数据中心,由那个单元提供服务,将该请求的后续服务请求和数据读写操作路由到本单元的服务提供者和数据存储,如果出现路由错误或非法请求,就通过 UCS(Unit Control Service)进行控制,并通过 DRC(Data Replication Center)服务将数据同步到其他备用单元。

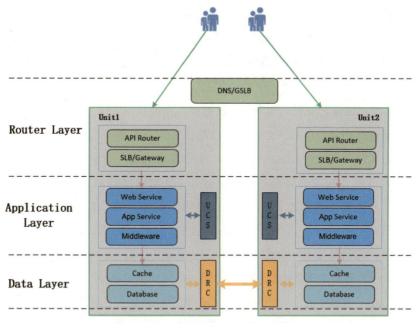

图 9-23　一个典型的双活单元化架构

单元化的方案和复杂度依赖于应用服务本身的关联复杂度，例如，如果一个应用依赖大量的外部应用，则在这个应用单元化时，这些关联的服务也需要进行单元化部署，以确保对关联业务的请求都落在一个机房内。同时单元化的方案和复杂度与业务场景也密切相关，如游戏、外卖、打车、共享单车等本地生活类服务，由于服务的区域特性，就比较适合单元化，而电商、金融支付等服务对数据的一致性要求和延迟要求很高，因此单元化的挑战会更大。另外，机房之间的物理距离也对实施成本有很大的影响，如果机房之间的距离远，则网络延迟大、带宽小，并且专线成本高，因此单元间的数据同步时延会很大，反之，选择合适距离的机房，可以将很多问题简化处理。

9.4.2　单元化思路

多活的架构与业务特点密切相关，首先需要梳理业务的核心路径，确定路径上的关键数据有哪些，并结合用户体验和改造成本选择合适维度进行数据切分，做到单元内数据的读写封闭，如打车业务，在核心业务流程中，用户在下单后都是由周边的车辆提供服务，上海地区的用户不会由北京的车辆提供服务，用户数据和车辆数据有很好的局部性，这些数据的共性是地理位置，很适合单元化，类似的例子还有外卖业务，买家、卖家和骑手都处于同一区域。而电商类业务有所不同，全国用户可以下单购买全国各地商户的产品，在交易流程上，用户要购买一个商品，除了用户信息，还会涉及卖家的数据和所有商品数据，因此，在买家、卖家和商品3个维度中，必须选择合适的维度作为封闭维度。从用户体验角度出发，选择买家维度是普遍的做法，这就意味着，卖家和商品维度就不能实现本地写操作了。

在确定数据切分维度后，全局一致性路由控制需要解决用户的访问请求及相关的服务调用都闭环在一个单元内，例如，某个上海的用户访问网站并进行度假产品预订，前端页面会触发访问很多的后台服务，后台服务还需要访问Cache、DB等服务，而单元化需要确保这个用户所产生的访问链路的路由规则都是一致的，闭环在一个上海数据中心内，而不会迁移到其他的数据中心，否则用户可能会看到预订列表是空的。这就需要基于主数据维度设计Sharding Key，例如，电商业务常用的User UID，或者本地生活常用的User Location，当然也可以是一组Sharding Key，如UID、Location、BizID等，如图9-24所示，客户端将用户的流量带上这组Sharding Key，用户请求的全链路上的各个中间件都能够识别并传递这组Sharding Key，并根据Sharding Key和机房单元的映射规则，将请求路由到封闭单元内的服务提供者。在某些情况下，可能会发生路由错误，产生跨数据中心的调用或数据写操作，造成数据冲突或写错误，因此组件层面要提供兜底防护机制，报告和拒绝这种错误访问行为。

图 9-24　全局一致性路由中的 Sharding Key

异地多活场景还需要解决数据同步的问题，正如CAP理论所指出的，一致性（Consistency）、可用性（Availability）和分区容错性（Partition tolerance）不能同时满足，最多只能同时满足3个特性中的2个，三者不可兼得，在进行系统设计时需要在这三者之间做出权衡，取舍的策略共有3种。

- AC：保障可用性和强一致性，但牺牲分区容错性。
- AP：保障可用性和分区容错性，但牺牲一致性。
- CP：保障一致性和分区容错性，但牺牲可用性和用户体验。

以电商系统为例，在跨区域双活场景中，选定买家数据作为主切分维度，按照 Sharding 规则，两个单元都会读写本地的买家主数据库，买家数据会进行双向同步，做到最终一致，在这里遵循的就是 AP 策略，通过牺牲一致性来确保可用性和分区容错性，而商品库存数据需要确保商品不被超卖，就只能单点写入，两个数据中心会进行主从同步。要解决这些同步需求问题，就需要有一个专用的 DRC 组件，这是因为传统的数据库复制技术无法满足单元化的同步需求，如循环复制、库表过滤等选择性同步问题，并且无法在主从切换时确保数据的完整性。

在完成上述工作后，就可以对业务进行多活改造了，多活架构应尽量做到对业务透明，但还是存在需要业务感知的场景的，很多 Job 应用只需要处理本单元的数据，而在多活场景中的每一个单元都可能有全量数据，这时就需要调整 Job 应用只处理本单元的数据。另外，多活架构强调可用性优先，并不保证数据的一致性，如果出现数据不一致的情况或者冲突，就需要业务人员介入处理了。网站多活的单元化改造，是一个复杂的系统工程，其投入大、周期长，需要解决很多技术细节，但技术不可能解决所有的问题，所以有时适当降低一些业务容忍度，可以将很多问题简化处理。

9.5 基础组件支持

在网站高可用架构的演进过程中，基础组件在多数据中心之间和数据中心内部的流量调度、数据一致性、及时性等方面提供了有效的支撑。本节会对路由调度、数据复制等基础组件在携程多活实践中的运用进行介绍。

9.5.1 路由调度

现代互联网服务一般由大规模、分布式的应用集合组成，这些应用部署在一个或者多个数据中心。当我们打开一个网站、App 或小程序时，实际上是向服务端发起了一组网络请求，这些请求可能要求访问成千上万个应用集合中的某个或者某几个应用，而且应用之间还存在调用依赖，请求会在整个系统中成千上万的应用间穿梭，那么如何保证路由调度的高可用呢？

首先，我们将应用集合根据产品线、服务划分成不同的逻辑服务单元，如订单单元、支付单元、监控单元等。服务单元可以完全独立部署，其内部包含提供服务所必须的应用。路由调度从应用路由抽象为服务单元的路由，而服务单元的路由则是由 API Router 实现的。API Router 会根据请求中包含的标识信息，决定将请求转发到哪个服务单元，请求标识可以是用户的 ID、地域、产品线类型等。用户的真实请求和跨服务单元的访问请求都会被转发至 API Router，并由 API Router 选择转发至哪个服务单元，目标服务单元可以处于不同的数据中心。API Router 的路由调度如图 9-25 所示。

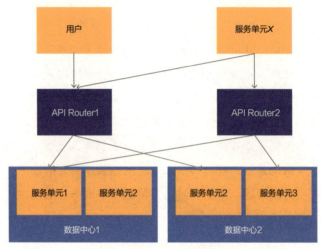

图 9-25　API Router 的路由调度

　　然后，我们打开网站、App 或小程序，发起一组网络请求，请求会通过 DNS 解析到达就近的 API Router 节点；API Router 会根据请求中包含的标识信息，选择目标服务单元，将请求转发至该服务单元的入口地址；服务单元可以进行多地灾备部署，只要在 API Router 进行调整即可实现流量切换、A/B Testing、容灾恢复等操作。服务单元的入口地址一般指向每一个数据中心的最外层的 SLB（软负载服务）或 TCP Gateway（TCP 网关服务），它们分别处理 HTTP/HTTPS 协议的路由转发和 TCP/SOTP 协议（自定义私有协议）的路由转发。SLB 维护了 Host 和 URI 与应用的路由关系表，可以根据 Host 和 URI 匹配目标应用，并将流量转发到应用的服务器组。TCP Gateway 则维护了一份 Service Code 和目标 URL 的路由关系表，负责从 TCP/SOTP 协议的请求头中获取 Service Code 信息，并根据 Service Code 路由关系表将请求转发到对应的 URL，即请求被转发至 SLB，由 SLB 负责将请求路由到目标应用。

　　在数据中心内网环境中，应用间的调用方式主要有两种：通过 SLB 调用和通过

RPC 框架调用。在通过 SLB 调用时，应用发起 HTTP/HTTPS 请求，请求的目标域名 DNS 会指向 SLB，再由 SLB 根据 Host 和 URI 匹配对应的目标应用。而在通过 RPC 框架调用时，RPC 框架治理中心会将目标应用的服务器组下发到应用进程中的 RPC 客户端，由 RPC 客户端直接发起请求到目标应用的服务器组。多协议的路由调度如图 9-26 所示。

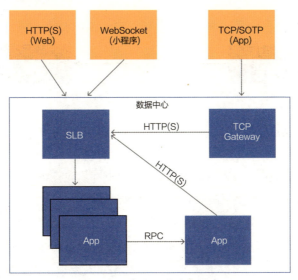

图 9-26　多协议的路由调度

9.5.2　数据复制

系统一般分为有状态服务和无状态服务。为了解决高可用问题，无状态服务只需要进行水平扩容即可，有状态服务则比较复杂。有状态服务的高可用必须做好数据（状态）复制，保证在一个节点宕机后，冗余节点可以提供数据服务。但数据复制会带来数据一致性的问题，为了解决数据一致性，往往会影响可用性、分区容错性，即 CAP 不能完全满足。下面主要介绍携程在数据复制方面的一些实践经验。

9.5.2.1　非多活模式下的数据复制

经典的数据复制一般是 Master-Slave 模式，用户的写请求在 Master 上执行，并在执行后由 Master 将执行的命令传播给 Slave。数据同步一般分为全量同步和增量同步：全量同步，即 Slave 从 Master 上导入 Master 当前状态的一份数据快照；增量同步，即在上述数据快照之后的增量数据的同步，如图 9-27 所示。

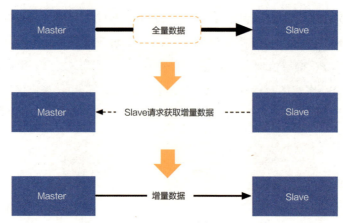

图 9-27 Master-Slave 模式的数据同步

1. MySQL 数据复制

携程的 MySQL 数据复制主要包括异步复制和半同步复制。异步复制,即写操作在 Master 节点完成后即返回,无须等待 Slave 节点确认;数据被异步复制到 Slave 节点中。需要注意的是,异步复制在 CAP 中是弱一致性。

为了减少异步复制可能会造成数据丢失的情况,对数据可靠性要求比较高的数据库需要开启半同步复制(Semi-Synchronous Replication)。同步复制要求 B 节点将数据提交后返回,半同步复制要求 B 节点将数据写入本地日志后返回,可以解决部分同步复制的延迟问题,同时尽量保证 A、B 节点的数据一致性。MySQL 可以配置参数,支持半同步复制。

MySQL 的高可用需要进行一次切换,将 B 节点变为可用。MySQL 高可用切换的常见方案有 MHA。

2. Redis 数据复制

Redis 支持异步数据复制,携程使用 Redis 较早,目前在生产环境中主要使用 Sentinel,并没有使用 Redis Cluster 的方案。

为了达到机房级别的可用性,携程在 XPipe 产品中实践了对 Redis 进行跨机房的异步复制,并且可以通过公网将数据传输至国外,取得了良好的效果。详细介绍可以参考第 5 章。

9.5.2.2 多活模式下的数据复制

Master-Slave 复制可以解决高可用、读扩展的问题,目前携程部署了国外数据中心,采用此架构写入数据还需要回源到上海,延时比较高,用户体验也比较差。

与 Master-Slave 模式相对应的就是 Multi Master Replication，此模式支持数据在多个 Master 同时写入，如图 9-28 所示。

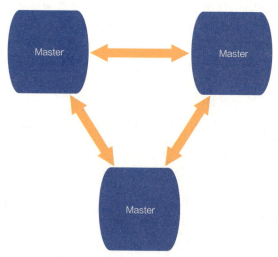

图 9-28　Multi Master Replication

Multi Master Replication 进行数据复制一般有两种类型。

类型一：在每次写入时使用一致性协议（如 Paxos）和集群内的其他 Master 进行通信，保证各 Master 数据的最终一致性。

类型二：只写入当前 Master，然后通过数据复制将数据扩散到其他节点。

第一种类型在每次写入时需要和其他节点进行通信，性能会比较差。第二种类型解决了性能问题，带来的最大挑战是如何保障数据一致性。

并发写操作带来的问题是数据冲突，所谓数据冲突，即多个 Master 对同一份数据进行了并发的写操作，解决方案包括以下两种。

第一种是保证多个 Master 写入的是不同的数据。在阿里巴巴和饿了么的单元化（异地多活）方案中，对于 MySQL 进行数据 Master-Master 同步的 DRC 系统本质上就是采用了此类方案。

第二种是写入相同的数据，在遇到冲突时进行冲突的解决。要想进行冲突解决，需要先判定是否存在冲突，判定冲突一般可以使用逻辑时钟向量（Vector Clock）。如果出现了数据冲突，则可以提交给用户相应的解决方案，由用户指定冲突的解决规则，或者使用一定的冲突解决算法，比如，CRDT 会按照预定的规范进行冲突的处理。

1. 携程 DRC 系统

携程 DRC 系统是在参考阿里巴巴和饿了么的 DRC 方案的同时，基于 MySQL 构建的一套 Multi Master 的高可用数据库系统，可以实现异地机房级别的数据库可用性，以及数据的最终一致性和分区容错性。数据冲突的解决依赖的是不同 Master 写入不同的数据。

（1）DRC 解决的问题。

- MySQL 异地机房高可用。

可能有的用户会有一个疑问，有了 Master-Slave 级别的高可用支持，为什么还需要 DRC 呢？

在 Master-Slave 模式下，需要使用切换工具进行高可用切换，在机房发生故障时，会影响切换工具自身的可用性，同时批量进行 DB 切换很难控制恢复时间，这样会导致机房故障的恢复时间为小时级别。而在有了 DRC 后，机房在发生故障时，只要将外网流量转移至正常运行的机房，就可以在分钟级别实现故障恢复。

- 数据一致性。

为了保证数据一致性，可以通过数据划分，由路由层保证不同机房的 DB 写入不同的数据，避免数据写冲突。当然在极端情况下仍然可能会有数据写入错误的机房，这时需要对这些错误的写入数据进行异常处理。

如果 DAL 层发现数据写入是错误的，就直接抛出异常，拒绝数据写入。如果用户没有接入 DAL 层，数据写入了错误的 DB，则直接在 DRC 层进行异常报警，以及冲突数据自动处理等操作。

- 分区容错性。

每一个机房都有自身的 Master-Slave，在真正出现分区时，各机房业务不受影响，仍然可以正常工作。

- 业务访问低延迟。

在使用 DRC 之后，DB 的读写都在本机房，不需要进行跨机房的读写，可以极大地降低业务访问耗时，提升用户体验。尤其是当公司开展国际化业务时，效果更加明显。

（2）系统核心指标。

- 实时双向（多向）复制。
  - ✓ 同城数据复制延时 99.9 线 1S。

✓ 数据中心之间的延迟增加只和距离、网络相关。
- 数据高一致性。
    ✓ 数据不丢失、不乱序。
    ✓ 数据并发修改冲突的识别和解决。
- 高可用。
    ✓ 支持 MySQL 高可用。
    ✓ 自身系统高可用。

（3）关键问题处理。

为了保证复制的实时性，需要对 binlog 进行并行复制，MySQL 并行复制如表 9-2 所示。

表 9-2　MySQL 并行复制

版本	并行复制机制	实现原理
5.6	Database	库级并行复制
5.7	COMMIT_ORDER	组提交并行复制
5.7.22	WRITESET	基于 WRITESET 的并行复制

此处我们采用了 MySQL 的 WRITESET 机制。

双向复制要解决的另一个重要问题是循环复制，可以识别一个更改动作是来自业务，还是来自 DRC 工具本身。来自业务的数据变更需要复制，而来自 DRC 的数据变更不需要复制。我们采用的方案是开启 GTID，采用 MySQL 的 UUID 来标记数据来源。

（4）数据并发写冲突识别、处理。

即使在流量入口和 DAL 层进行了各种各样的分发、限制，可能也无法避免数据并发写冲突。携程的 DB 规范是每张表都必须添加一列 updatetime 字段，标记每行记录的最后一次更新时间。写冲突的识别、处理使用此字段，在出现写冲突时，默认策略为按照时间戳，留下最新写入的数据，保证最终一致性；如果更新和删除出现冲突，因为删除后数据就不存在了，无法使用时间戳标记，所以我们的处理策略是"update wins"，即最终留下更新后的数据。

2. XPipe Redis Multi Master 数据同步系统

携程在开源 Redis 的基础上实现了基于 CRDT 的多 Master 数据同步的方案，详细介绍可以参考第 5 章。

9.6 全链路压测

电商类网站经常开展促销和"秒杀"活动，如"618""双 11"等活动，这些活动会产生巨大的突发用户访问量，在这种情况下，即使有多活数据中心，但是如果容量规划不足，也会产生全局性故障，而传统的基于单应用压测的方法很难识别出整个系统的瓶颈，全链路压测就是解决这个问题的有效方法。

首先来看两个真实的案例：2017 年 8 月，携程某业务线开展"秒杀"活动，在大量流量涌入后，导致后端多个应用瘫痪；同年 12 月，携程另一个业务进行核心应用的重大改版，但在应用上线后页面加载缓慢，影响用户的访问速度。类似情景的产生往往是因为突发流量或者新老应用在迭代前没有进行有效的容量评估，使得业务在上线后的表现脱离预期，轻则影响用户的访问速度，重则导致整个业务线瘫痪。另外，随着线上应用的数量越来越多，想要精准评估核心调用链路的负载或者单一应用负载变化对整个调用链路产生的影响是非常困难的，全链路压测技术有助于解决这些问题。

全链路压测是指对业务的真实调用链路进行整体性压测，用于评估真实的负载水平，由于其重在着眼整体，能够评估局部节点的负载变化对整体调用链路的影响，因此成为容量评估技术中的"新型武器"。

9.6.1 技术选型与系统设计

目前，业界主流的压测流量构造方式可以大致分为流量回放与流量构造。流量回放指对应用集群的真实流量进行拷贝，制作成离线副本文件，并以 N 倍进行回放。这种方式使用真实的业务流量，解决了海量用户输入数据的问题。但是当生产链路趋于复杂时，使用流量回放模拟整个调用链路会变得异常困难，特别是某些"秒杀"业务特征比较明显，平时整个集群的流量非常小，拷贝的流量副本也较小，即使可以实现百倍扩展，也难以匹配超高负载的压力输入。流量构造指人工编写压测场景，依托于专业的压测工具（如 Jmeter、LoadRunner 等）发起远高于真实流量的高负载。需要注意的是，基于人工构造压测场景的方式难以模拟海量用户输入数据的组合场景，需要在压测数据的构造上下足功夫。

压测环境可以细分为隔离环境与生产环境两类。隔离环境指使用独立的环境进行压测，可以确保测试数据及测试流量不对生产的真实业务产生影响。但隔离的测试环境往往利用老旧的设备，无法拟合生产机器的性能表现，并且隔离环境上下游依赖的数据往往会缺失，从而导致测试结果与真实场景出现较大偏差。而生产环境使用真实的线上环境进行压测，拥有丰富完整的数据场景，压测结果可以反映真实的业务性能表现，具有比较可信的参考价值。

携程最终选择了生产环境作为全链路压测的运行环境，并使用人工构造的方式进行核心调用链路的模拟，同时结合流量回放解决海量用户输入数据的构造问题。

在生产环境运行压力测试，必须控制对线上环境可用性的影响。因此，需要解决因压测产生的脏数据的隔离与清理问题。同时性能测试的设计初衷是探究生产应用的容量极限，在这一过程中常常会发生应用的冒烟甚至崩溃，设计时需要着重考虑冒烟点的识别与实时的故障熔断等。

根据上述讨论，我们设计了全链路压测的使用场景：用户在平台上构建场景和数据，创建压测任务，并由控制系统自动进行任务编排后下发到引擎层；引擎层采用分布式的架构，产生海量压力，压力会流经硬件、软件负载均衡器，以及 SOA 等各种路由层，到达真实的应用链条；在压测过程中，平台主动进行链路追踪，绘制压测调用链路，提供给监控系统进行监控和告警的汇聚，并最终反馈给熔断系统进行任务熔断判断。

基于此，系统在总体设计时分为数据构造层、压测逻辑层、控制层、引擎层、应用层、中间件等。数据构造层主要解决压测数据构造的问题，由于压测场景复杂多样，平台应当提供多种数据构造的方式，支持简单场景人工构造、复杂场景真实流量回放等组合方式，降低数据构造的复杂度；压测逻辑层主要负责压测场景及压测任务的管理，如创建、删除、验证压测场景，并基于组合的场景进行任务的查看、创建、监控、终止等生命周期管理，此外，压测逻辑层还负责收集压测的真实链路数据，查看压测实时监控与统计数据等，当核心链路上出现应用冒烟时，支持通过自动熔断 / 人工介入两种方式主动终止压测任务，并自动生成报告，用于存档与离线分析；控制层的主要功能是任务下发、资源下发及统计数据的回收等；引擎层由数量众多的压测引擎构成，根据任务设置的并发数量开启相应数量的进程，并在每一个进程中以开启多线程的方式模拟高并发，对线上应用进行较大压力源输入；应用层和中间件是生产环境中的应用组件及其依赖的中间件产品。

如图 9-29 所示，全链路压测系统的总体设计以"大促"作为主要背景，旨在模拟真实生产数据并对核心依赖发起压力较大的性能测试，支持进行峰值容量预测、A/B 版本容量评估等以获取真实业务容量及核心调用链路的性能短板。

图 9-29　全链路压测系统的总体设计

全链路压测必然涉及全链路的请求追踪问题，我们的实现方案是，在请求的发起端对压测数据进行标记，在整个生产网络服务端对这些标记进行识别，并将其标记为根节点。

这个标记是一个 HTTP Header，如果已经存在相应的根节点标记 RootID，则透传这一标记，同时生成自己的当前节点标记 CurrentID，并将上层的节点 ID 设置为父节点标记 ParentID；如果未发现相应的根节点标记 RootID，则当前节点生成根节点标记 RootID，并在后续请求调用中被透传。全链路识别如图 9-30 所示。

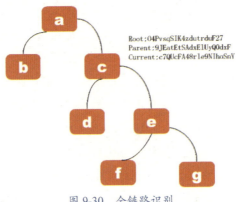

图 9-30　全链路识别

因此，每一个节点都会有 Root/Parent/Current 三种标记类型，其中根节点标记 RootID 是全局唯一的，如果每一个节点都可以这样自我描述，就可以画出一张基于请求粒度的全网调用拓扑图，并且可以通过这种方法完成全链路压测的请求识别。

9.6.2 构造与隔离压测数据

全链路压测系统在不同的公司有不同的设计模式。比如，在数据隔离方面，部分产品采用"影子库"方案的设计，通过将压测数据在中间件层面进行识别并转发到生产隔离数据库，可以保证压测数据不会污染生产数据库。

但是，真实的业务场景需要精准感知数据库负载压力的变化，"影子库"方案并不适合携程的使用场景。最终，我们采用了基于构造的压测数据读写真实数据，并在压测结束后基于构造数据的特征清理脏数据的方案。

另外，构造数据的质量也会影响压测的效果。目前我们采用两种数据构造方法：简单场景人工构造、复杂场景真实流量回放。

- 人工构造数据适用于请求报文较简单的场景，构造报文中的用户、供应商、产品、订单等字段需要进行一定的参数化替换。
- 真实流量回放可以自动获取海量真实用户行为，适用于较复杂的测试场景，其时间字段、用户字段等需要额外替换或随机取值，数据构造参数化的基本原则是构造尽可能分散的、足够数量的虚拟用户、商户等数据，避免发生热点过于集中的情况。

9.6.3 全链路监控设计

生产环境的压测需要格外关注应用的可用性，可以基于链路拓扑汇聚监控信息及告警信息，如应用错误数告警、集群可用性告警、机器可用性告警等，熔断系统在收到告警后会根据一定规则在秒级进行压测熔断。

1. 链路维度

监控系统需要识别压测请求在应用和中间件间流转所经过的完整调用链路，并汇总调用链路上的监控数据，包括机器维度的 CPU、内存、连接数等，应用维度的应用整体请求量、响应时间、报错数等，以及业务维度的订单量、转化率等。另外，我们还可以应用一些基于机器学习算法的异常检测技术来提高告警的灵敏度。

2. 熔断控制

在压测过程中产生的告警或冒烟现象预示着压测行为可能已经影响到生产业务的正常运行。当出现异常时,需要及时判断问题所在,并立即采取干预措施,此时应及时、有效地停止压测任务。

本节主要从线上可用性故障入手,介绍全链路压测的基本概念,总结进行全链路压测的主流设计思路,并重点介绍携程全链路压测系统的整体设计与经验总结。

9.7 运维工具高可用

在灾备数据中心建成后,如果遇到数据中心级别的故障,则需要将故障数据中心的服务迅速切换到正常运行的数据中心,这往往需要工具支持,如果数据中心在发生故障时,站点切换工具本身不可用,则将直接导致网站恢复时长大大增加,严重影响网站可用性。因此为了提升网站可用性,运维工具自身也要有高可用的部署和容灾能力。

9.7.1 哪些运维工具需要实现高可用

确定哪些运维工具需要实现高可用的原则是按照工具的功能区分其是否属于核心运维工具,与网站故障恢复相关的工具才是核心的运维工具。经过携程的实践,以下工具的高可用性需要被优先关注和长期保障。

首先,负责故障恢复的工具必须时刻保持服务可用,运维工作的首要职责是保障业务的连续性和可用性。当故障发生时,用于故障恢复的工具需要时刻保持服务可用,如数据库的 Master-Slave 切换工具、网站域名切换工具等。在多活架构下,当发生数据中心级别的故障时,可以使用故障恢复工具将网站流量快速切换至其他正常运行的数据中心,先恢复网站业务的运行,再修复发生故障的数据中心。

其次,监控工具需要保持高可用,监控系统就像运维人员的眼睛,一旦监控系统不可用,运维人员对于生产系统的运行状况将一无所知,就会增加故障定位的复杂度和故障的持续时间。运维人员需要通过业务监控工具、系统监控工具来及时发现问题,确定问题影响范围并定位问题根因,以便进行故障恢复的决策和操作。

最后,资源交付工具、代码发布工具需要保持高可用,在网站遭遇突发流量或者机柜故障、网络交换机故障且无法立即被修复时,都需要通过紧急扩容来恢复网站业务的运行。所以,需要保持资源交付工具、代码发布工具的高可用性和容灾能力。

9.7.2 工具的改造

下面以一个进行 IDC 故障切换的工具为例,详细介绍如何进行工具改造以实现高可用。目前携程有两个 IDC（IDC1 和 IDC2）,这两个 IDC 都部署了相同的应用且都使用 a.ctrip.com 的域名,日常通过 GSLB 实现应用流量分配的比例为 IDC1：IDC2 = 5：5。如果一个 IDC 出现断电故障,就需要调整 GSLB 流量分配的比例,使请求流量全部调度到另一个正常运行的 IDC。故障切换工具对其的具体实现是调用 GSLB 设备接口进行比例修改,如图 9-31 所示。对该故障切换工具的高可用改造可以从以下几个方面考虑。

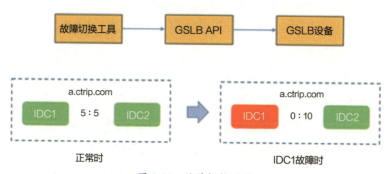

图 9-31　故障切换工具

1. 准备保底方案

如何做到不依赖工具,手动进行故障恢复是工程师必须考虑的问题,并且需要平时就准备好这样的保底方案,以避免在故障发生时手忙脚乱。例如,在 IDC1 发生故障时,如果故障切换工具出现问题无法正常操作,则工程师可以直接登录到 GSLB 设备上,执行相应命令,将 IDC1 侧的配置对象设置为不可用,使流量全部切换到 IDC2 以快速恢复服务,如图 9-32 所示。

图 9-32　保底方案

2. 减少依赖，去除循环依赖

运维工具往往会调用各种外部接口来获取配置数据或进行远程操作等。如果外部依赖过多，则工具出现故障的概率也会升高。为了提高工具的高可用，需要认真评估每一个外部依赖是否都是必要的，并尽量将不必要的依赖去除。在评估时还需要特别注意是否存在循环依赖：如 A 的恢复依赖于 B，而 B 的恢复又依赖于 A，如图 9-33 所示。

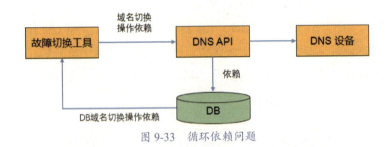

图 9-33　循环依赖问题

3. 功能切换和降级

核心工具还需要具备对非核心功能的切换、降级能力。例如，企业内部的运维工具通常使用 SSO（Single Sign On：单点登录）的方式实现用户登录。一旦 SSO 应用发生故障，很多工具就会因无法登录而影响使用。此时，核心工具需要具备登录功能的切换能力，提供不依赖 SSO 认证的登录交互界面，当 SSO 应用出现故障时，可以通过这个备用的登录入口进行登录，如图 9-34 所示。又如，工具通常都会使用数据库，但是可能只是进行操作日志的记录。在数据库出现故障时，具有类似的非核心功能的应用需要具备功能降级能力，即使访问数据库失败也不影响正常的工具操作。

图 9-34　登录功能的切换

4．准备快速恢复脚本

在工具出现故障时，工具的恢复可能需要进行一系列操作，如切换 DB、切换缓存、重启应用等，如果是人工执行这些操作，则需要花费很多时间，并且人在紧张的状态下很容易操作失误。所以，我们应该在平时就将这些操作写在脚本中，通过一条命令即可执行全部恢复操作，从而减少切换时间和出错率。

5．完全 Set 化

最佳的高可用性是当出现故障时，工具在不需要执行任何操作的情况下依然可用。实现这个目标的方式有两种：一种是实现故障的自动切换；另一种是完全 Set 化，即以完全相同的架构独立部署在多个 IDC，在跨 IDC 之间没有交叉访问，应用依赖本 IDC 内的其他服务（包括数据库和缓存等），每一套 Set 都具有独立的访问入口，当其中一套出现问题时，无须进行任何切换即可直接使用另一套，如图 9-35 所示。

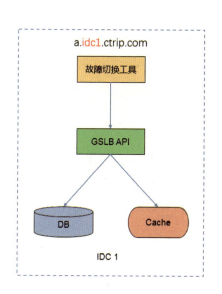
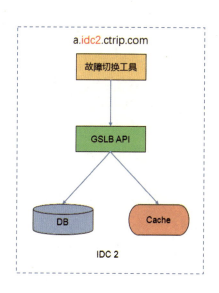

图 9-35　完全 Set 化

6．完善工具监控

工具在出现异常冒烟时需要被及时修复，所以完善的监控必不可少。除了 CPU、内存等系统监控，还需要完善监控工具接口的响应时间、状态码、应用错误数等应用监控，以及应用依赖的数据库、缓存、消息队列等监控。

7. 准备操作手册

在工具出故障时，如果无法立刻联系上工具的拥有者，而其他人又不熟悉工具的原理及部署，是不是就无法排障了呢？

解决这个问题的方法是准备一份工具的故障恢复操作手册，这份操作手册中定义了故障恢复的标准操作步骤。一份好的操作手册，可以使一个没有太多专业背景的操作人员根据文档顺利地完成故障恢复操作。所以，操作手册需要尽可能涵盖各种故障场景，每一个操作步骤都简单明确：打开哪一个 URL，使用什么账号登录，点击什么位置等。在操作手册完成后，需要由不了解工具的用户按照手册操作一遍，并收集其反馈意见，不断完善操作手册。

9.7.3　定期故障演练

运维工具总是处于不断的迭代、升级过程中，一个架构的变化，一个新功能的增加，可能就会影响运维工具的高可用性。如何保证运维工具在不断的变化过程中仍然高可用呢？这就需要进行定期的故障演练。演练就是模拟各种故障场景对工具系统中的任意部分进行故障注入，如关闭数据库、停止 SSO 服务等，然后由演练人员根据故障恢复操作手册进行操作，验证是否能够快速恢复工具的使用，以及工具 Set 化的目标是否已经达到。

由于故障演练需要长期进行，因此为了减少演练的费力度，建议开发相应的故障注入工具，并通过该工具创建演练任务、下发故障注入命令、取消注入的故障等。同时，在每次演练结束时，都需要总结演练中遇到的问题，如工具恢复时间是否在计划之内、故障恢复操作手册是否明确等，从而不断改善运维工具及故障恢复操作手册。

本节从以下几个方面介绍了运维工具的高可用。

（1）筛选出需要实现高可用的运维工具。

（2）介绍如何实现运维工具高可用。

（3）强调需要进行定期故障演练以保证运维工具持续高可用。

9.8　混沌工程

前面几节重点叙述了系统的高可用设计及实现。但是，随着分布式服务和系统规模的快速增长，技术架构的复杂性已经很难让负责人员自信地承诺系统的健壮性、容灾性是符合预期设计的。对于每周数千次的生产环境发布而言，每次发布都可能引入一个不确定因素，因此确保 DR 站点的有效性是一个非常重要的工作。本节所介绍的混沌工程正是为了解决复杂的分布式系统所带来的失效问题，其以主动出击的方式挑战高可用性防线，从而建立系统抵御失效场景的能力。

9.8.1 混沌工程的起源

对混沌工程的探索起源于美国最大的流媒体在线视频服务供应商 Netflix 将数据中心迁移到云的过程。在 2011 年，Netflix 将整体服务迁移到 Amazon Web Services 以解决数据中心的扩展性问题，然而这也给其分布式架构带来了新的挑战。在一次次的故障后，Netflix 总结出重要的一点，即"通过不断的失败来避免失败"。因此 Netflix 团队开发了 Chaos Monkey 来模拟随机产生的故障，在系统里制造各种混乱。这些"猴子"可以随机地关闭计算实例，或者让某些应用的响应变慢，甚至使整个数据中心宕机。Netflix 就是使用这种主动制造故障的方法来宏观地验证业务的容灾和恢复能力。后来，这个实践过程被命名为混沌工程。

9.8.2 混沌工程的 5 条原则

在开展混沌工程的具体介绍前，首先需要了解混沌工程的 5 条原则。

（1）第一条原则：假设稳定的状态。

混沌工程是将预想的事情与实际发生的事情进行对比和参照，所以第一条原则的根本思想是需要具有可测量的、显性的指标来表明系统正常运行时的状态，以及故障注入后系统发生的变化。为了更准确地表明分布式系统的运行状况，与采用 CPU 利用率、请求响应时间等系统级监控指标相比，更推荐采用业务维度的指标，如酒店预订的每分钟订单量、支付成功率等。这些指标都需要尽可能实时地采集，才能及时地发现混沌实验前后的系统变化。

（2）第二条原则：在生产环境中进行混沌实验。

在通常情况下，系统的功能测试、性能测试甚至破坏性测试都会在测试环境中进行。但混沌工程的原则恰恰与此相反。由于线下测试环境的流量行为、场景覆盖率、数据规模与生产环境有显著差异，在测试环境中进行混沌实验的结果的有效性、真实性并不能表明在生产环境中具有同样的效果。而混沌工程的目的是建立对生产环境系统可用性的信心，所以混沌实验应当在生产环境中进行。

但是，需要特别说明的是：如果我们知道这个实验存在问题，则建议在问题解决后，先在测试环境中进行验证，对实验对象的弹性和健壮性有了较强的信心后，再开始在生产环境中进行实验。

（3）第三条原则：持续地、自动地运行实验。

生产环境通常每周都会有数千次的代码发布与运维变更，同时每次的发布、变更都会引入新的风险点，所以定期进行大规模故障演练的有效性会随着时间衰减。并且，由于大规模故障演练花费的人力成本较大，往往很难长期坚持。如果想让混沌实验变得像代码发布一样常态化和高频率，就需要有更简单和自动化的混沌实验工具和平台来替代人工操作，如自动注入故障、自动收集指标并检测异常、发现异常后自动恢复，从而降低实施混沌实验的复杂度和门槛。

（4）第四条原则：最小化爆炸半径。

说到爆炸，必须提及最著名也是最失败的一次混沌实验——切尔诺贝利事件。这场惨痛的核事故源自一次核反应堆供电系统的断电实验。这个实验的目的是为了验证在核反应堆的冷却设备停电时，核电站还在运行的涡轮是否能依靠惯性继续给冷却水泵供电。但是，沟通失败、操作失误及设计缺陷等种种原因，导致了核电站第四号核反应堆的爆炸，造成了不可挽回的损失。

所以，混沌工程并不代表要产生实际的混乱。混沌实验的目的是探寻故障会造成的未知的、不可预见的影响，让系统的薄弱环节能显现出来而又不会产生不可接受的影响，这就是"最小化爆炸半径"。

在实施混沌实验前必须深入地评估风险范围，然后在可控的范围内采用循序渐进的方式开展实验。所以，在进行混沌实验时并不是"一步到位"地把整个机房宕机，而是需要通过小规模的、小范围的实验来一点点建立信心，例如，先进行单应用级的宕机，再进行一条业务线系统的宕机等。另外，一旦实验的影响即将超出可控范围，就应当及时停止实验。

（5）第五条原则：多样化的故障场景。

在混沌工程中，需要尽可能多地模拟真实环境下的各种故障事件，以覆盖各种可能的故障场景，如图 9-36 所示。

图 9-36 列举了在真实环境中较频繁出现的故障事件：网络层的网络丢包、网络超时、网络中断等；系统层的服务器宕机、High CPU、High Memory 等；应用层的依赖超时、依赖异常、OOM 等。我们可以利用 Linux 下的 TC 命令来模拟各种网

络层的抖动,通过 ASM、Javaassist 等 Java 字节码技术来模拟应用层的故障。另外,Netflix 和阿里巴巴都先后开源了 Chaos Monkey 故障注入工具,K8s 平台上也有很多原生的方法支持 3～7 层的故障模拟。

图 9-36　真实环境中的各种故障事件

除了上述 5 条原则,携程在实践混沌工程的过程中还总结出两个混沌工程落地的关键因素:一个是混沌意识的接受度。工程师们需要打破原先严防死守的惯性思维,以主动攻防的模式重新审视系统,在代码设计阶段就充分考虑到失效模式下应用的表现,并且像代码发布一样频繁地进行混沌实验。SRE、测试、流程等团队都需要认可和实施混沌实验,形成混沌文化。另一个是混沌实验平台的成熟度,除实验操作要简单直观外,在系统架构感知、异常检测、监控报警、故障处理方面也需更为准确和及时,从而降低混沌实验的风险和操作复杂度。携程基于混沌工程的原则搭建了混沌实验平台 Cmonkey,用来提供丰富的故障场景,实现 IaaS 底层和应用代码层的故障注入,帮助分布式系统提升容错性和故障恢复能力。

如图 9-37 所示,Cmonkey 支持用户通过 Web UI 的方式自助创建和运行实验,也支持以 Open API 的方式集成到 CI/CD 的持续交付工作流中,以便于进行自动化演练和随机演练。在混沌实验逻辑层中,对实验模型进行了抽象,方便用户理解和编排实验场景,还实现了权限控制、各种条件组合的并发注入、一键紧急熔断、演练覆盖率管理等功能。而各种故障注入模块丰富了混沌实验的场景,例如,JVM Executor 是通过字节码增强技术对运行在 JVM 上的应用进行故障注入的执行器,可以模拟应用调用延迟、数据库访问错误、指定方法抛出异常等 SaaS 层故障;Saltstack Executor 可以对目标主机执行 CPU 满载、网络延迟、限流等故障注入。

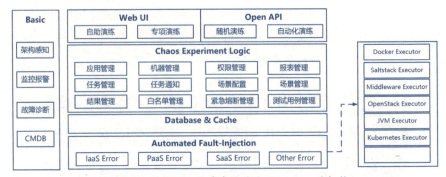

图 9-37　携程混沌故障实验平台 Cmonkey 的架构

9.8.3　如何进行一个混沌实验

携程是如何进行混沌实验的呢？下面用一个真实的案例来展开说明。

携程的生产环境运行着数千个应用，强弱依赖关系一直是应用治理中的难题。那么什么是强弱依赖关系呢？一个应用往往会被很多上游应用依赖，也往往会依赖很多下游应用或中间件。例如，一个度假产品详情页中需要包含产品基础信息、产品价格信息、用户点评信息等，这些数据分别由不同的下游应用通过异步调用的方式提供。当这些下游应用出现异常时，是否会影响用户正常浏览度假产品并进行产品预订是判断强弱依赖的重要标准，如图 9-38 和图 9-39 所示，如果会影响核心业务流程，该应用就是强依赖，否则是弱依赖。

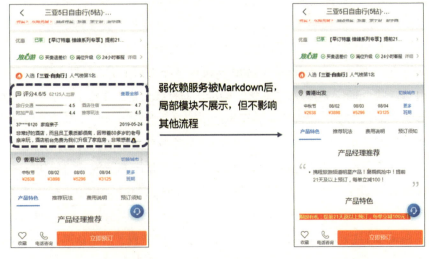

图 9-38　度假产品详情页的弱依赖关系

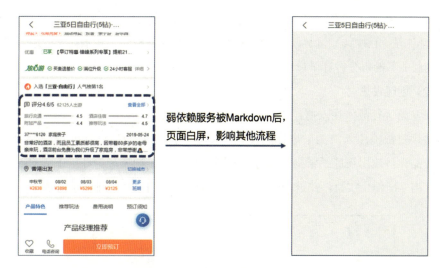

图 9-39 弱依赖的反面示例

混沌实验可以帮助我们发现未被识别到的强依赖，以及没有被正确降级的弱依赖。如图 9-40 所示，这个实验的目的就是验证当弱依赖的下游应用发生故障时，度假产品详情应用是否会因为没有配置正确的熔断或降级策略而被拖垮，产生线程池打爆、Full GC 等服务不可用的现象。工程师需要列出度假产品详情应用的所有依赖项，识别潜在的弱点和预期结果，然后渐进式地注入故障进行验证。

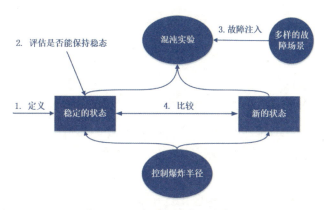

图 9-40 如何进行一个混沌实验

（1）定义稳态。

判断度假产品详情应用是否正常的指标有业务指标（如度假业务的每分钟订单量等）和系统指标（应用请求数、应用响应时长、Full GC 数等）。在通常情况下，携程的业务监控平台和系统监控平台会每分钟采集这些数据，并按照一定的规则（如同环比法、LSTM 预测算法、固定阈值等）进行异常检测。在本次实验中，我们定义度假业务的每分钟订单量与订单预测线吻合为判断应用稳定的标准。

（2）创建设想。

在开始进行故障注入前，需要创建一个实验结果的假设，并通过场景识别和风险评估，对故障注入的结果进行假设，例如，当下游的用户点评应用发生宕机时，度假产品详情应用还能正常提供服务，如图 9-41 所示。如果产生订单下降的告警或冒烟，则立即停止实验，并进行回滚。回滚方案是恢复用户点评应用的运行。

图 9-41　实验结果的设想与评估

（3）注入故障。

此时，可以开始对系统注入故障，即模拟用户点评应用的宕机。我们通过故障演练平台 Cmonkey 进行故障的注入，在 Cmonkey 上可以查看演练对象的上下游关系视图，并选择对服务端应用（用户点评应用）所在的所有计算实例执行 shutdown 命令，或者选择阻断客户端应用（度假产品详情应用）对用户点评应用的访问以模拟下游应用宕机后出现请求超时，如图 9-42 所示。为了最小化故障的爆炸半径，避免影响其他依赖用户点评数据的客户端应用，通常使用"定向阻断"的故障注入方法，即通过 Service Discovery 框架中间件阻断客户端到指定服务端的访问。

（4）观察对照。

在注入故障后，需要通过监控系统密切观察度假产品详情应用的关键性能指标，当这些指标发生恶化或者产生告警后，需要立即停止故障的注入。例如，当度假业务每分钟的订单量相较预测线出现明显偏差时，需要在 Cmonkey 平台上一键中止当前进行的实验，即恢复度假产品详情应用对用户点评应用的访问。

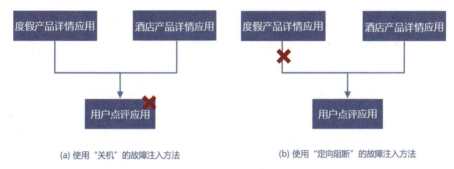

图 9-42　进行故障注入

（5）完善改进。

在混沌实验完成后，可能产生以下两种结果：第一种是验证了系统的容灾性满足预期，即用户点评应用的宕机不会波及度假产品详情应用；第二种是发现了需要修复的问题，即由于降级策略配置得不合理，引发的连锁反应。混沌实验的结果没有成功或失败的概念，第一种结果可以增强对系统可用性的信心，第二种结果则可以在真实的故障发生之前发现系统的弱点，从而及时改善。

混沌工程有助于减少预料外的事件和重复性的故障发生，并帮助工程师理解系统失效模式，进而改进系统设计，帮助团队提高故障排查能力，建立抵御故障的信心。目前，已经有越来越多的企业开始将混沌工程投入提高复杂系统高可用的工作中，相关的技术和工具都在不断发展中。我们需要持续关注这个方向，加强混沌实验的自动化、常态化与智能化，用最小化的故障场景和影响范围探究更多的故障解决方案。

9.9　数据驱动运营

在网站持续运营过程中积累的数据是一笔宝贵的财富，这些数据包括网站的流量数据、产品数据、用户数据、订单数据、服务数据及监控数据等，根据这些数据可以对网站的运营情况进行分析和挖掘，如网站的用户分布、活跃用户的订单贡献度、产品推广效果、未来的流量增长变化、业务高峰的资源投入等。由于可用性是衡量网站质量的关键指标，本节主要介绍数据在提升携程网站可用性的过程中所发挥的重要作用。

9.9.1 智能运维 AIOps

随着携程业务的逐步发展，网站架构也在不断演进，大数据时代下的信息过载和更加复杂的业务环境对保障业务持续稳定发展提出了新的挑战。例如，在海量的监控数据中无时无刻不在产生告警，如何从这些良莠不齐、纷乱复杂的告警中快速发现异常、定位异常并提高告警质量变得异常迫切。针对大数据背景下复杂的运维场景，经过几年的探索和实践，通过人工智能技术的引入，取得了非常显著的效果，业内将这种最佳的实践方案称为 AIOps。

AIOps（Algorithmic IT Operations）即智能运维，它基于积累的运维数据（日志数据、监控数据、应用数据等），通过机器学习的方式来进一步解决自动化运维所无法解决的问题，以此来提升系统的预判能力、稳定性，以及降低网站成本。AIOps 属于跨领域结合的技术，在 2016 年被正式提出，随后有很多互联网公司参与实践。根据 Gartner 相关报告，AIOps 的全球部署率将从 2017 年的 10% 增加到 2020 年的 50%。从行业的实践案例和效果来看，AIOps 无疑是为运维赋能的最佳实践，如图 9-43 所示。

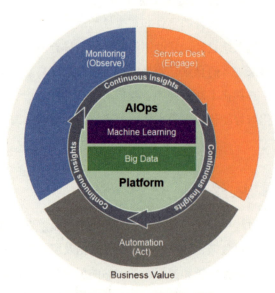

图 9-43　AIOps 为运维赋能

早期网站的应用数量少、规模小、架构简单,大部分的运维工作由运维人员手动实施,或者通过预定义一些规则简单的自动化脚本来完成常见的、重复的运维工作。但是,随着互联网业务的快速扩张、数据中心规模的日益膨胀,这些比较落后的运维方式变得"力不从心",难以继续支撑复杂多样的业务形态。此时,DevOps 的出现部分解决了上述问题。DevOps 强调 IT 服务价值的端到端交付,建立了以业务敏捷为中心的运维价值观、运维方法、运维工具的体系,但 DevOps 依然没有改变"基于人为指定规则"的既定事实。而 AIOps 可以被看作 DevOps 的高阶实现,它不依赖人为指定的规则,而是由机器学习算法自动从海量运维数据中不断学习,并将学习到的"规则"自动沉淀于模型中。AIOps 的终极目标是实现无人值守的运维,通过眼(全面监控并感知系统的运行状态)、脑(将数据转化为知识,然后根据学习到的知识做出决策)和手(通过确定逻辑实现的自动化工具执行来自运维大脑的决策)的有机结合,从而达到运维系统的整体目标。

总体而言,AIOps 是一个比较新的技术,建设和落地 AIOps 首先需要找到合适的运维场景,并针对自动化运维无法解决的"痛点"问题,分析和评估采用机器学习的方式解决的可行性。

9.9.2　AI 算法在运维领域的典型场景

AIOps 主要围绕质量、成本和效率等方面展开实践,目前比较成熟的应用场景包括异常检测、故障诊断、故障预警、故障自愈、容量预测、容量规划、资源优化、性能优化、智能问答、智能预测等。携程从 2016 年开始实践和落地 AIOps,经过几年的技术投入与积累,在可用性保障、容量规划、成本优化等方面取得了比较显著的成效。下面通过两个可用性保障方面的典型场景,介绍 AI 算法在携程运维领域的实际应用。

1. 异常检测

传统的异常发现策略是由人对监控指标设置一个固定的取值范围,当指标值超过这个范围的上下界限时,则触发告警。但是随着业务规模的发展和监控技术的日臻成熟,网站监控指标从几十个、几百个逐步扩大到成千上万个,监控范围涵盖业务指标、应用指标、基础系统指标,每一个监控指标都由人工进行设定和管理是一项极其复杂的工作,久而久之,告警阈值的管理就会失效,当真正的异常发生时,往往无法在第一时间被发现,就会造成影响扩大,产生更多损失。

通常按照被检测的数据集有无标签标注，可以将异常检测分为监督式和无监督式。在监督式的异常检测中，待检测的数据集已经被打上了标签，分为训练数据集和测试数据集，基于数据特征和应用场景选择合适的算法后，利用训练数据集和对应的标签训练出模型，然后将学习到的模型放入测试数据集进行验证，最后使用该模型对线上的监控数据进行实时检测。无监督式的异常检测算法主要根据数据集的分布和统计特性进行检测，很显然，要判断某个指标是否正常，必须和某个给定基准进行比对，这个基准可以是固定阈值，也可以是动态阈值。考虑到算法的泛化能力和健壮性，基于分布和统计特性的异常检测使用的基本都是动态阈值。

实际上，因为监控的指标和数据非常多，很少会做标注，所以往往使用基于分布和统计特性的异常检测算法，基于动态阈值的网络流量异常检测如图9-44所示。该算法的关键是预测出监控时序的平稳基线，如图9-44所示的$s(t)$，为解决这个问题，将传统ARIMA算法与时频变化相结合，剔除数据成分中的高频分量，以及正向和反向滤波，从而得到平稳无相移的基线。与此同时，作为生成动态阈值的标准差也需要利用去基线之后的残差数据计算得到。时频变化会用到离散傅里叶公式：

$$F(k)=\sum_{n=0}^{\infty}f(n)e^{-j\frac{2\pi}{N}nk}$$

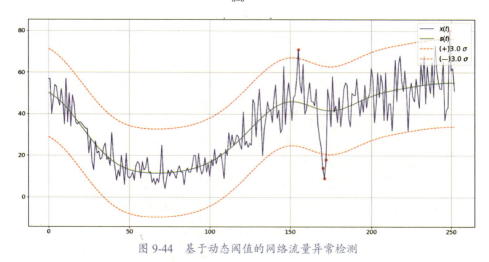

图9-44 基于动态阈值的网络流量异常检测

根据不同时序的分布和统计特性，构造不同的机器学习模型，自动学习阈值、自动调参，识别出时序中的异常点，并将 AI 算法运用到网站监控时序的异常检测实践中，使得告警的准确率和召回率提升到 95% 以上，解决了传统基于固定阈值异常检测准确率低、召回率低、时效性不足，以及需要人力维护大量告警规则等痛点，有助于及时、准确地发现网站异常和冒烟点，为进一步提升网站可用性增加了保障。

2. 故障诊断

随着携程业务的不断扩大，网站架构不可避免地朝着越来越复杂的结构演化。一旦出现监控指标异常，已经很难仅依靠人力快速定位到故障根源。同时应用之间的依赖可谓"牵一发而动全身"，某个应用在发生异常时，往往会波及整个调用链路。

为了快速定位故障根源和快速止损，我们对以往的故障分析数据进行整理，构建了专家系统和知识库，整理出了所有可能影响到网站可用性的故障影响因子，如图 9-45 所示。将变更、发布、配置修改等运维事件量化，结合告警的监控时序数据计算故障点与告警之间的相关性，可以利用皮尔逊相关系数计算出该值的大小：

$$r = \frac{E\left[(X-E[X])(Y-E[Y])\right]}{\sqrt{D(X)}\sqrt{D(Y)}}$$

其中，X、Y 分别代表时间序列。然后利用贝叶斯算法计算某个事件是否为根因的分数：

$$P(A|B) = \frac{P(B|A)P(A)}{P(B)}$$

其中，A、B 代表不同的事件。另外，利用距离算法归类相关联的告警、收敛告警及确定故障域。通过将这些 AI 技术运用到故障关联和定位的实践中，花费在故障根源定位的时间大大减少，由原来数十分钟乃至小时级别的排障时间缩短至分钟级，极大地提升了网站可用性。

AIOps 目前还处于不断完善和探索的阶段，在大数据运维的背景下，未来会有更多的场景被挖掘和应用。可以预见，面对越来越复杂的运维场景和挑战，AI 算法将会发挥出无可替代的作用。

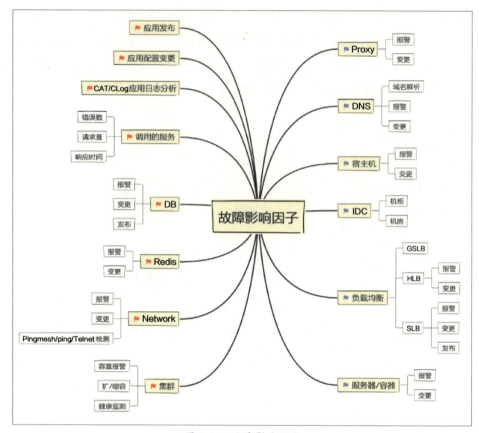

图 9-45 故障影响因子

9.9.3 运维数据仓库

总体而言，AIOps 是算法和数据的结合，在建设和落地过程中存在一些急需解决的数据输入问题。本节所讨论的运维数据仓库的构建就是数据赋能运维过程中的必要环节。

数据仓库（Data Warehouse，DW）是一个面向主题的、集成的、相对稳定的、反映历史变化的数据集合，用于支持管理决策[1]。

随着网站的体量越来越大，系统生产的数据呈指数增长，数据格式也参差不齐。为了对这些数据进行集中存储、整理、分析、挖掘，支持业务的发展决策，我们建设了数据仓库（OPSDW），将运维的监控、告警、各种异常及相关的配置等信息数

---

1 出自比尔·恩门 1991 年出版的《建立数据仓库》。

据导入底层数据表中，并进行清洗、插补，按不同的数据主题切分为事实及维度表，保存最细粒度的事实数据。同时根据不同的业务需求，还可以将切分好的明细表再次聚合为数据产品表。数据仓库与简单的数据库存储相比，具有诸多优势，具体体现在以下几个方面。

- 对数据进行统一采集管理，防止丢失。
- 按主题和维度，为其他项目提供高质量的基础数据。
- 提供海量明细数据以供分析、算法建模。
- 按主题建立数据集市产品，方便其他业务团队快速使用数据。
- 方便快速开发 Ad-Hoc 报表。

OPSDW 基本架构如图 9-46 所示。

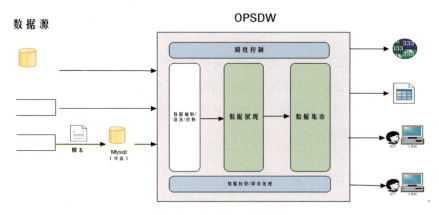

图 9-46　OPSDW 基本架构

从模型层面来说，OPSDW 可以分为 3 层。

- ODS 层：操作数据层，保存最原始的数据。
- DWD 层：数据仓库明细数据，根据主题定义好事实及维度表，保存最细粒度的事实数据。
- DM 层：数据集市 / 汇总层，在 DWD 层的基础上，根据不同的业务需求进行汇总。

OPSDW 是依托于公司的 zeus 平台建设的，存储介质是 HDFS/Hive，主要通过 HiveSQL 进行 ETL 过程的构建，调度监控则依赖于 zeus 平台。目前，运维数据仓库已经承载了运维部门成本分摊、容量规划、缩扩容、异常检测等诸多项目的基础需求。我们从 CMS/Remedy 及相关业务部门获取配置信息，从 Hickwall/ES/CAT/Tars

等部门获取业务变化历史数据，切分出事实及维度表数据，以供支持的各种项目使用及复用，OPSDW 的组成如图 9-47 所示。

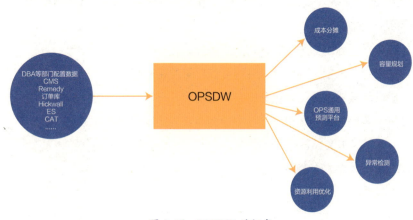

图 9-47　OPSDW 的组成

随着业务和场景的演化，通常需要更快速地做出反应和决策，对实时数据仓库的需求就变得日益强烈。因此，运维数据仓库会朝着实时和离线混合架构的模式发展和前进。优质的运维数据仓库建设是数据化运营实践的必由之路，也是开展 AIOps 实践的有效保障。

9.10　GNOC

NOC 是 Network Operation Center 的缩写，通常在网站可用性保障工作中扮演着重要的角色。随着携程全球化策略的推进，业务网站在国外也进行了部署，并且在很多国家都有呼叫中心、办公室或分支机构。NOC 需要为这些网站提供全球 7×24 小时的 IT 支持服务，因此升级为 Global NOC，简称 GNOC，同时 GNOC 可以通过提高技术、流程、组织和管理的效率来提升携程业务系统的稳定性与可靠性。GNOC 的主要职能如下所述。

- 监控中心。
- IT 服务支持中心。
- 故障事件指挥中心。
- 重要应用发布中心。
- DR 切换演练中心。

- 携程技术展示中心。
- 研发运维能力培训中心。

GNOC 故障处理的简要流程如图 9-48 所示。

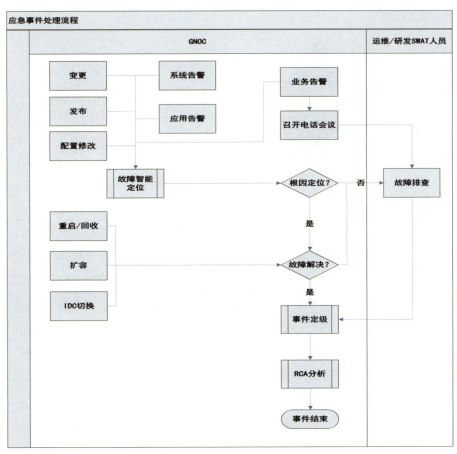

图 9-48　GNOC 故障处理的简要流程

1. 告警产生阶段

监控告警是网站可用性的第一道防线，监控指标的覆盖面和采集频率直接影响告警的发现及时性，GNOC 是通过监控业务指标、应用指标和基础设施系统指标，来发现业务系统可用性和服务质量是否正常的。

由于监控指标的数量巨大，如图 9-49 所示，告警量级呈现越靠近底层越多的金字塔结构，同时由于应用架构的健壮性，部分底层资源失效并不会影响服务，因此如果采取简单的告警阈值设置的方式，就会产生大量的误报和漏报，不利于故障的及时发现。如果为每一个监控指标定义个性化的告警阈值，工作量就会太大，难以持续。所以 GNOC 对监控指标采取了智能检测的机制，通过算法智能地发现监控指标存在的异常波动，从而提高了告警的准确性和及时性。目前携程的监控指标数量超过 1 亿个，每天产生的告警量达到 20 万次以上。

图 9-49　监控指标的金字塔结构

2. 故障处理阶段

首先，对告警进行聚合，减少待处理的事件量。虽然产生的监控告警量很大，但由于告警之间存在着千丝万缕的关系，因此利用这些关系可以将一个根因产生的多个告警聚合成一个事件，特别是在核心应用出现异常后，会导致近百个应用出现调用报错，如图 9-50 所示。这时采用人工分析不仅费时、费力，而且不一定能准确地发现问题，但采用智能分析系统可以在 1 分钟内完成准确的调用分析。因此，智能分析系统通过对监控告警进行聚合，可以减少待处理的事件量，提高故障处理的效率。例如，将 20 万次以上的告警聚合成大约 1000 个事件。告警之间存在的关系如下所述。

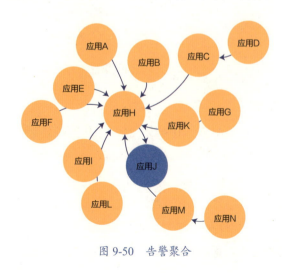

图 9-50　告警聚合

- 应用与应用的调用关系。
- 应用与容器资源利用的关系。
- 应用与基础组件的使用关系。
- 业务与应用的关系。

其次，对故障进行根因定位，找到导致故障发生的原因。根据携程自身的经验，60% 以上的故障都是内部的某些操作或者系统资源的异常导致的。因此 GNOC 建立了统一的信息收集平台，并将以下两类生产环境消息收集在平台中。

变动信息

目前，GNOC 每天收集到的变动信息超过 10 万条，涉及 100 多个工具。

- 研发人员的代码发布。
- 研发/业务人员的配置更改。
- 运维工程师的系统变更。
- 日常运维操作。

告警信息

目前，携程的监控指标数量超过 1 亿个，每天产生的告警量达到 20 万次以上。

- 系统告警。
- 业务告警。
- 应用告警。

故障处理平台将系统告警、业务告警、应用告警信息结合前文的变动信息进行关联分析，从而及时发现告警应用是否受到这些操作行为的影响，当研发人员在进行发布、配置修改等操作导致异常时，GNOC 能在产生告警后的 1 分钟内定位到问题根因，并且故障定位的准确性达到 80%，如图 9-51 所示。

图 9-51　故障处理平台

目前，GNOC 能主导 50% 以上故障事件的根因定位、服务恢复工作。对于无法解决的事件而言，GNOC 会根据电话会议中 SWAT 人员的要求，提供信息，实施恢复操作，发布信息等。

在定位到根因后，需要进行紧急操作，快速恢复业务的服务能力。目前，携程将大部分常见和重要操作都接入了 GNOC 的故障处理平台，为 GNOC 快速恢复服务提供了重要的保障。

- 批量重启/回收应用。
- IDC 流量切换。
- 专线流量切换。
- 故障注入一键恢复。
- 集群容量扩容。
- 配置修改回退。
- 变更回退。
- 发布回退。

3．故障事件定级

不同等级的故障事件对网站的影响是不同的，GNOC 设定了一套完整的流程来追踪每一个故障事件，并对故障事件进行定级。不同业务的故障损失定级标准不一样，目前 GNOC 采取的算法是计算上一季度该业务 5 分钟峰值 /2 的平均值，并将该平均值乘以同比增长率的结果作为 2 级故障的阈值；而 1 级故障的阈值为 2 级故障的 3 倍。

4．故障事件 RCA 回顾

对于故障事件而言，在故障恢复后，GNOC 将召集相关的处理人员，对故障进行复盘，评估对故障的处理在哪些方面需要改善。

- 是否可以在冒烟期间就及时发现。
- 是否可以在故障产生后，及时定位根因。
- 是否可以及时进行故障恢复。
- 是否可以避免问题再次发生。
- 人员、工具、流程上是否存在改善点。

本节从以下几个方面介绍了携程的 GNOC。

（1）GNOC 的主要工作职责和内容。

（2）GNOC 是如何运作的。

希望读者在完成本节的学习后，能够对 GNOC 的工作内容有一个比较清楚的认识，从而对建设 NOC 团队有所帮助。

9.11 本章小结

正如墨菲定律所述，如果事情有变坏的可能，那么不管这种可能性有多小，它都会发生。在 IT 系统中，墨菲定律已被频繁验证，有人统计了 AWS 近 10 年发生的重大故障，这些故障的原因多种多样，如 UPS 故障、IDC 电力故障、黑客攻击、代码缺陷、雷击、ELB 服务故障、DNS 故障、人为操作失误、光纤挖断等。整个网站的可用性取决于整条链路上的最薄弱环节，因此要提升网站的可用性，需要从多方面进行考虑，本章围绕网站可用性进行介绍，希望读者能够了解到以下内容。

（1）网站可用性指标是如何计算和度量的。

（2）如何通过熔断、限流与降级提升应用架构的稳定性。

（3）灾备数据中心、网站多活单元化架构的方案及单元化重要组件。

（4）关键运维工具本身的高可用设计。

（5）如何通过混沌工程等主动试错的方法发现并改善网站可用性问题。

（6）如何通过 AI 算法分析监控指标和运维数据，快速发现故障和自动定位。

（7）GNOC 在网站可用性管理中如何运作。

本章内容只是涵盖了网站可用性领域的一部分，包括携程在提升网站可用性方面的一些思路和方案等，希望对读者有所启发。

反侵权盗版声明

电子工业出版社依法对本作品享有专有出版权。任何未经权利人书面许可，复制、销售或通过信息网络传播本作品的行为；歪曲、篡改、剽窃本作品的行为，均违反《中华人民共和国著作权法》，其行为人应承担相应的民事责任和行政责任，构成犯罪的，将被依法追究刑事责任。

为了维护市场秩序，保护权利人的合法权益，我社将依法查处和打击侵权盗版的单位和个人。欢迎社会各界人士积极举报侵权盗版行为，本社将奖励举报有功人员，并保证举报人的信息不被泄露。

举报电话：（010）88254396；（010）88258888

传　　真：（010）88254397

E-mail：dbqq@phei.com.cn

通信地址：北京市万寿路173信箱　电子工业出版社总编办公室

邮　　编：100036